U0790099

"十四五"职业教育国家规划教材

供中职药剂、中药制药、医学检验技术、制药技术应用、生物制药工艺、
生物药物检验、药品食品检验等相关专业使用

有机化学基础

（第三版）

主　编　李湘苏

副主编　瞿川岚　焦志峰　冯　姣

编　委（按姓氏汉语拼音排序）

成志高　衡阳市教育科学研究院

冯　姣　长治卫生学校

黄佳琳　桂林市卫生学校

焦志峰　南阳医学高等专科学校

李湘苏　核工业卫生学校

马万军　石河子卫生学校

瞿川岚　四川省宜宾卫生学校

孙雪林　广西中医药大学附设中医学校

叶雪宁　桂东卫生学校

科学出版社

北　京

内 容 简 介

本教材是依据教育部最新颁布的《中等职业学校化学课程标准》（2020版），综合中等职业学校多个专业教学标准，考虑各专业对化学知识的要求不同，适量增添专业要求的特殊内容而编撰。

教材按照烃类——基础有机化合物、卤代烃、烃的含氧衍生物、有机化合物的空间异构、烃的含氮衍生物、杂环和生物碱类有机化合物，营养和生命类有机化合物、合成高分子化合物概述等进行分类和编排；在实践技能上，按照有机化学实践的基本素养模块和实践的基本技能模块编排；同时，依据中职生学习心理，开展了化学微观结构的观察与思考，设置阶梯性练习。本教材按72学时编写，并且在科学出版社“中科云教育”平台提供课程配套数字资源。

本教材供中等职业学校药剂、中药制药、医学检验技术、制药技术应用、生物制药工艺、生物药物检验、药品食品检验等相关专业使用，也可供上述专业五年高职初始教学阶段使用。

图书在版编目（CIP）数据

有机化学基础 / 李湘苏主编 . —3版 . —北京：科学出版社，2021.7
“十四五”职业教育国家规划教材
ISBN 978-7-03-066716-8

Ⅰ. 有… Ⅱ. 李… Ⅲ. 有机化学 – 中等专业学校 – 教材 Ⅳ. O62

中国版本图书馆CIP数据核字（2020）第216369号

责任编辑：丁海燕 / 责任校对：杨 赛
责任印制：赵 博 / 封面设计：蓝正设计

科学出版社 出版
北京东黄城根北街16号
邮政编码:100717
http://www.sciencep.com
北京九州迅驰传媒文化有限公司印刷
科学出版社发行 各地新华书店经销
*
2010年6月第 一 版 开本：850×1168 1/16
2021年7月第 三 版 印张：10 插页：1
2025年8月第二十二次印刷 字数：302 000

定价：49.80元
（如有印装质量问题，我社负责调换）

前　言

《有机化学基础（第3版）》是依据教育部2020年1月颁布的《中等职业学校化学课程标准（2020年版）》，并综合中等职业学校药剂、中药制药、医学检验技术、制药技术应用、生物制药工艺、生物药物检验、药品食品检验等相关专业的教学标准，进行内容整合、优化后编撰的。

教材坚持党的教育方针，落实立德树人的根本任务，根据党的二十大报告“加快建设高质量教育体系，发展素质教育”这一重要部署，以“六个必须坚持”为导向，开展了改革与创新：

在教材内容上，实现知识与思政内容相结合，基础性与专业性相结合。基础性融合为课程的基本知识和技能；专业性则以“链接”呈现；以中华民族在化学科技和工业生产的进步与成就为抓手，以严谨的科学态度开展课程思政建设。

采用“教、学、做”合一式的启发式排列，设置了“案例”“链接”等内容呈现形式，形成教法与学法相结合，促进学生合作、主动、探索性学习，了解社会、认识社会责任等核心素养发展，培养有社会主义觉悟的、文化素质高的职业人才。

在章末“回顾与总结”“复习与提高”的学生练习题中，增设了“探索与进步”，形成阶梯式练习，逐步提高学生的学习能力。促进学生合作学习、主动观察、积极思考和关心社会的核心素养发展。

使抽象知识具体化。依据中等职业学校学生的学习特征，淡化了抽象的原子的电子理论，以分子模型表示分子构型，具体易懂。

采用图片呈现，使内容简单易懂。部分通常以语言表达的原理、操作和实验现象，在本教材中以图片形式模拟表现，使学生更易掌握。

提供网络资源，服务于教学。以本教材为蓝本，编者在科学出版社的“中科云教育”平台提供课程配套数字资源，服务于社会。

本教材按72学时编写。教材设计了多个实践技能操作模块。各学校可根据自身培养目标选择。

本教材依据中职生的学习心理和学习风格进行编制，系教育科学重点规划课题（XJK20AZY005）“中职护理学生群体学习风格与认知特征的研究与实践”研究成果的应用。本教材上一版获得湖南省职业教育省级成果一等奖（2017年），湖南省优秀教材（2020年）。

本教材编写过程中得到了全体编委和科研小组成员的大力支持，在此谨向所有相关人员表示谢意！

编　者

2023年1月

配 套 资 源

欢迎登录“中科云教育”平台，**免费**数字化课程等你来！

本系列教材配有图片、视频、音频、动画、题库、PPT课件等数字化资源，持续更新，欢迎选用！

“中科云教育”平台数字化课程登录路径

电脑端

- 第一步：打开网址 http://www.coursegate.cn/short/1KC5S.action
- 第二步：注册、登录
- 第三步：点击上方导航栏“课程”，在右侧搜索栏搜索对应课程，开始学习

手机端

- 第一步：打开微信“扫一扫”，扫描下方二维码

中科云教育

- 第二步：注册、登录
- 第三步：用微信扫描上方二维码，进入课程，开始学习

PPT课件，请在数字化课程各章节里下载！

目　录

第 1 章

有机化合物概述

有机化学是化学中极其重要的一个分支，**是研究有机化合物的组成、结构、性质、变化、合成及其应用的一门学科**。随着有机化学的飞速发展，人们逐渐认识到有机化学将成为影响人类继续生存的关键学科，有机化学对于人类的食物、能源、材料、资源、环境以及健康的作用至关重要，它逐渐成为一门满足社会需求的中心学科。

第 1 节　有机化合物的概念

要认识有机化学，首先要知道什么是有机化合物。

观察身边的物质：木材、布料、纸张、塑料、油漆、糖类、油脂、蛋白质等。在不完全燃烧的情况下，这些物质均会生成“碳”黑。

从元素组成角度看，有机化合物在元素组成上基本相似，主要是由碳元素组成，可能含有氢、氧、氮、硫、磷等其他一些元素。含“碳”是有机化合物的组成特点，仅含有碳、氢元素的有机化合物，称为**碳氢化合物**。其他有机化合物可以看成是碳氢化合物中的氢原子被其他原子或原子团所替代后衍变过来的。所以，碳氢化合物及其衍生物被称为**有机化合物**，简称**有机物**。但是，常见的碳酸、碳酸钠、碳酸氢钠、二氧化碳等物质，仍然属于无机化合物。

第 2 节　有机化合物的特性

将维生素 C、石蜡等有机化合物，与氯化钠、硫酸钙等无机化合物进行比较，填入表 1-1。

表 1-1　有机化合物与无机化合物的特性比较

物质	类型 *	可燃性	熔点	水溶性	稳定性	化学反应速度	反应产物
维生素 C			190 ～ 192℃ 熔融同时分解				
石蜡			47 ～ 64℃				
氯化钠			801℃				
硫酸钙			1460℃				

* 指列中填无机化合物或有机化合物。

有机化合物都含有碳元素，其结构特点与无机化合物存在较大差异，所以，大多数有机化合物具有不同于无机化合物的特性。

1. 可燃性　绝大多数有机化合物可以燃烧，如天然气、乙醇、汽油、木材、棉花、油脂等，而大部分无机化合物如酸、碱、盐、氧化物等，则不能燃烧或难以燃烧。

2. 熔点低 有机化合物的熔点通常比无机化合物要低，一般不超过 400℃。常温下，很多有机化合物以气体、易挥发的液体或低熔点的固体存在，如乙醇、汽油、石蜡等。

3. 难溶于水 绝大多数有机化合物难溶或不溶于水，而易溶于有机溶剂。因此，有机化学反应常在有机溶剂中进行。例如，常用乙醇、氯仿、乙醚等有机溶剂提取中草药有效成分，而无机化合物则相反，大多易溶于水，难溶于有机溶剂。

4. 稳定性差 多数有机化合物不如无机化合物稳定，常因温度、细菌、空气或光照的影响而分解变质。例如，维生素 C 片剂是白色的，若长时间放置于空气中会被氧化而变质，呈黄色，且失去药效。此外，许多抗生素片剂或针剂经过一定时间后也会发生变质而失效，所以常需要注明药物有效期。

5. 反应速率比较慢 有机化合物之间的反应速率较慢，一般要几小时、几天，甚至更长的时间才能完成。例如，食物变质、酿酒、制醋等反应都需要较长时间。而多数无机化合物之间的反应瞬间就能完成。

6. 反应产物复杂 多数有机化合物之间的反应，在进行主反应的同时常伴随着副反应，产物中既有主产物又有副产物，是复杂的混合物。因此在书写有机化学反应式时，往往只要求写出主产物，用“⟶”代替“══”，也不严格要求反应式两侧配平，而无机化合物之间的反应很少有副反应。

7. 同分异构现象普遍 在有机化合物中，分子式相同的物质，可能分子结构不同。也就是说，不同的物质，可能分子式相同。这种同分异构现象在有机化合物中非常普遍，而在无机化合物中很少有同分异构现象。

第 3 节 有机化合物的结构特征

一、有机化合物分子中的化学键

（一）共价键及价数

有机化合物都含有碳元素，其结构特点主要取决于碳原子的结构。碳原子最外层有 4 个电子，在形成分子时，既不容易失电子，也不容易得到电子，而易与其他原子形成 4 个共价键。

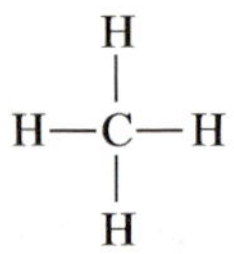

甲烷

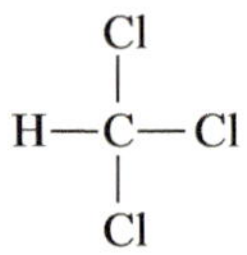

氯仿

在有机化合物分子中，绝大多数原子之间是通过共价键结合的，每种元素表现其特有的化合价。例如，有机化合物中碳元素总是四价，氧元素为二价，氢元素为一价。有机物结构式中的每一根线表示共用一对电子，即表示一个共价键。例如，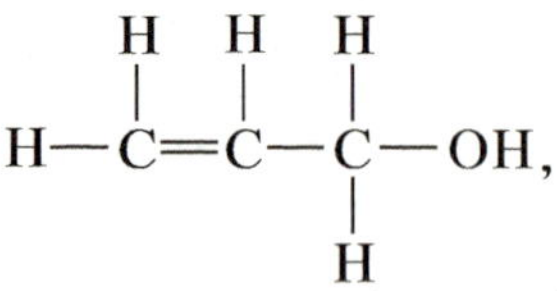，式中每个碳原子有四个“—”，表示每个碳原子为四价，相似地，氧原子为二价，氢原子为一价。值得注意的是，这里的化合价，仅表示该原子能够形成的化合价数目，并不体现成键原子所带电荷的性质或电荷的偏离。

（二）碳的成键情况

1. 单键、双键和三键 在有机化合物中，以碳原子为中心，成键情况复杂多样。

用球棍模型搭建甲烷、乙烷、乙烯、乙炔等分子的空间构型，重点观察碳原子之间的化学键数量和构型（表 1-2）。

表 1-2　有机化合物的成键情况

项目	甲烷	乙烷	乙烯	乙炔
球棍模型			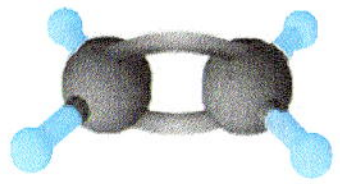	
分子式				
结构式				
碳碳键（数量、类型）				
构型				

在有机化合物中，碳原子与碳原子之间，碳原子与其他原子之间也可以形成单键、双键、三键。例如：

碳碳单键　碳碳双键　碳碳三键　碳氧单键　碳氧双键　碳氮三键

2. 基本骨架——碳骨架　碳原子之间还能够相互连接，形成长短不一的链状和各种不同的环状，构成有机化合物的基本骨架。例如：

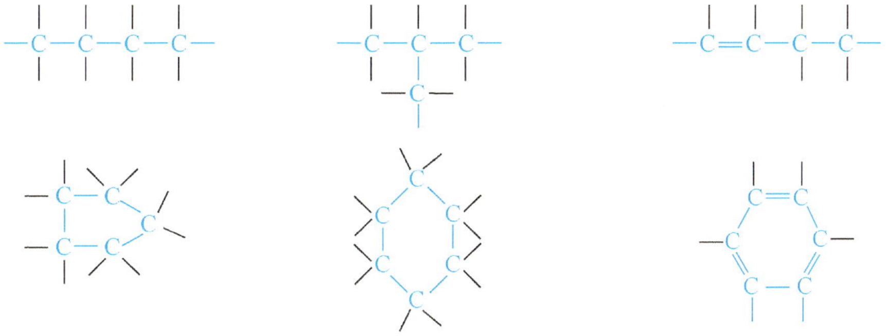

3. σ 键和 π 键　有机化合物相邻原子之间以共价键相互连接。有机化合物分子中的共价键主要有 σ 键和 π 键。σ 键是有机化合物中最基本的共价键，它是两个原子之间共用电子对形成的共价键，其特点是：**化学键的键能较高，不易断裂；两个成键的原子可以自由旋转而不影响化学键**。例如，C—C、C—H、C—O 之间都是 σ 键。

π 键虽然也是两个原子之间共用电子对而形成的共价键，但是它具有一定的特殊性。**首先，π 键必须与 σ 键共存于两个成键的原子之间，没有独立存在的 π 键；其次，π 键键能较低，易断裂，且两个成键原子之间不能自由旋转。**例如，碳碳双键（$>C=C<$）中有一个是 σ 键，一个是 π 键；碳碳三键（$—C\equiv C—$）中有一个 σ 键，两个 π 键。通常在有机化合物分子中，双键和三键中只有一个是 σ 键，其余均为 π 键。

二、有机化合物的表示方法

（一）结构式和结构简式

用短线表示共价键，将有机化合物中各原子按一定的次序和方式，连接起来所形成的表示有机化合物结构的表达式称为**结构式**。例如：

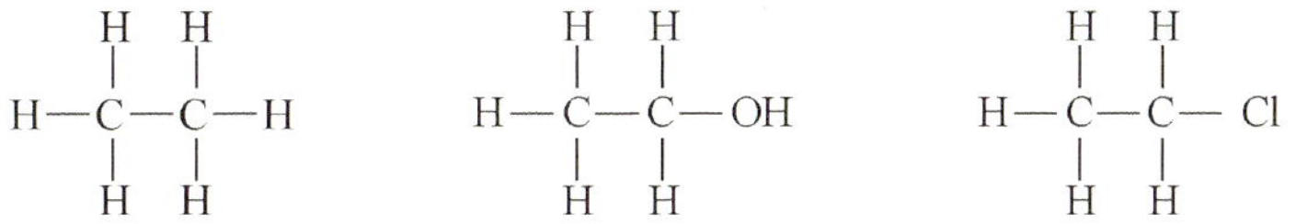

为简单表达物质的结构，将上述结构式中碳氢键的短线省去，得到一种较简单的表示有机化合物结构的表达式，称为**结构简式**。上述开链结构的物质用结构简式可表示为

$$CH_3—CH_3 \quad CH_3—CH_2—OH \quad CH_3CH_2Cl$$

在表示环状有机化合物的结构时，常将分子中环上的碳原子及与碳原子相连的氢原子均省略，也常常采用这种方式表达开链式结构，这种结构式表达方式被称为“键线式”。如下面第二行表示方法。

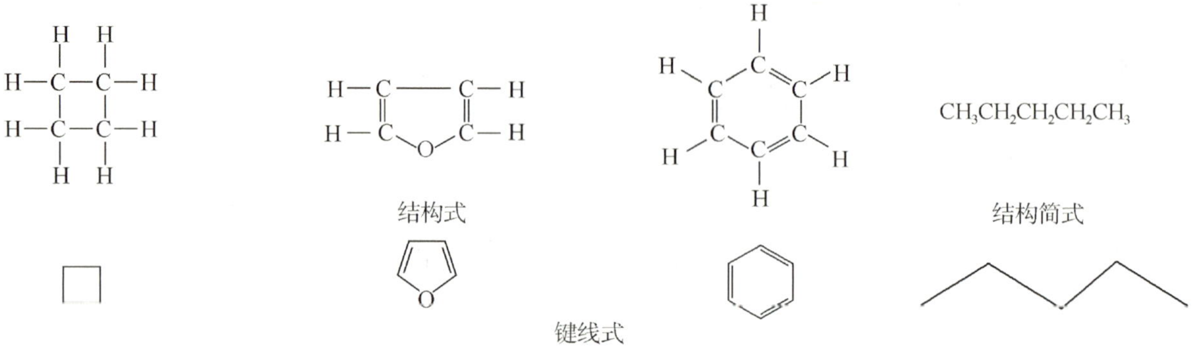

将有机化合物的表示方法填入表 1-3。

表 1-3　有机化合物的表示方法

名称	分子式	结构式	结构简式	键线式
丙烷		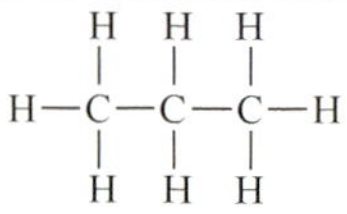		
1- 丁烯				
环丁烷			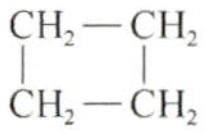	
苯				
乙醇		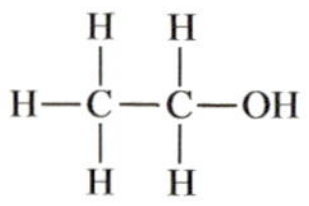		
丙酸		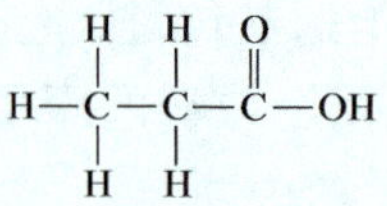		

在以后各章节的学习中，有机化合物的结构通常用结构简式来表示。

（二）同分异构现象

分子组成为 C_2H_6O 的物质就有两种不同的结构式，分别代表乙醇和甲醚，这两种性质不同的化合物的结构简式分别为

$$CH_3—CH_2—OH \text{ 乙醇} \qquad CH_3—O—CH_3 \text{ 甲醚}$$

像乙醇和甲醚这样，分子组成相同，结构不同的化合物，互称为**同分异构体，**这种现象称为**同分异构现象**。同分异构现象在有机化合物中普遍存在，同分异构体理化性质不同，是不同的物质。所以，在表示某种有机化合物时，通常不能像表示无机化合物一样，只写出其分子式，而应写出其结构简式。

第 4 节　有机化合物的分类

有机化合物种类繁多，结构复杂，常把这些有机化合物按照元素组成、碳原子骨架和官能团进

行分类。

一、按元素组成分类

根据元素组成，可将有机化合物分为烃和烃的衍生物两大类。

1. 烃　仅由碳和氢两种元素组成的有机化合物总称为**碳氢化合物**，简称**烃**，如甲烷、乙烯、乙炔、苯等。

2. 烃的衍生物　烃分子中的氢原子被其他原子或原子团所取代而生成的一系列有机化合物称为**烃的衍生物**，如卤代烃、乙醇、氨基酸等。

二、按碳的骨架分类

- 有机化合物
  - 开链化合物（脂肪族化合物）
  - 闭链化合物
    - 碳环化合物
      - 脂环族化合物
      - 芳香族化合物
    - 杂环化合物

1. 开链化合物　**开链化合物**是指碳原子与碳原子间，或碳原子与其他原子之间相互连接成开放的链状有机化合物。由于这类化合物最初是从脂肪中得到的，所以又称为**脂肪族化合物**。例如：

$CH_3—CH_2—CH_3$　　$CH_2=CH—CH_2—CH_3$　　$CH_2=CH—OH$

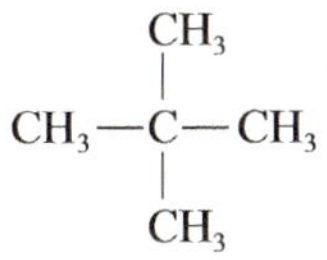

2. 闭链化合物　**闭链化合物**是指碳原子与碳原子，或碳原子与其他原子之间连接成闭合的环状的有机化合物。例如：

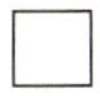

A

B

C

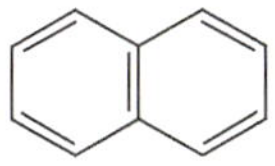

D

闭链化合物又可分为碳环化合物和杂环化合物。**碳环化合物**是指有机化合物分子中的环全部由碳原子构成的化合物，如化合物 A、B 和 D。**杂环化合物**是指构成环的原子除了碳原子之外，还含有 O、N、S 等其他元素的原子，如化合物 C。

碳环化合物又可分为脂环族化合物和芳香族化合物。**脂环族化合物**是指与脂肪族化合物性质相似的碳环化合物，如化合物 A。**芳香族化合物**是指分子中含有苯环的化合物，如化合物 B 和 D，其中 B 为最简单的芳香族化合物。

三、按官能团分类

有机化合物中有一些特殊的原子或原子团，如碳碳双键（$>C=C<$）、羟基（—OH）、羧基（—COOH）、卤素原子（—X）等，它们决定了一类有机化合物的化学性质。像这种能决定一类有机化合物化学性质的原子或原子团称为**官能团**。含有相同官能团的化合物，它们的主要化学性质基本相同。按照分子中所含官能团的不同，可将有机化合物分为若干类，见表 1-4。

表 1-4　部分有机化合物及其官能团

化合物类别	官能团	官能团名称	化合物实例	化合物名称
烯烃	$>C=C<$	碳碳双键	$CH_2=CH_2$	乙烯
炔烃	$—C\equiv C—$	碳碳三键	$HC\equiv CH$	乙炔
卤代烃	—X（F、Cl、Br、I）	卤原子	$CH_3—CH_2—Cl$	氯乙烷

续表

化合物类别	官能团	官能团名称	化合物实例	化合物名称
醇	—OH	羟基	$CH_3—CH_2—OH$	乙醇
酚	—OH	羟基	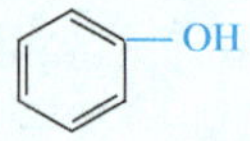	苯酚
醚	$-\overset{\vert}{\underset{\vert}{C}}-O-\overset{\vert}{\underset{\vert}{C}}-$	醚键	$CH_3—O—CH_3$	甲醚
醛和酮	$-\overset{O}{\overset{\Vert}{C}}-$	羰基	$CH_3-\overset{O}{\overset{\Vert}{C}}-CH_3$	丙酮
羧酸	—COOH	羧基	$CH_3-\overset{O}{\overset{\Vert}{C}}-OH$	乙酸
胺	$—NH_2$	氨基	$CH_3—CH_2—NH_2$	乙胺

第 5 节　我国有机化学发展状况

有机化学的发展史，是人类认识自然，改造自然，造福自身的历史，是科学工作者不畏艰难，勇于探究自然现象，并创造更多、更实用的有机化合物，为人类医疗和生活提供物质保证的历史。

有机化学的发展离不开古代劳动人民的辛勤劳作，在开发和利用天然有机物的长期实践中，我国劳动人民积累了大量与有机化学相关的经验和知识。例如，在酿酒方面，几千年前，劳动人民在储存粮食时，受到自然发酵的启发，经过大量实践，学会了利用生物催化剂——酵母进行酿酒，使中国成为世界上最早的酿酒国家之一。在殷商时期，人们已经学会用桑叶养蚕，利用蚕吐出成分极为复杂的蚕丝生产绸缎。在周代，人们就已学会用靛蓝、茜草等染色；在西汉，人们即已经会用植物纤维造纸；在唐朝，人们学会了制糖技术……

在古代医药学方面，也有有机化合物的身影。世界上第一部国家药典是我国唐朝时政府颁布的《新修本草》，共记载了药物 850 种，其中就有很多植物药和动物药的炮制工艺，为当时的社会提供了用药指南。到了明朝，药学大师李时珍编纂了举世闻名的巨著《本草纲目》，记载药物 1892 种，详细记载了许多有机化合物的性质和制备方法，对我国古代本草学做了一次历史性总结，对世界各国药学的发展也有很大的影响。

在我国古代，有机化学的发展一直非常缓慢，它主要受到有机化学的理论基础和技术方法限制。中华人民共和国成立后，我国有机化学事业在国家的大力扶持下，得到了显著的发展，在有机反应、有机合成化学、天然产物化学、元素有机化学和生物合成等有机化学研究领域均取得了可喜的进展。

一、有机氟化学研究实力雄厚

有机反应领域是有机化学中最为活跃的研究领域。中华人民共和国成立后，一批又一批优秀的科学家，为了国防需要，投身于有机反应领域，从零开始，对有机反应物质、机理、结构和环境等多方面深入研究，发现了很多新的反应，探索出了多类有机物质合成的新方法和新途径。在有机反应的众多成就中，最为突出的是有机氟化学。

我国的有机氟化学研究始于 20 世纪 50 年代后期。经过几代人几十年的努力，我国在满足原子能工业、火箭和宇航技术方面对特种材料的需求以外，已经能够生产出含氟表面活性剂、含氟医药和农药、氟碳代血液等多类含氟产品，并造就了一支实力雄厚的有机氟化学研究队伍，卿凤翎教授领导的团队，研究的“氧化三氟甲基化反应和氧化三氟甲硫基化反应”，在国际氟化学界引起了很大的反响，被称为“卿氟化反应”。

二、有机合成化学世界瞩目

有机合成化学是有机化学的中心研究领域，有机合成化学的发展状况，代表着一个国家的有机化学研究水平。有机合成化学主要研究从较简单的化合物或元素经化学反应合成有机化合物。在有机合成化学方面，从中华人民共和国成立之初，设备简陋、技术落后的局面开始，经几十年的发展，成为有机合成化学某些领域的领头羊，并取得世界瞩目的成就，这离不开广大科研人员的辛勤付出。

1965 年 9 月 17 日，中国首次人工合成了结晶牛胰岛素，这是人类有史以来，第一次人工合成的具有生物活性的蛋白质。中国成为世界上第一个人工合成蛋白质的国家。

1981 年中国科学家们又攀登上了另一个科学高峰——实现了酵母丙氨酸转移核糖核酸的人工全合成，这是世界上首次人工合成核糖核酸。这项研究还带动了核酸类试剂和工具酶的研究；带动了多种核酸类药物，包括抗肿瘤药物、抗癌药物、抗病毒药物的研制和应用。

三、天然产物化学造福人类

天然产物化学主要是从动植物体中分离和提纯天然有机化合物，应用于医疗和科研。天然产物化学是有机化学的传统研究领域，科研人员们依托我国地大物博，天然物种种类繁多，中医药历史悠久等优势，也取得了很大的成绩。

中国中医科学院首席科学家屠呦呦，从植物中提取出了青蒿素，并将青蒿素应用于抗疟疾疾病的治疗，显著降低了疟疾患者的病死率，挽救了无数人的生命。因为屠呦呦在疟疾治疗药物中的突出贡献，2015 年 10 月屠呦呦获得了诺贝尔生理学或医学奖，这是首个获科学类诺贝尔奖的中国人。

随着我国从事有机化学研究人员不断增多和众多化学家的努力付出，我国有机化学得到了不断的发展和完善，形成了更为完整的有机化学理论体系。

自测题

一、回顾与总结

项目	内容
重要名词	有机化合物：________ 同分异构现象：________ 官能团：________
有机化合物的特性	有机化合物具有______、______、______、______、______、______、______等特性 有机化合物中一般都是共价键，碳原子是______价，碳碳之间可形成碳碳______键、______键和______键，有机化合物中最基本的共价键是______键。在碳碳双键和三键中均有一个______键，分别有一个和两个______键 σ 键是有机化合物中______的共价键，其特点是化学键的键能较______，______断裂；两个成键的原子可以______而不影响化学键 π 键具有一定的特殊性，首先它必须与 σ 键共存______原子之间，π 键键能较______，______，且两个成键原子之间______自由旋转
有机化合物的结构	有机化合物中，碳原子与碳原子之间可以相互连接形成开放的______或闭合的______，构成了有机化合物的基本骨架
有机化合物的分类	按碳的骨架可将有机化合物分为______和______；按______又可分为烷、烯、炔、醇、酚、醛、酮、羧酸等

二、复习与提高

1. 请按官能团确定下列有机化合物分别属于哪一类？

（1）$CH_2{=}CH{-}CH_3$　（2）$CH{\equiv}C{-}CH_3$

（3）$CH_3{-}CH_2{-}OH$　（4）$CH_3{-}CH_2{-}COOH$

（5）$CH_3{-}NH_2$　（6）$H{-}C{\equiv}C{-}H$

（7）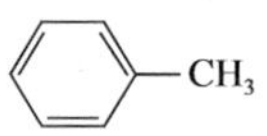　（8）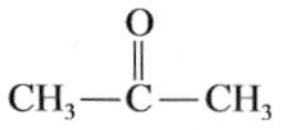

2. 选择题

（1）下列物质不属于有机物的是（　　）

A. CH_3CH_2OH　B. CCl_4

C. CH_4　D. CO_2

（2）下列关于有机化合物特性的叙述不正确的是（　　）

A. 可燃烧　B. 一般易溶于水

C. 稳定性差　D. 反应速度缓慢

（3）在有机化合物中，碳原子总是（　　）

A. +4 价　B. +2 价

C. +3 价　D. +1 价

（4）有机化学反应式一般用箭头而不用等号来连接的原因是（　　）

A. 有机化合物不溶或难溶于水

B. 有机物大多容易燃烧

C. 有机化学反应时，常伴有副反应，产物是混合物

D. 大多数有机化学反应速率比较慢

（5）芳香族化合物属于（　　）

A. 开链化合物　B. 杂环化合物

C. 碳环化合物　D. 脂环族化合物

（6）下列有机化合物中，含有 π 键的是（　　）

A. $CH_2{=}CH{-}CH_3$　B. $CH_3{-}CH_2{-}OH$

C. $CH_3{-}NH_2$　D. CH_4

（7）分子 $CH{\equiv}C{-}CH_3$ 中，描述不正确的是（　　）

A. 含有二个 C—C σ 键

B. 含有二个 π 键

C. 含有三个 C—H σ 键

D. 含有四个 C—H σ 键

3. 判断下列化合物，哪些是有机化合物？哪些是无机化合物？

（1）二氧化碳（2）蔗糖（3）食盐（4）醋酸

（5）乙醇（6）碳酸（7）氨基酸（8）甲烷（9）汽油

4. 什么是有机化合物？有机化合物通常由哪些元素组成？

三、探索与进步

以小组为单位，探讨汽油、煤油、柴油、甲醇、乙醇等燃料的化学成分；它们对大气污染的哪些成分有影响；我们应该怎样减少大气污染？

第 2 章

烃类——基础有机化合物

碳氢化合物是只含有碳、氢两种元素的有机化合物，简称**烃**。根据结构不同，可将烃分为烷烃、烯烃、炔烃、脂环烃和芳香烃等。本章主要介绍它们的结构、性质、命名及其应用。

- 烃
  - 开链烃（脂肪烃）
    - 饱和链烃（烷烃）
    - 不饱和链烃
      - 烯烃
      - 炔烃
  - 闭链烃
    - 脂环烃
    - 芳香烃

碳氢化合物的衍生物是由碳氢化合物衍变生成的，所以碳氢化合物是有机化合物中最基本的物质，是其他有机化合物的母体。

第 1 节　烷　　烃

案例 2-1

常见的含烃类物质

1. 沼气　是有机物质经过微生物的发酵作用而生成的一种混合气体，一般含有甲烷 50%～70%，其余为二氧化碳，以及少量的氮气、氢气和硫化氢等。沼气能燃烧用于炊事、供暖、照明、气焊、驱动内燃机等，还是生产甲醇、甲醛、四氯化碳等的化工原料。

2. 汽油　是利用石油生产出来的混合液体，主要成分为 5～12 个碳原子的脂肪烃和环烷烃，以及一定量芳香烃，汽油具有较高的辛烷值（反映抗爆性能的指标），并按辛烷值的高低分为 92 号、95 号、98 号等。汽油主要用作汽车点燃式内燃机的燃料。

3. 沥青　可以分为煤焦沥青、石油沥青和天然沥青三种，是由含碳氢化合物和这些碳氢化合物的非金属的衍生物所组成的混合物。沥青主要用于铺路，可以做防水层，还用于木材、管道的防腐、防锈等。

思考与讨论： 1. 想想生活中还有哪些物质属于烃类？
2. 以上物质具有哪些共同特性？

一、甲烷分子的结构特征

学会在微观上认识甲烷。课前以小组为单位，完成如下学习任务，并填写表 2-1。

（1）用球棍模型，搭建甲烷的分子模型，判断甲烷的空间构型。

（2）查找资料，认识甲烷的来源、物理性质（熔点、沸点）、化学性质。

表 2-1　甲烷的有关知识

物质	分子式	电子式	结构式	结构简式	空间构型
甲烷					

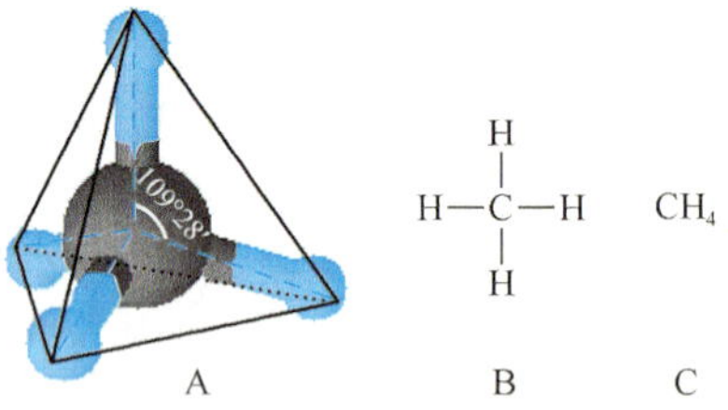

图 2-1　甲烷分子的球棍模型（A）、结构式（B）和结构简式（C）

碳原子最外层有 4 个电子，不易失去或获得电子而形成阳离子或阴离子，碳原子可以通过共价键与氢、氧、氯、氮、硫等多种非金属原子形成共价化合物。由科学实验和甲烷的球棍模型（图 2-1）可知，甲烷分子中，1 个碳原子与 4 个氢原子形成 4 个共价键，构成以碳原子为中心、4 个氢原子位于 4 个顶点的正四面体立体结构。由甲烷分子的球棍模型，可得出结构式和结构简式（图 2-1）。甲烷分子的结构特征为 4 个碳氢键都是相同的 σ 键，键长都是 1.09×10^{-10}m（即 0.109nm），碳氢键的夹角（键角）为 109°28′，所以甲烷分子的构型是**正四面体**。此外，测得碳氢键的键能都是 413kJ/mol。

甲烷中的键全为 σ 键。σ 键是烃类中最基本的共价键，它键能大，不易断裂，稳定，而且 2 个成键原子可以自由旋转。有机化学中常见的 σ 键有碳碳单键、碳氢键等。

二、烷烃的结构和命名

烃分子中碳原子连接形成链状的烃，称为**开链烃**，简称链烃，又称为脂肪烃。在链烃里有一系列结构与甲烷相似的烃，它们分子中的原子全部以单键结合，像这些分子中的化学键全部都是单键的链烃，称为**饱和链烃**，也称**烷烃**。烷烃分子中主要价键是**碳碳单键**（$-\underset{|}{\overset{|}{C}}-\underset{|}{\overset{|}{C}}-$），另外还有碳氢键（$-\underset{|}{\overset{|}{C}}-H$），它们都是 σ 键。

（一）烷烃的同系物及通式

观察图 2-2 乙烷、丙烷、丁烷分子的球棍模型，然后根据球棍模型完成表 2-2。

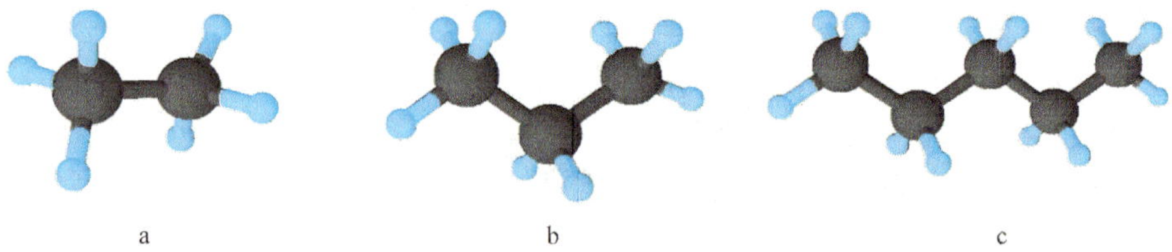

图 2-2　乙烷（a）、丙烷（b）、丁烷（c）分子的球棍模型

表 2-2　几种烷烃的结构对比

名称	分子式	结构式	结构简式	相邻组成差别
甲烷	CH_4	$H-\underset{H}{\overset{H}{C}}-H$	CH_4	
乙烷				

续表

名称	分子式	结构式	结构简式	相邻组成差别
丙烷				
丁烷				
n 烷烃				

比较上述烷烃可知，它们的结构相似，分子组成上相差 1 个或几个 CH_2 原子团。有机化合物中结构相似、在分子组成上相差 1 个或几个 CH_2 原子团的一系列化合物称为**同系列**，同系列中的化合物之间互称为**同系物**。

从甲烷、乙烷、丙烷等分子的结构式可以看出，它们中间部分是（CH_2）$_n$，（CH_2）$_n$ 两边还连接了 2 个氢原子，即若碳原子数为 n，氢原子的数目则为 $2n+2$，所以**烷烃的通式为 C_nH_{2n+2}**，例如，十一烷烃的分子式为 $C_{11}H_{24}$。

（二）烷烃的同分异构

用球棍模型，分别将 4 个碳原子和 5 个碳原子以单键形式进行排列组合，写出可能的组合形式，然后按照碳原子是四价的特性补充氢原子，完成表 2-3。

表 2-3　两种烷烃可能的结构

物质	可能的结构
4 个碳原子的烷烃	
5 个碳原子的烷烃	

烷烃中有些分子式相同，但结构却不同。例如，含有 4 个碳原子的烷烃（丁烷），它们的分子式除了都是 C_4H_{10}，还有以下 2 种结构：

$CH_3—CH_2—CH_2—CH_3$

正丁烷

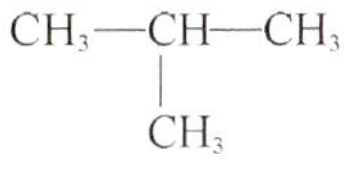

异丁烷

再如，含有 5 个碳原子的烷烃（戊烷），它们的分子式除了都是 C_5H_{12}，还有以下 3 种结构：

$CH_3—CH_2—CH_2—CH_2—CH_3$

正戊烷

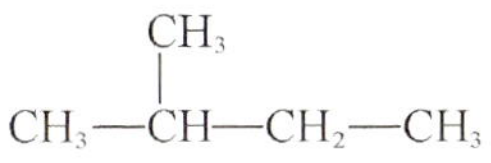

异戊烷

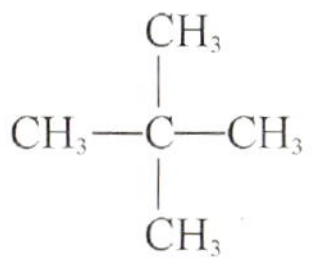

新戊烷

烷烃中像正戊烷、异戊烷、新戊烷这样由于碳链骨架结构不同而产生的同分异构，称为**碳链异构**。碳链异构是有机化合物中最常见的同分异构。

（三）烷烃的命名

有机化合物种类繁多，而且同分异构现象广泛存在，所以须按照一定的规则对每一个有机化合物进行命名。烷烃的命名有两种方法，即普通命名法和系统命名法。

1. 普通命名法 普通命名法适用于结构简单的烷烃，命名时据烷烃分子中碳原子的总数称为“某烷”，“某”依次用甲、乙、丙、丁、戊、己等表示；有同分异构体时在“某烷”前面加“正”“异”“新”等表示。“正”某烷是没有支链的链烃，“异”某烷是只有一个甲基支链连在第二个碳原子上的链烃，“新”某烷是只有两个甲基支链连在第二个碳原子上的链烃。例如上述的正戊烷、异戊烷和新戊烷的结构简式。

2. 系统命名法 系统命名法适用于普通命名法难以命名、结构比较复杂的有机化合物。这些有机化合物中一定数目的基团代替了其分子中的氢原子作支链，所以这些基团称为取代基。取代基是某种物质分子去掉一个氢原子形成的，烃分子中去掉一个氢原子后所剩下的基团称为**烃基**，烷烃分子去掉一个氢原子后所剩下的基团称为**烷基**。最常见、最重要的烃基是烷基，通式为 C_nH_{2n+1}—，用R—表示，通常又称为**脂肪烃基**。常见烷基的结构简式和名称如下：

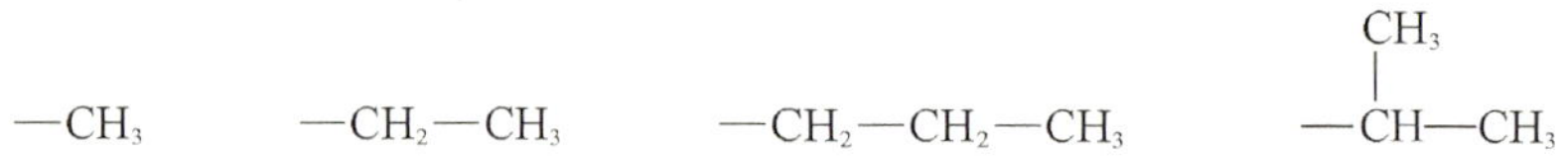

甲基　　乙基　　丙基　　异丙基

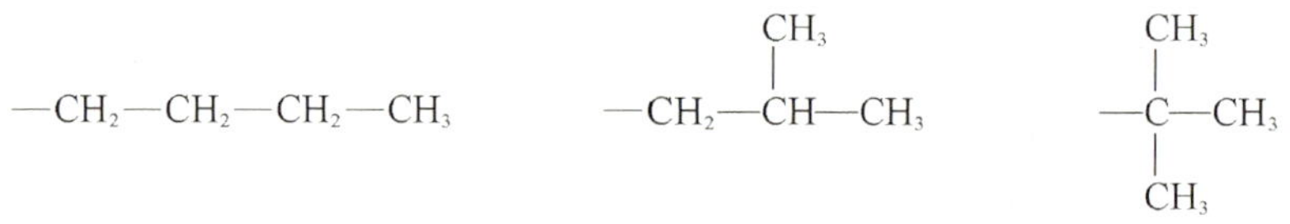

正丁基　　异丁基　　叔丁基

烷烃的系统命名法步骤如下。

（1）选择主链：在烷烃分子的链中选择含碳原子数最多的碳链作主链，其他部分作为支链。

（2）编号：用阿拉伯数字从靠近支链的一端给主链碳原子编号，以确定支链的位置，并尽可能使支链所连的碳原子编号最小。

（3）确定名称：确定名称按先支链后主链、先简单后复杂的顺序进行，如果有相同的支链则将其合并在一起。确定支链时依次写出其位置、数目（汉字）和名称；确定主链时根据主链碳原子的个数称为“某烷”。主链碳原子 10 个以内的，用天干：甲、乙、丙、丁、戊、己、庚、辛、壬、癸表示，碳原子 10 个以上的，用“十一”、“十二”等汉字数字表示。名称中阿拉伯数字之间用“，”隔开，阿拉伯数字和汉字间用“-”隔开，例如：

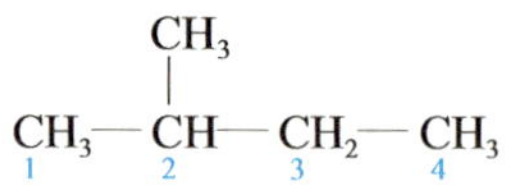

2-甲基丁烷

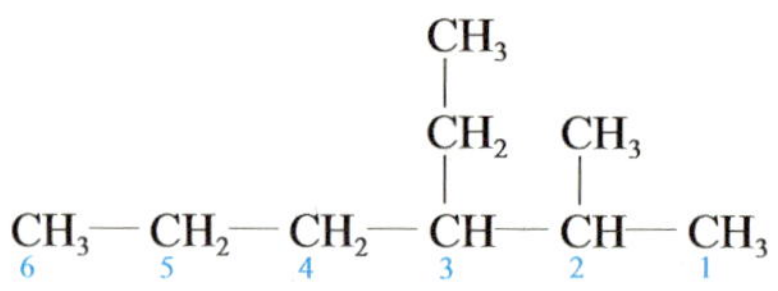

2-甲基-3-乙基己烷

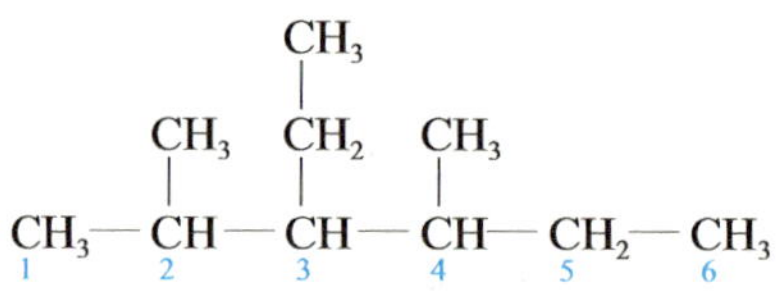

2, 4-二甲基-3-乙基己烷

烷烃命名时有时会遇到一些特殊情况，例如，最长碳链含碳原子数相等，则选择连支链最多的链为主链；再如，从主链两端开始编号，靠近支链时一样，则从靠近简单支链一端开始编号。例如：

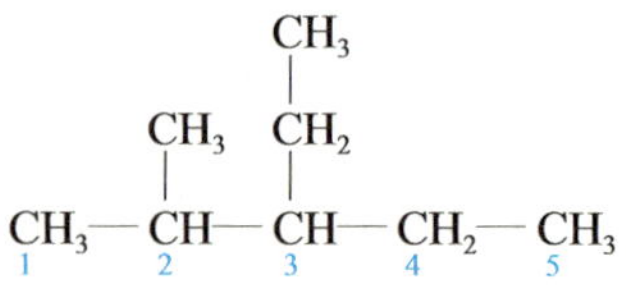

2-甲基-3-乙基戊烷

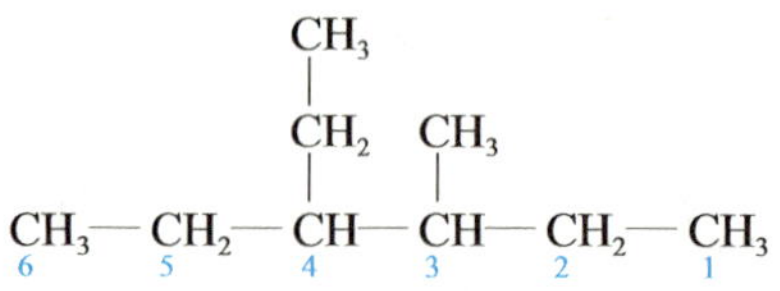

3-甲基-4-乙基己烷

闭链烃，简称环烃。环烃分为脂环烃和芳香烃。脂环烃又分为环烷烃、环烯烃、环炔烃等。在环烃分子中，碳原子之间全用单键结合的烃称为**环烷烃**。环烷烃的命名与烷烃相似，只需在相应的烷烃名称前加上“环”字。环上如有取代基，沿环编号使取代基位置最小。常见环烷烃的结构简式、键线式、名称如下：

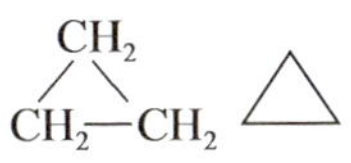

环丙烷

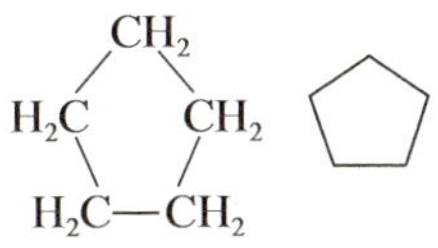

环戊烷

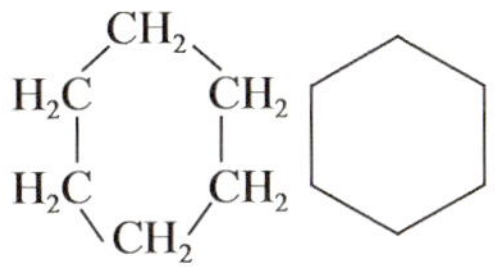

环己烷

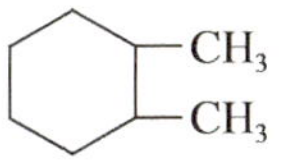

2，3-二甲基环己烷

三、烷烃的性质

（一）物理性质

烷烃大多是密度小于水、难溶于水、易溶于有机溶剂的物质。在烷烃的同系物中，随着碳原子数的增加，熔点、沸点、密度逐渐升高，并随着量变引起了质变，使得烷烃呈现 3 种状态。直链烷烃中，常温、常压下 $C_1 \sim C_4$ 的烷烃是气体，$C_5 \sim C_{17}$ 的烷烃为液体，C_{18} 以上的烷烃为固体。

（二）化学性质

1. 稳定性　烷烃分子中的键都是 σ 键，σ 键键能较高，不易断裂，所以烷烃化学性质较稳定，**不与强酸、强碱反应，不与强氧化剂酸性高锰酸钾溶液反应，也不与溴水反应**。由于烷烃化学性质稳定，所以医学上利用这一性质来配制药品，例如，凡士林、液体石蜡常用作软膏的基质，沥青用来铺路或铺设于房顶等防止漏水。

2. 氧化反应　烷烃能在空气或氧气中被点燃，因氧化而完全燃烧生成二氧化碳和水，同时放出大量的热。甲烷被认为是一种很好的燃料，就是因为它氧化燃烧彻底。它发生如下反应。

$$CH_4 + 2O_2 \xrightarrow{\text{点燃}} CO_2 + 2H_2O$$

除甲烷外，丁烷、汽油、煤油、柴油等烷烃及许多烷烃类物质也可发生氧化燃烧反应，而且因为它们含氢较多，燃烧过程中烟尘较少，是较优质的燃料，所以常利用它们反应产生的热量，驱动发动机运转。

由于烷烃容易燃烧，所以烷烃及许多烷烃类物质都属于易燃易爆品，在生活和生产中使用时，一定要注意安全。

3. 取代反应　将甲烷和氯气混合，室温下在暗处长时间保存也不起任何反应。但是放在光亮的地方，黄绿色的氯气会逐渐变淡，生成油状的氯代甲烷化合物（彩图 2-1）。该化学反应方程式如下：

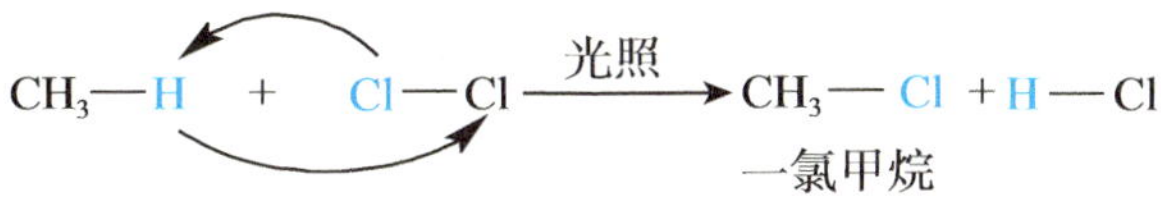

一氯甲烷

在较强阳光下，约半小时后可以看到氯气的黄绿色逐渐变淡，容器壁上出现油状物。这是因为发生上述反应后，生成的一氯甲烷继续发生类似反应生成二氯甲烷、三氯甲烷（氯仿）、四氯化碳等附在容器壁。氯仿曾被用作麻醉剂，四氯化碳是一种高效灭火剂，二氯甲烷、氯仿、四氯化碳都是很好的溶剂。

以上反应还可以在紫外线、高温或催化剂作用下进行。这种有机化合物分子中的某些原子或原子团被其他的原子或原子团所代替的反应称为**取代反应**。在一定条件下，有机化合物中氢原子被卤素原子取代的反应，称为**卤代反应**。烃发生卤代反应生成的物质称为卤代烃，如一氯甲烷（CH_3Cl）、二氟二氯甲烷（CCl_2F_2）等。

烷烃除了可以与氯气发生取代反应以外，还可以与 F_2、Br_2 等卤素单质发生取代反应生成相应的卤代烃。

5 个碳原子以上的环烷烃化学性质与烷烃相似，如性质较稳定，与强酸（如硫酸）、强碱（如氢氧化钠）、强氧化剂（如酸性高锰酸钾溶液）等试剂都不发生反应，能氧化燃烧，也能在高温或光照下发生取代反应。例如：

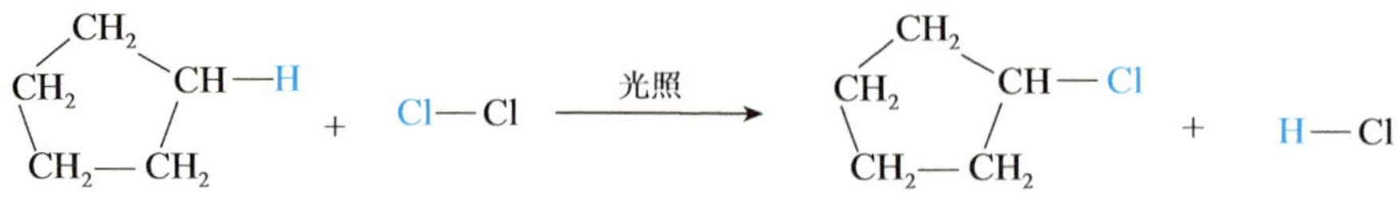

四、常见的烷烃及其来源

烷烃主要来源于天然气和石油。天然气主要成分是含甲烷、乙烷、丙烷和丁烷的混合物。石油的分馏产物如石油醚、汽油、煤油、柴油、润滑油、凡士林、液体石蜡、固体石蜡等主要成分就是烷烃。各种石油产品既是非常重要的工业和交通的能源物质，也可以进一步深加工得到各种有机化学工业原料，用于制造合成纤维、合成橡胶、塑料、农药、化肥、炸药、染料与合成洗涤剂等。它们在工业、农业、医药、生活等方面有着广泛的用途（表 2-4）。

表 2-4　常见烷烃及其用途

物质	成分	主要用途
天然气	$C_1 \sim C_4$	燃料
溶剂油	$C_5 \sim C_8$	溶剂
汽油	$C_5 \sim C_{15}$	燃料
煤油	$C_{11} \sim C_{16}$	燃料、工业洗涤剂
柴油	$C_{15} \sim C_{18}$	柴油机燃料
润滑油	$C_{16} \sim C_{20}$	润滑剂、防锈剂
凡士林	液态烃、固态烃混合物	润滑剂、防锈剂、软膏药物基质
液体石蜡	$C_8 \sim C_{24}$	软膏滴鼻剂、喷雾剂基质
固体石蜡	$C_{25} \sim C_{34}$	蜡烛、蜡疗、软膏硬度调节剂
沥青	$C_{30} \sim C_{40}$	铺路、防腐、防水等材料

液体石蜡是无色、透明的液体，不溶于水。在医学上，液体石蜡用于婴儿油、乳液或乳霜等护肤品中，作为保湿剂和卸妆油的原料。在医药上，液体石蜡用作配制滴鼻剂或喷雾剂的基质，也可用作泻药。长期摄入液体石蜡可导致消化功能障碍，影响脂溶性维生素 A、维生素 D、维生素 K 和钙、磷等吸收。液体石蜡在制造合成洗涤剂时用作分散剂。

凡士林是液态烃、固态烃混合物，呈软膏状的半固体，不溶于水，溶于乙醚和石油醚。由于它不被皮肤吸收，并且化学性质稳定，不与软膏状的药物反应，因此常用作化妆品和药物软膏的基质。凡士林一般呈黄色，经漂白或脱色，变成白色凡士林。

第 2 节　不饱和链烃

分子中含有碳碳双键或碳碳三键的链烃称为**不饱和链烃**。不饱和链烃又分为烯烃和炔烃。烯烃的官能团是**碳碳双键**（$\mathrm{>C=C<}$），炔烃官能团是**碳碳三键**（$\mathrm{-C\equiv C-}$）。

案例 2-2

乙烯和乙炔

1. 乙烯　乙烯是一种稍有甜味的无色气体，存在于植物体内，它能使植物生长减慢，促进叶落和果实成熟，是一种比较理想的植物果实催熟剂；在医药上与氧气混合可作麻醉剂。乙烯是有机合成工业和石油化学工业的重要原料，可用于制造塑料、合成纤维、橡胶等。乙烯工业的迅速发展带动了石油化工的发展，因此，一个国家乙烯工业的发展水平已成为衡量这个国家石油化学工业发展水平的主要标准之一。

2. 乙炔　乙炔是一种无色无臭的气体，在氧气中燃烧能产生大量的热，可用来切割和焊接金属。乙炔也是塑料、橡胶、纤维三大合成材料及精细有机产品（如乙醛、乙酸）等合成的重要原料。

思考与讨论： 1. 什么是烯烃？什么是炔烃？

2. 写出乙烯和乙炔分子的结构简式。

一、乙烯和乙炔分子的结构特征

（一）乙烯分子的结构特征

学会在微观和宏观上认识乙烯。课前以小组为单位，完成如下学习任务：

用球棍模型，搭建乙烯的分子模型，判断乙烯的空间构型，填写表 2-5、表 2-6。

表 2-5　乙烯的结构与性质探索

物质	分子式	电子式	结构式	空间构型
乙烯				

表 2-6　乙炔的结构与性质探索

物质	分子式	电子式	结构式	空间构型	沸点	化学性质
乙炔						

由科学实验和乙烯分子的球棍模型（图 2-3）可知，乙烯分子中 2 个碳原子间形成碳碳双键，2 个碳原子与 4 个氢原子形成 4 个碳氢单键，2 个碳原子和 4 个氢原子都在同一平面上，碳碳双键与碳氢键、碳氢键与碳氢键的夹角（键角）均为 120°。由乙烯分子的球棍模型可得出它的结构式和结构简式。

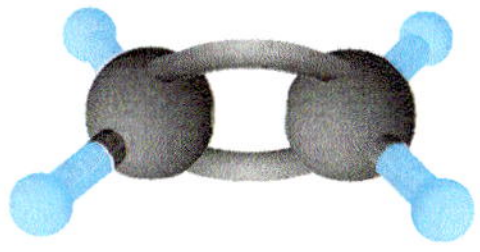

图 2-3　乙烯分子的球棍模型

乙烯分子的主要部分是其官能团**碳碳双键**（$-\overset{|}{C}=\overset{|}{C}-$），碳碳双键并不是由两个碳碳单键 σ 键构成，而是由一个比较牢固的 σ 键和另一个不稳定、易断裂的 π 键构成。

（二）乙炔分子的结构特征

由科学实验和乙炔分子的球棍模型（图 2-4）可知，乙炔分子里 2 个碳原子间形成碳碳三键，2 个碳原子与 2 个氢原子形成 2 个碳氢单键，2 个碳原子和 2 个氢原子都在一条直线上，碳碳三键与碳氢键的夹角（键角）均为 180°。由乙炔分子的球棍模型可得其结构式和结构简式。

图 2-4　乙炔分子的球棍模型

乙炔分子的主要部分也是其官能团**碳碳三键**（$-C\equiv C-$），碳碳三键并不是由 3 个碳碳 σ 键构成，而是由 1 个比较牢固的 σ 键和另 2 个不稳定、易断裂的 π 键构成。

二、不饱和链烃的同系物

（一）烯烃的同系物及通式

观察表 2-7 中各烯烃分子的结构简式，然后完成表 2-8。

分子中含有一个碳碳双键的链烃称为单烯烃，习惯上又称为**烯烃**。烯烃中除了最简单的乙烯外，还有丙烯、丁烯等一系列化合物，这些烯烃在结构上都含有碳碳双键，分子组成上相差一个或几个 CH_2 原子团，所以它们都是烯烃的同系物（表 2-7）。

表 2-7　几种烯烃的同系物

物质	分子式	结构简式
乙烯	C_2H_4	CH_2═CH_2
丙烯	C_3H_6	CH_2═CH—CH_3
1- 戊烯	C_5H_{10}	CH_2═CH—（CH_2）$_2$—CH_3
1- 己烯	C_6H_{12}	CH_2═CH—（CH_2）$_3$—CH_3
1- 十一烯	$C_{11}H_{22}$	CH_2═CH—（CH_2）$_8$—CH_3
1- 十二烯	$C_{12}H_{24}$	CH_2═CH—（CH_2）$_9$—CH_3

表 2-8　几种烯烃结构的对比

比较项目	相同点	差异点
结构简式		
分子式		

由于烯烃分子中含有一个碳碳双键，所以烯烃分子中氢原子的个数比相同碳原子数的烷烃少两个，烯烃的分子组成通式为 C_nH_{2n}（$n \geqslant 2$ 整数）。**碳碳双键**（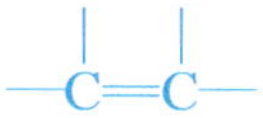）是烯烃的官能团。

（二）炔烃的同系物及通式

分子中含有碳碳三键的链烃称为**炔烃**。炔烃中除了最简单的乙炔外，还有丙炔、1- 戊炔等。表 2-9 中列出了一系列化合物，这些炔烃在结构上都含有碳碳三键，在分子组成上相差一个或几个 CH_2 原子团，它们都是炔烃的同系物。

表 2-9　炔烃同系物的结构简式

物质	分子式	结构简式
乙炔	C_2H_2	CH≡CH
丙炔	C_3H_4	CH≡C—CH_3
1- 戊炔	C_5H_8	CH≡C—（CH_2）$_2$—CH_3
1- 己炔	C_6H_{10}	CH≡C—（CH_2）$_3$—CH_3
1- 十一炔	$C_{11}H_{20}$	CH≡C—（CH_2）$_8$—CH_3
1- 十二炔	$C_{12}H_{22}$	CH≡C—（CH_2）$_9$—CH_3

由于炔烃分子中含有一个碳碳三键，所以炔烃分子中氢原子的个数比相同碳原子数的烯烃少两个，炔烃的组成通式为 C_nH_{2n-2}（$n \geqslant 2$）。**碳碳三键**（—C≡C—）是炔烃的官能团。

三、不饱和链烃的同分异构

观察表 2-10 中两个烯烃分子的结构简式，然后完成该表。

表 2-10　两种烯烃结构的对比

烯烃结构简式	相同点	差异点
$CH_2{=}CH{-}CH_2{-}CH_3$		
$CH_3{-}CH{=}CH{-}CH_3$		

由于不饱和链烃含有碳碳双键或碳碳三键，其同分异构现象除了有烷烃的碳链异构外，还有位置异构和顺反异构。由于双键或三键在碳链中的位置不同而产生的同分异构称为**位置异构**。烯烃分子中双键碳原子上连接的原子或原子团在空间排列不同还能产生顺反异构，但本节主要介绍碳链异构和位置异构。

例如，分子式为 C_4H_8 的烯烃不仅有碳链异构（1）和（3），还有因为分子中双键位置不同而产生的位置异构（1）和（2）。

（1）$CH_2{=}CH{-}CH_2{-}CH_3$　1-丁烯

（2）$CH_3{-}CH{=}CH{-}CH_3$　2-丁烯

（3）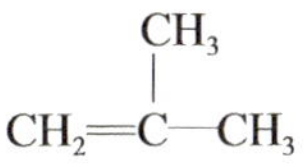
2-甲基丙烯

炔烃的同分异构与烯烃相似，同样有碳链异构和位置异构。例如，分子式为 C_5H_8 的炔烃不仅有碳链异构（1）和（3），还有因为分子中三键位置不同而产生的位置异构（1）和（2）。

（1）$CH{\equiv}C{-}CH_2{-}CH_2{-}CH_3$　1-戊炔

（2）$CH_3{-}C{\equiv}C{-}CH_2{-}CH_3$　2-戊炔

（3）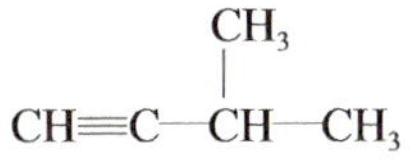
3-甲基-1-丁炔

四、不饱和链烃的命名

烯烃和炔烃的命名与烷烃类似，只是烯烃和炔烃有官能团。它们的命名法原则和步骤如下。

（1）选择主链：选择含有官能团（碳碳双键或碳碳三键）在内的最长碳链作主链。

（2）编号：从靠近官能团的一端开始，用阿拉伯数字沿主链给碳原子依次编号，以确定碳碳双键和取代基的位置。

（3）确定名称：先用烷烃命名方法确定取代基的位置、数目和名称，然后以双键或三键编号较小的数字表示官能团的位置，再根据主链碳原子的个数称为“某烯”或“某炔”。“某”字用法和其他要求与烷烃命名相同。例如：

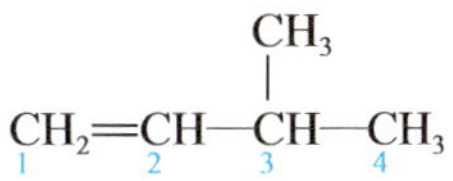
3-甲基-1-丁烯

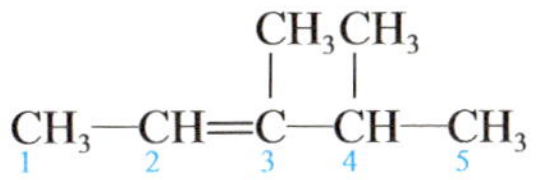
3, 4-二甲基-2-戊烯

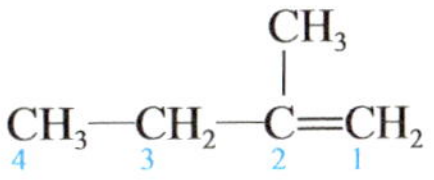
2-甲基-1-丁烯

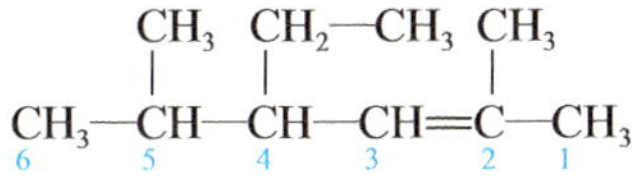
2, 5-二甲基-4-乙基-2-己烯

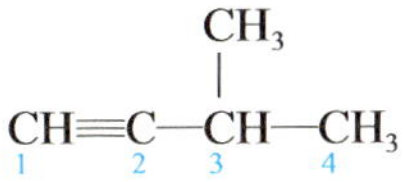
3-甲基-1-丁炔

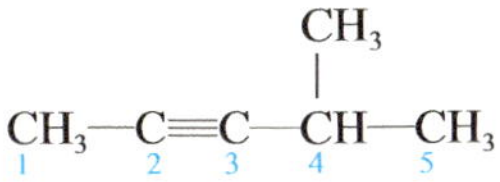
4-甲基-2-戊炔

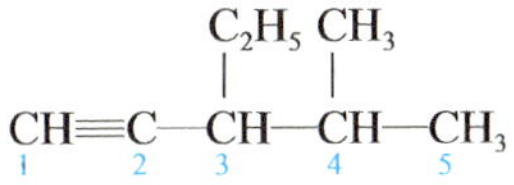
4-甲基-3-乙基-1-戊炔

五、不饱和链烃的性质

（一）物理性质

烯烃均无色，难溶于水，易溶于有机溶剂。在烯烃的同系物中，随着碳原子数的增加，熔点、沸点、密度逐渐升高，同样随着量变引起了质变，使得烯烃呈现三种状态。直链烯烃中，常温、常压下 C_2 ～ C_4 的烯烃是气体；C_5 ～ C_{18} 的烯烃为液体；C_{19} 以上的高级烯烃是固体。

炔烃的物理性质与烯烃相似，也难溶于水，易溶于有机溶剂。炔烃的同系物中，同样随着碳原子数的增加，熔点、沸点、密度逐渐升高，随着量变会引起质变，使炔烃呈现三种状态。直链炔烃中，常温、常压下 C_2 ～ C_4 的炔烃是气体；C_5 ～ C_{15} 的炔烃为液体；C_{15} 以上的炔烃是固体。

（二）化学性质

烯烃和炔烃分子中都含有不饱和键（双键和三键），双键和三键中都有 π 键，且易断裂，所以烯烃和炔烃的化学性质活泼，并且相似，容易发生氧化反应、加成反应、聚合反应。因为三键中有两个 π 键，比双键中的一个 π 键稳定，所以炔烃的化学性质不如烯烃活泼。此外，对于碳碳三键上连有氢原子的炔烃，还能发生一些特殊的反应。

1. 氧化反应 烯烃和炔烃与烷烃一样，也能在空气中完全氧化燃烧生成二氧化碳和水，同时放出大量的热。乙烯和乙炔在空气中燃烧的反应式如下：

$$CH_2{=}CH_2 + 3O_2 \xrightarrow{\text{点燃}} 2CO_2 + 2H_2O + \text{热量}_1$$

$$2CH{\equiv}CH + 5O_2 \xrightarrow{\text{点燃}} 4CO_2 + 2H_2O + \text{热量}_2$$

由于烯烃和炔烃中含碳比例比烷烃高，燃烧时发出明亮的火焰，会产生大量热量和浓烟，所以使用这些物质的时候要注意安全。乙炔在氧气中燃烧所形成的火焰称为氧炔焰，温度高达 3000℃以上，广泛利用该性质来焊接和切割金属。

烷烃类物质液体石蜡、烯烃类物质松节油与酸性高锰酸钾反应的现象如彩图 2-2 所示，即液体石蜡不能使酸性高锰酸钾溶液褪色，而松节油能使酸性高锰酸钾溶液褪色。这是因为饱和链烃（烷烃）中只含 σ 键，σ 键稳定，所以饱和链烃化学性质稳定，液体石蜡不能使酸性高锰酸钾溶液褪色。烯烃类物质松节油含有碳碳双键，碳碳双键中的 π 键容易断裂，所以其化学性质活泼，常温下即可被酸性高锰酸钾氧化而使溶液褪色。从这个实验及其他大量的实验结果发现，饱和链烃（烷烃）不能使某些有色氧化性物质（如酸性高锰酸钾）的溶液褪色，而不饱和链烃（烯烃和炔烃）能使这些有色氧化性物质的溶液褪色，两者的现象明显不同。因此，常用这种方法来区别饱和链烃（烷烃）与不饱和链烃。

2. 加成反应

（1）与卤素加成：烷烃类物质液体石蜡、烯烃类物质松节油与溴水的反应现象如彩图 2-3 所示，即液体石蜡不能使溴水褪色，而松节油使溴水褪色。松节油使溴水褪色是因为烯烃类物质松节油与溴水中的溴单质发生了加成反应，消耗掉了溴单质。乙烯、乙炔也能与溴水中的溴单质发生以下加成反应，生成 1，2- 二溴乙烷或 1，1，2，2- 四溴乙烷。

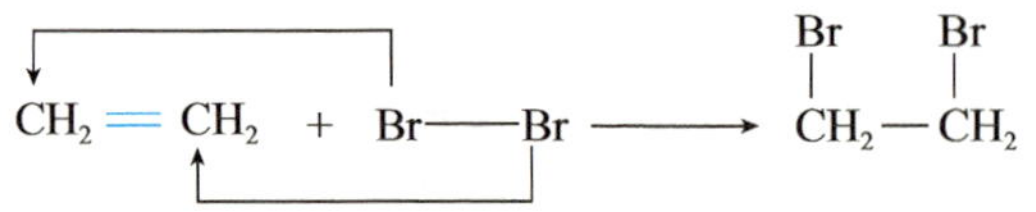

乙烯　　溴水（红棕色）　　1，2-二溴乙烷（无色）

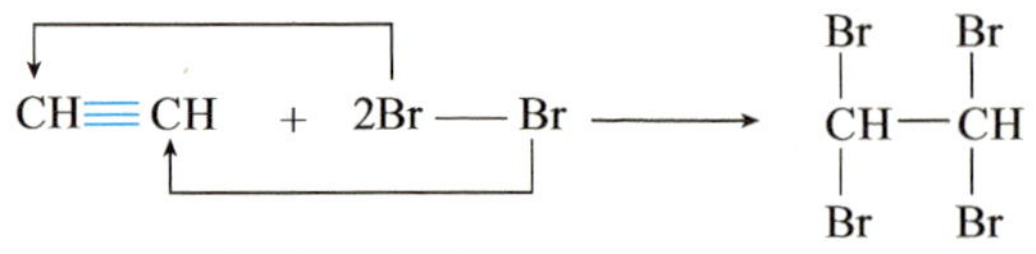

乙炔　　溴水（红棕色）　　1，1，2，2-四溴乙烷（无色）

（2）与氢气加成：在金属催化剂（铂、钯、镍等）作用下，烯烃和炔烃分子中的 π 键断裂，可以与氢气发生加成反应生成烷烃。例如：

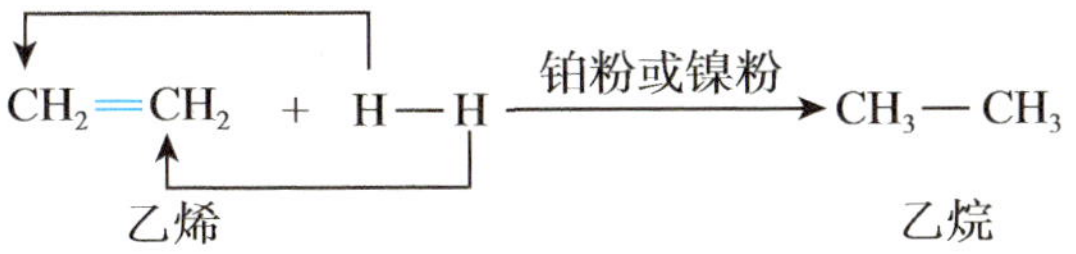

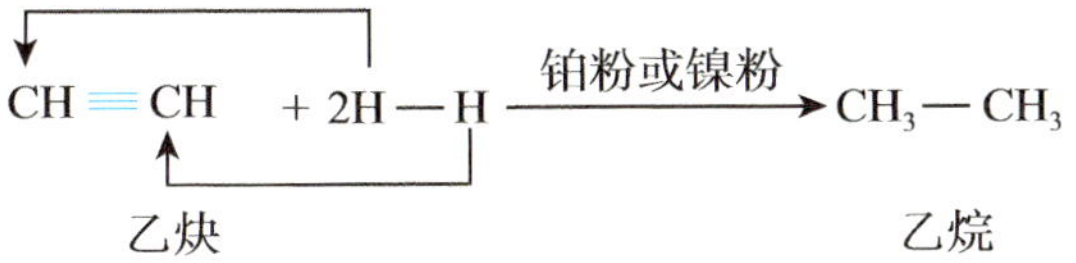

（3）与卤化氢加成：烯烃和炔烃也能与卤化氢发生加成反应，生成相应的卤代烃。例如：

$$CH_2{=}CH_2 + H{-}Br \longrightarrow CH_3{-}CH_2Br \quad \text{(1-溴乙烷)}$$

$$CH{\equiv}CH + H{-}Br \longrightarrow CH_2{=}CHBr \quad \text{(1-溴乙烯)}$$

当不对称烯烃、炔烃与卤化氢加成时，卤化氢分子中的氢原子主要加在含氢原子较多的双键、三键碳原子上。例如：

$$CH_3{-}CH{=}CH_2 + H{-}Br \longrightarrow CH_3{-}CHBr{-}CH_3 \quad \text{(2-溴丙烷)}$$

$$CH{\equiv}CH + 2H{-}Br \longrightarrow CH_3{-}CHBr_2 \quad \text{(1, 1-二溴乙烷)}$$

3. 聚合反应　在一定条件下，烯烃分子可以自身相互加成，生成大分子化合物。这种由小分子化合物结合成大分子化合物的反应称为**聚合反应**。例如，乙烯在高温、高压和催化剂的作用下，发生以下聚合反应生成高分子化合物聚乙烯。

$$nCH_2{=}CH_2 \xrightarrow[\text{高温、高压}]{\text{催化剂}} {+}CH_2{-}CH_2{+}_n$$

乙烯　　　　聚乙烯

聚乙烯（图 2-5）是一种透明、无色、无味、柔韧的塑料，可用来制作输液器、各种医用导管、整形材料等。

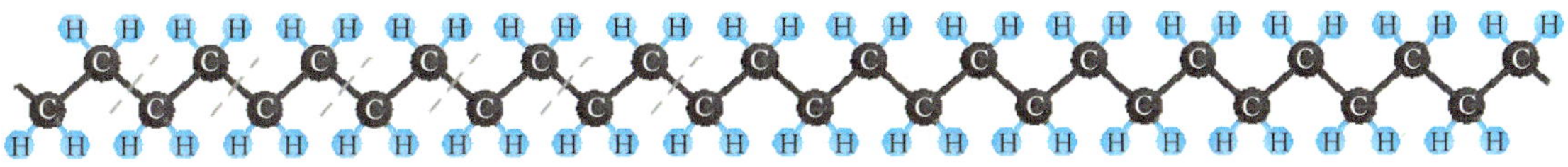

图 2-5　聚乙烯分子示意图

在一定条件下，乙炔也能自身相互加成生成链状或环状聚合物，例如，在高温、催化剂作用下，三个乙炔分子可聚合成一个苯分子。

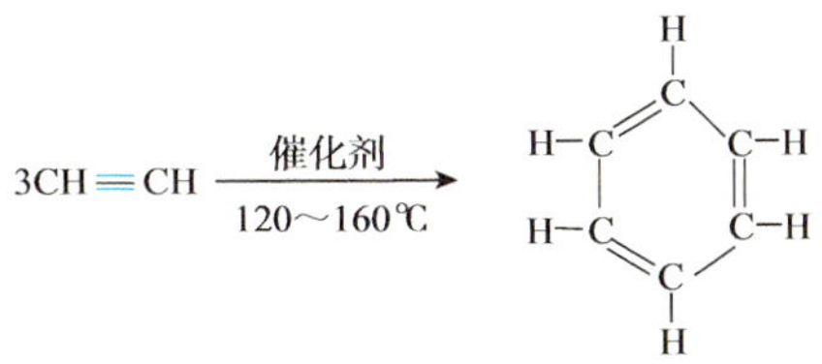

苯

4. 生成金属炔化物　端基炔（含—C≡C—H 结构的炔烃）中碳碳三键对氢原子产生影响，使连接在三键碳上的氢原子非常活泼，容易被金属取代，生成金属炔化物。例如，将乙炔通入硝酸银的氨溶液或氯化亚铜的氨溶液中则分别生成白色的乙炔银和砖红色的乙炔亚铜沉淀。

端基炔发生的上述反应灵敏且现象明显，此反应可作为鉴别碳碳三键是否在链端的方法。

案例 2-3

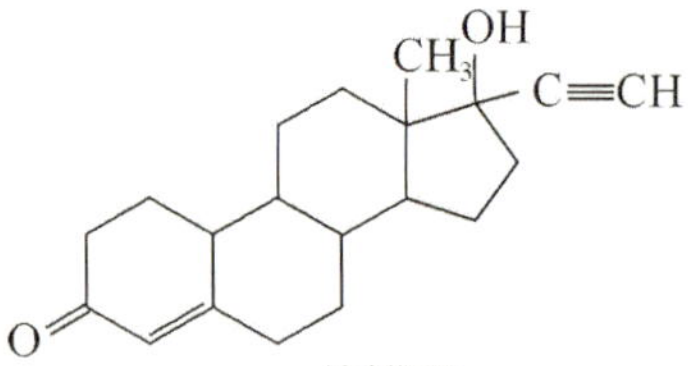

炔诺酮

孕激素类药——炔诺酮

炔诺酮有较强的孕激素作用和一定的抗雌激素作用，具有较弱的雄激素活性和蛋白同化作用。炔诺酮主要用于功能性子宫出血症、痛经、月经不调、子宫内膜异位症及不孕等；与雌激素类药合用，可作避孕药。

思考与讨论： 1. 仔细观察炔诺酮结构，分子中含有哪几种官能团？

2. 炔诺酮能否生成金属炔化物？

六、常见的烯烃类物质

1. 丙烯 丙烯为无色气体，工业上可用于制备异丙醇、丙醇、丙烯醛。丙烯通过聚合反应可以生成聚丙烯，聚丙烯具有相对密度小、耐热性好、机械强度比聚乙烯强等优点，可用作薄膜、纤维、管道、医疗器械、电缆和电线的外皮等。

2. 松节油 松节油是由松针植物的叶采用水蒸气蒸馏法从松针植物的叶中提取出来的透明、微黄、芳香气味的液体。松节油可用于减轻肌肉痛、关节痛、神经痛以及扭伤疼痛。松节油内含有碳碳双键，可归属于烯烃类物质，须遮光，密封，置阴凉处。

3. 植物油 植物油是从一些植物的果实内，运用一些物理或化学方法提取出来的液体，如花生油、菜籽油、芝麻油、豆油等。植物油内含有碳碳双键和酯基，是复合官能团化合物。植物油具有提供能量、补充营养、帮助增强记忆力、治疗便秘等作用。工业上用作肥皂、油漆、油墨、橡胶、皮革、纺织、蜡烛、润滑油、合成树脂、化妆品等工业品的主要原料。

第3节 芳 香 烃

芳香烃的字面意思是具有芳香气味的烃，因为最初从树脂和香精油等天然产物中提取了一些具有芳香气味的物质，即芳香族化合物，这类物质的母体就是芳香烃。研究发现，这类化合物结构中都含有苯环（），所以**芳香烃**是指分子中含有苯环结构的烃，简称**芳烃**。含苯环的化合物并不都有芳香气味，有些甚至还有难闻的气味，由于其历史渊源因素，我们仍然将含苯环的物质称为芳香烃。

案例 2-4

混苯中毒事件

2007 年 5 月，某防腐公司劳务队 3 名油漆工在货船舱底进行喷漆作业时，出现了头晕、胸闷，皮肤可见小块紫斑等症状，进一步检查发现这 3 人白细胞计数增高，有贫血现象。根据现场调查与专家会诊结果，初步诊断本次中毒为一起急性职业性混苯中毒事件。

思考与讨论： 引起油漆工中毒的物质是哪一类有机物？请写出它的结构通式。

一、苯分子的结构

（1）用球棍模型搭建苯的分子模型，判断苯的空间构型。

（2）查找资料，认识苯的来源、物理性质（熔点、沸点）、化学性质。

（3）根据所学知识，填写表 2-11。

表 2-11　苯的结构与性质

物质	分子式	结构式	空间构型
苯			

由苯分子的球棍式模型和结构式（图 2-6）可知，苯分子中 6 个碳原子结合成一个正六边形的平面结构，6 个碳原子分别与 6 个氢原子形成 6 个碳氢单键，6 个碳原子和 6 个氢原子都在同一平面上，苯环上碳碳单键与碳碳双键相互间隔，形成以六边形的中心为旋转中心的美丽的图形。

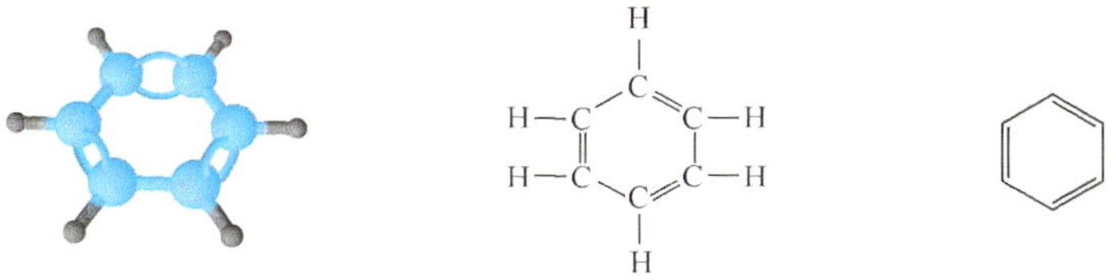

图 2-6　苯分子的球棍模型和结构式、结构简式

链接

对苯分子结构的探索

对苯分子结构的探索，凝聚了科学家们的智慧和心血，其中起着重要作用的是凯库勒。1825 年英国科学家法拉第在生产煤气的油状残留物中分离出一种液体，称之为“苯”，但是苯的结构让化学家们十分困扰：碳氢比例为 1 ∶ 1，表明苯是高度不饱和的化合物，却又不具有典型不饱和化合物所具有的易发生加成反应的性质。直到 1865 年德国化学家凯库勒在其发表的文章中提到了苯的结构，他认为苯环中六个碳原子是由单键与双键交替相连，以保持碳原子是四价，1866 年他画出一个单、双键的空间模型。苯环结构的诞生，是有机化学发展史上的一块里程碑。

随着对苯的深入研究人们发现，分子中的 6 个碳原子之间的化学键键长完全相同，且介于碳碳单键和碳碳双键键长之间，苯也不能使酸性高锰酸钾溶液和溴水褪色，说明分子中并不存在单双键相间隔的结构。经研究发现，苯环中的 6 个碳原子相互连接，形成一种介于单键和双键之间的特殊共价键——大 π 键，一种更加美丽的对称图形，如图 2-7 所示。为了更加准确地表示苯的结构特点，因此将苯结构式简写为 。

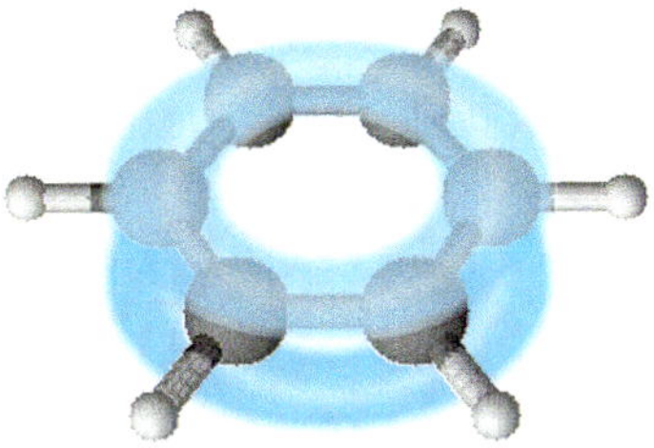

图 2-7　苯和苯的大 π 键

虽然苯环并不是碳碳单键、碳碳双键相互间隔连接形成的，但基于苯是一种特殊不饱和烃和其历史渊源，我们仍沿用凯库勒式（）表示苯。

二、苯的同系物与命名

苯的同系物是指苯环上的氢原子被烃基取代所生成的化合物。根据苯的凯库勒式（）可以得出苯及其同系物的组成通式为 $\mathbf{C_nH_{2n-6}}$（$n \geq 6$）。

根据苯环上的氢原子被烷基取代的个数，可将苯的同系物分为一元烷基苯、二元烷基苯、多元烷基苯，即苯环上分别有一个、两个或多个氢原子被烷基取代得到的化合物。由此可见，苯的同系物是以苯环为母体，所以命名时在“苯”前指明取代基的位置、名字即可。

（一）一元烷基苯

一元烷基苯的苯环上只有一个取代基时，苯环上的 6 个碳原子、氢原子是完全等同的，取代基与苯环的任一个碳原子相连都是等效的，因而无同分异构现象。在命名时根据取代基名称称为“某基苯”，常把“基”字省略，称为“某苯”。例如：

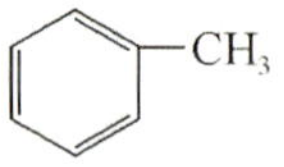
甲苯

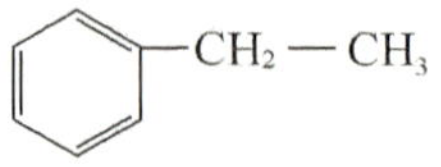
乙苯

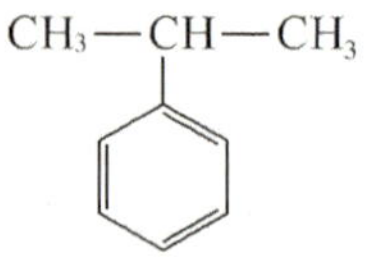
异丙苯

（二）二元烷基苯

二元烷基苯由于 2 个烷基的相对位置不同，可产生 3 种同分异构体。命名时，须用邻（*o*-）、间（*m*-）、对（*p*-）或阿拉伯数字标明烷基在苯环上的相对位置。用阿拉伯数字标明烷基位置时，应使位次和最小。例如：

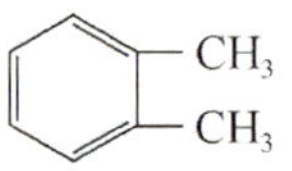
邻二甲苯(或 *o*-二甲苯)
1, 2-二甲苯

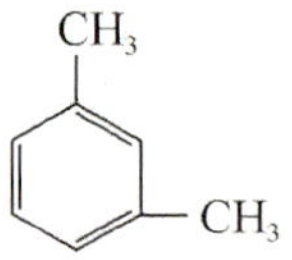
间二甲苯(或 *m*-二甲苯)
1, 3-二甲苯

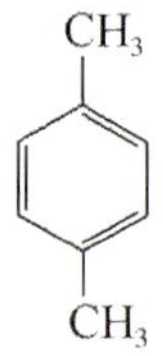
对二甲苯(或 *p*-二甲苯)
1, 4-二甲苯

（三）多元烷基苯

多元烷基苯的苯环上连有三个相同烷基时，也有 3 种同分异构体。命名时，相同取代基的相对位置可用连、偏、均或阿拉伯数字来表示。用阿拉伯数字标明烷基位置时，应使位次和最小。例如：

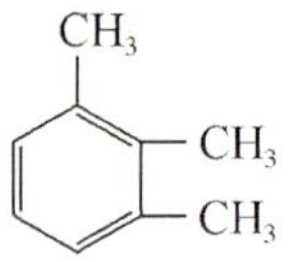
连三甲苯
(1, 2, 3-三甲苯)

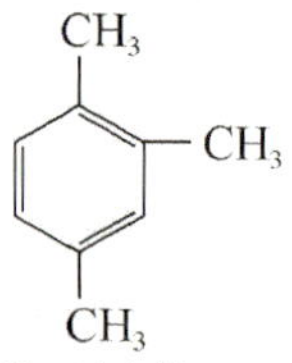
偏三甲苯
(1, 2, 4-三甲苯)

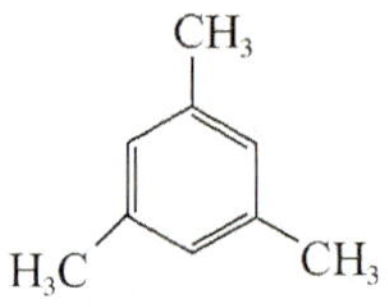
均三甲苯
(1, 3, 5-三甲苯)

（四）苯的复杂同系物

当苯环上连的烃基结构复杂时，若仍然把烷基作取代基反而不便，我们反其道而行之，将苯环作为取代基，把烃作母体来命名。例如：

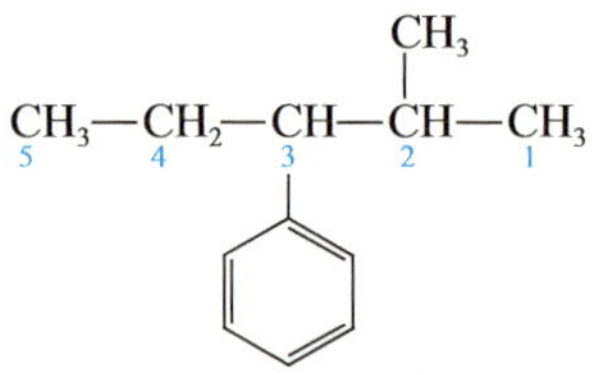
2-甲基-3-苯基戊烷

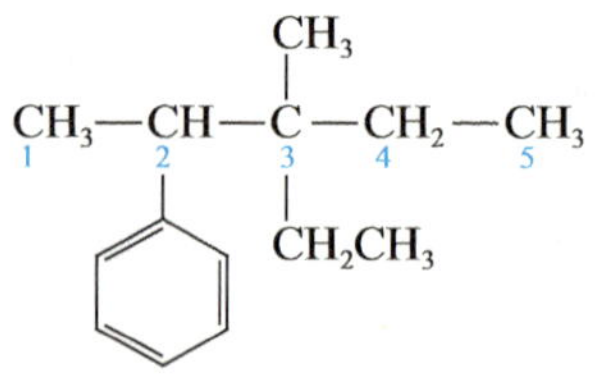
3-甲基-3-乙基-2-苯基戊烷

三、苯及其同系物的物理性质

苯及其同系物一般是无色、有特殊气味的液体，不溶于水，易溶于汽油、乙醇和乙醚等有机溶剂，密度 0.86 ～ 0.90g/cm^3，具有易挥发、易燃的特点。它们一般具有毒性，长期吸入苯蒸气会引起慢性中毒，苯也易被皮肤吸收引起中毒。

四、苯及其同系物的化学性质

从苯的结构式可知，苯环中的键是一种介于单键和双键之间的特殊共价键——大π键，所以苯的化学性质既有碳碳单键（烷烃）的性质，如稳定性、能氧化燃烧、能发生取代反应，又有碳碳双键（烯烃）的化学性质，如能发生加成反应。但其特殊结构决定了它们又与两类物质的性质有所不同，一般情况下表现为难氧化、难加成、易取代，统称为**芳香性**。

（一）稳定性

由于苯分子具有特殊的环状结构，分子中存在π键，使苯的结构稳定，化学性质比较稳定，一般情况下不与酸性高锰酸钾等氧化剂作用。

（二）氧化反应

苯较稳定，不易被氧化，与苯环直接相连的碳原子上连有氢原子（α-H）的苯的同系物（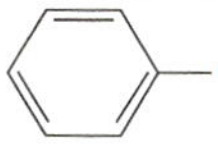—CH_2—R），其侧链可以被强氧化剂氧化，生成羧基（—COOH）。例如：

苯甲酸　　　　苯甲酸

因为苯不被氧化而不能使某些氧化剂褪色，而含有α-H的苯的同系物却能被氧化而使某些氧化剂（如酸性高锰酸钾、重铬酸钾）褪色，所以利用这一性质，可以区分苯和这类苯的同系物。

（三）取代反应

取代反应主要发生在芳香烃的苯环上，如卤代反应、硝化反应和磺化反应等。苯的同系物发生取代反应，主要是邻位和对位上的氢原子被取代。

1. 卤代反应　在卤化铁或铁粉的催化作用下，苯环上的氢原子被卤原子（—X）取代，生成卤代苯。例如：

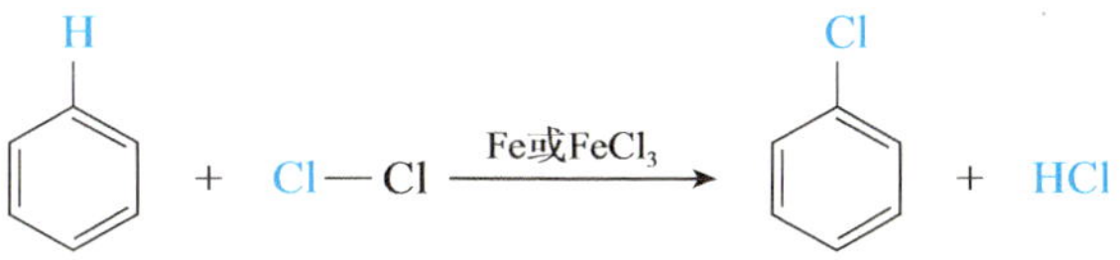

氯苯

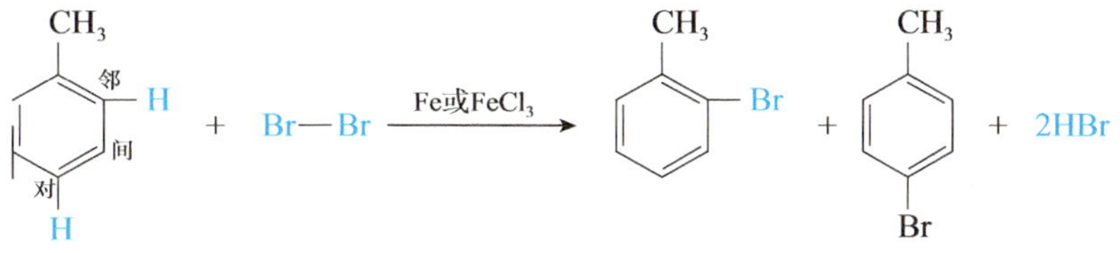

邻溴代甲苯　　对溴代甲苯

苯的同系物与卤素在光照或加热条件下也能反应，不过卤素取代的是苯环侧链上氢原子，而不是苯环上的氢原子。例如：

苯氯甲烷（氯化苄）

2. 硝化反应　在浓硫酸催化下，苯环上的氢原子可以被硝基（—NO_2）取代。

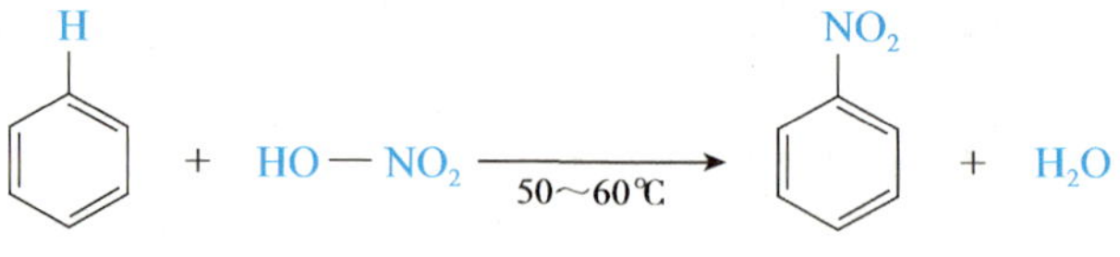

硝基苯

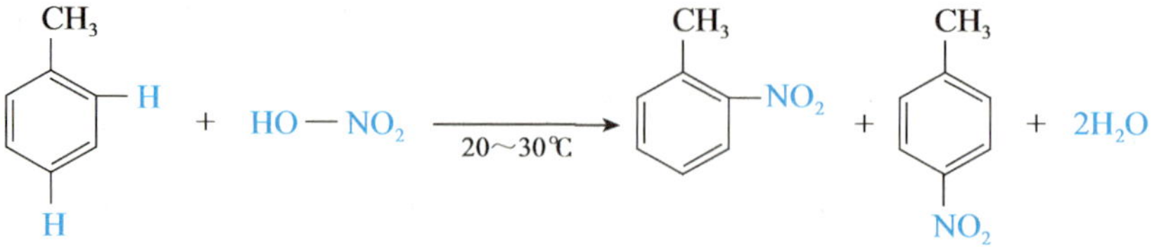

邻硝基甲苯　　对硝基甲苯

3. 磺化反应　苯与浓硫酸共热，苯环上的氢原子可以被磺酸基 ($—SO_3H$) 取代。

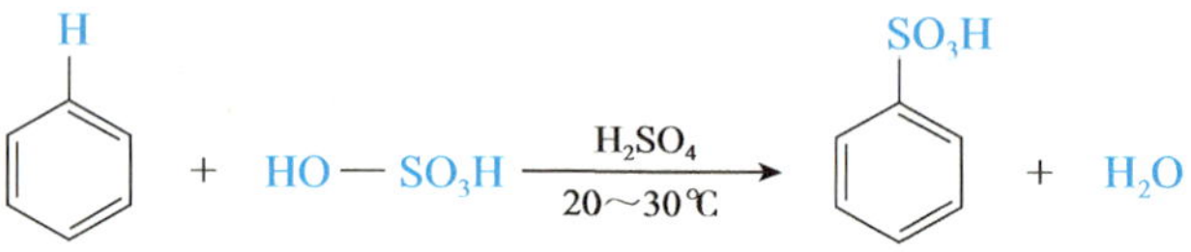

苯磺酸

甲苯的磺化反应比苯容易，情况与硝化和卤代反应相似，也是在邻位、对位发生取代反应。

（四）加成反应

苯环内的不饱和键不是典型的碳碳双键，所以苯比一般不饱和烃稳定，不容易发生加成反应。但稳定是相对的，苯与氢气或氯气在特殊的条件下仍然能发生加成反应。

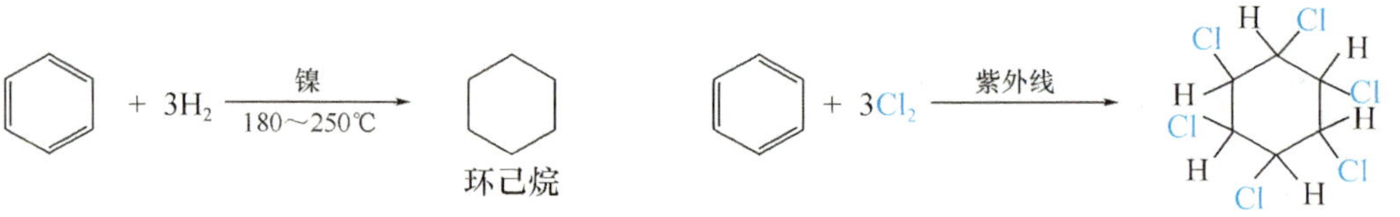

环己烷

六氯环己烷(俗称六六六)

六氯环己烷分子中有 6 个碳、6 个氢、6 个氯原子，所以简称“六六六”，曾是一种广泛使用的有机氯杀虫剂，但由于其化学性质稳定，不易分解，易对环境和食品造成污染，使人产生积累性中毒，现已被淘汰。

五、稠环芳香烃

稠环芳香烃是由两个或两个以上苯环，通过共用两个相邻碳原子相互稠合而成的芳香烃。医药、染料生产中常用到的稠环芳香烃有萘、蒽、菲等。

1. 萘　萘是煤焦油中含量最多的稠环芳香烃，为无色片状结晶，熔点 80.2℃，沸点 218℃，易升华，有特殊气味。萘是两个苯环稠合而成的，分子呈平面结构，是最简单的稠环芳烃，分子式为 $C_{10}H_8$。萘的分子结构如下：

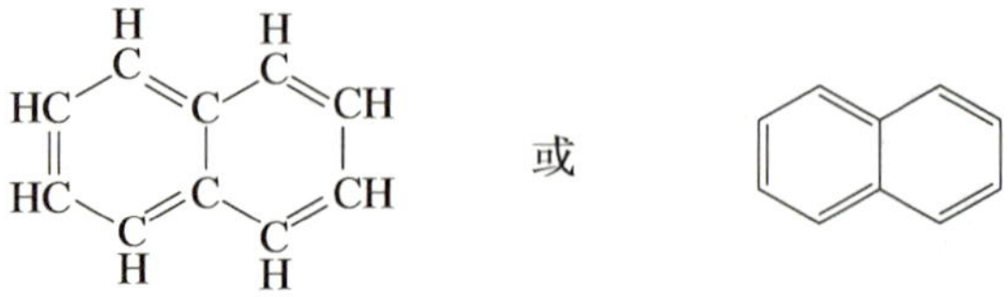

萘有较强的挥发性，放到箱子里或衣橱里会挥发出刺鼻的气味，具有驱虫作用。萘有毒性，属

强致癌物，研究发现萘能影响、破坏红细胞的细胞膜完整性，导致新生儿溶血，早在 1993 年 4 月我国卫生部就已禁止使用萘做卫生球。

2. 蒽和菲 蒽和菲也是存在于煤焦油中的物质，为带蓝色荧光的片状晶体，熔点分别为 216℃ 和 101℃。蒽和菲都是由三个苯环稠合而成的，分子式都是 $C_{14}H_{10}$，蒽是直线稠合，菲是角式稠合，它们互为同分异构体。蒽和菲的结构如下：

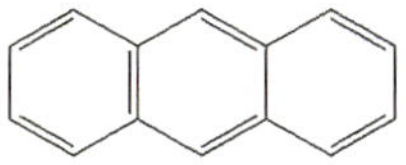

蒽

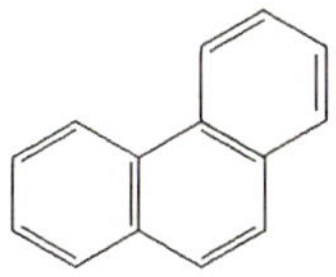

菲

菲的重要意义在于一个完全氢化了的菲与环戊烷稠合在一起形成一种结构，称为**环戊烷多氢菲**，生物体内有许多重要作用的天然化合物，如胆固醇、胆汁酸、性激素、维生素 D 等都含有这种结构。环戊烷多氢菲的结构如下：

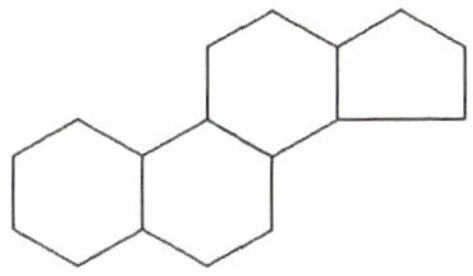

环戊烷多氢菲

3. 致癌烃 20 世纪初，人们注意到，长期从事煤焦油作业，有较多的人患皮肤癌。后来用动物试验，发现煤焦油中的苯并芘有高度的致癌性。除苯并芘以外，人们在煤油、煤烟、石油、沥青和烟草的烟雾中，还发现了二苯并蒽、二苯并菲等稠环芳香烃，它们多有致癌作用。这种有致癌作用的稠环芳烃，称为致癌烃。

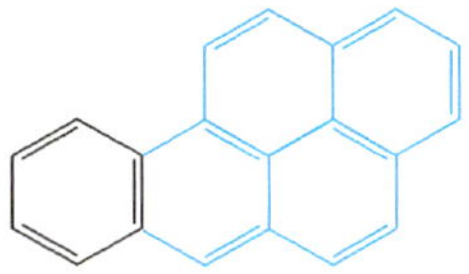

苯并芘

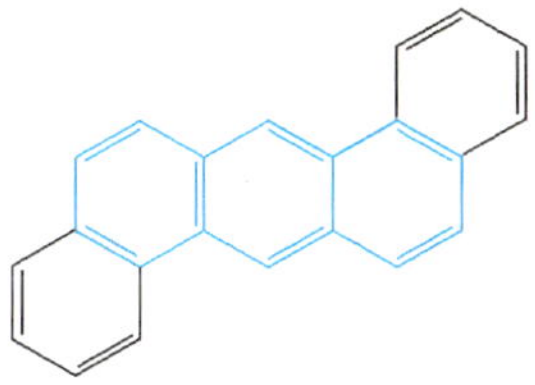

二苯并蒽

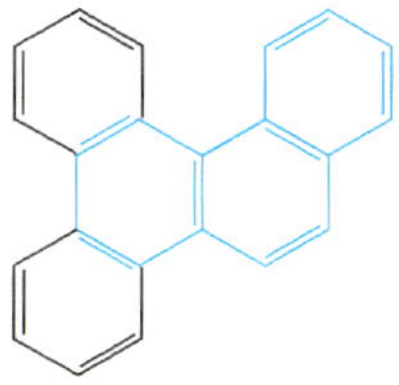

二苯并菲

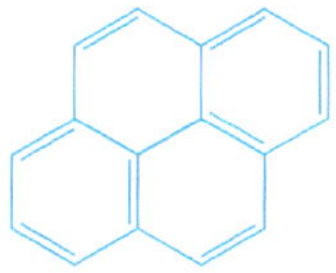

芘

在生活中我们提倡少吃熏制、烧烤食物，远离汽车尾气，远离石油和煤炭燃烧未尽烟气，不吸烟，远离二手烟等，避免接触致癌烃。

链接

中国石油化学工业发展简介

中华人民共和国成立初期，中国的石油化学工业十分落后和薄弱。全国原油、天然气产量极低，总原油加工能力极弱，生产石油产品品种、总量极少，连基本的生产、生活都无法满足，是名副其实的“贫油国”。随着我国经济建设步入正轨，在党的领导下，广大石油战线工友们艰苦奋斗，自力更生，推动我国石油化学工业飞速发展。经过几十年的不懈努力，截止到 2019 年我国查明石油储存量达 49.93 亿吨，近 3 年勘探量以每年 9.97 亿吨的平均速度递增，产量达数亿吨以上。天然气储存量达 66 026.98 亿立方米，近 3 年勘探量以每年 7 318.77 亿立方米的平均速度递增，产量达到千亿立方米以上；并建有 9 个国家石油储备基地。产能无论是在数量，还是在质量上都实现了飞跃性发展。同时建立起了石油工业齐全、几乎包含所有石油产品的工业体系，为实现中华民族伟大复兴的中国梦注入了强大动力。

自测题

一、回顾与总结

（一）烷烃的基本知识小结

项目	内容
甲烷结构	甲烷分子的立体结构为________，甲烷分子中的碳氢键均为________（填“σ”或“π”）键
烷烃结构	烷烃分子中，所有碳原子间均用________键相连，化学键的类型都是________键。烷烃同系物的组成通式为________，烷烃的同分异构主要是________异构
烷烃命名	在系统命名法中，首先选择________作为主链；把支链看成________；把支链的________、________、________写在“某烷”的前面，再根据________称“某烷”
化学性质	1. 稳定性：烷烃化学性质________，通常不与________、________、________反应。 2. 氧化反应：烷烃还可以与空气中的氧气发生反应生成________和________，并放出大量热。热量主要用于________ 3. 取代反应：$CH_4 + Cl_2 \xrightarrow{光照}$ ________________
重要名词	1. 烃：________________ 2. 同系物：________________ 3. 取代反应：________________

（二）不饱和烃的基本知识小结

项目	内容
烯烃	官能团：________________；分子式通式：________________；代表物：________________
炔烃	官能团：________________；分子式通式：________________；代表物：________________
同分异构的类型	碳链异构，位置异构
系统命名法的原则	1. 选主链：选________的最长碳链为主链 2. 给主链编号：从靠近________一端给主链编号，并以位次标出官能团位置。 3. 写名称：取代基的位置－数目、名称－（双键或三键位置）－某烯（或某炔）
化学性质	1. 氧化反应：烯和炔都可以点燃生成 CO_2 和 H_2O；被________色的酸性高锰酸钾氧化而使其溶液褪色 如：$CH_2{=}CH_2 + O_2 \xrightarrow{点燃}$ ________；$CH{\equiv}CH + O_2 \xrightarrow{点燃}$ 2. 加成反应： 如：$CH_2{=}CH_2 + H_2 \xrightarrow{铂粉}$ ________；$CH{\equiv}CH + 2Br_2 \longrightarrow$ 3. 聚合反应： 如：$n\,CH_2{=}CH_2 \xrightarrow[高温、高压]{催化剂}$ 4. 生成炔化物：________________炔，可以与________或________作用生成________色和________色的沉淀
重要概念	加成反应：________________

（三）芳香烃的基本知识小结

项目	内容
芳香烃	芳香烃：分子中含________的烃
最简单的芳香烃——苯	苯的分子式：________，苯的结构式：________，键线式：________或________，是________形，分子中 6 个碳原子间的化学键既不是________，又不是________，而是一种介于两者之间一种特殊的键——________键
苯及其同系物	苯的同系物：苯环上的氢原子被________取代所生成的化合物。 苯及其同系物的组成通式：________________ 二甲苯有________、________、________三种同分异构体；三甲苯有________、________、________三种同分异构体，命名时应指明何种类型
苯及其同系物的化学性质	化学性质表现为芳香性：易________、难________、难________ 1. 取代反应：苯及其同系物可以发生卤代、硝化、磺化反应。例如：  $+ Br_2 \xrightarrow{FeBr_3}$

续表

项目	内容
苯及其同系物的化学性质	2. 氧化反应：苯________被强氧化剂酸性高锰酸钾溶液氧化，但与苯环直接相连的碳原子上连有氢原子的苯的同系物的侧链可以被氧化成羧基，且能使酸性高锰酸钾溶液________ 如：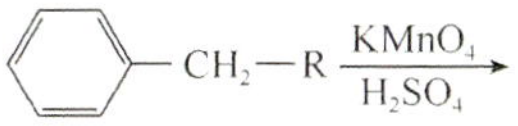 3. 加成反应：在特殊情况下，可以与氢气、氯气发生加成反应。 如：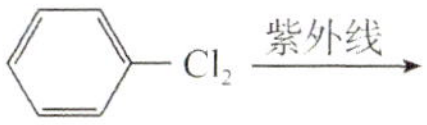
稠环芳香烃	萘：________；蒽：________；菲：________，蒽和菲互为同分异构体
重要应用	利用苯和含 α-H 的苯的同系物的性质的差异，向其中加入某些有色氧化剂如酸性高锰酸钾加以区别

二、复习与提高

1. 用系统法给下列烷烃命名

（1）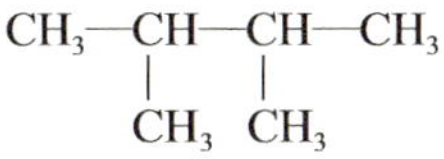

（2）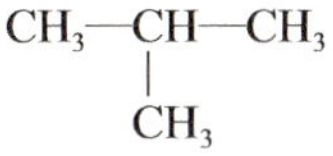

（3）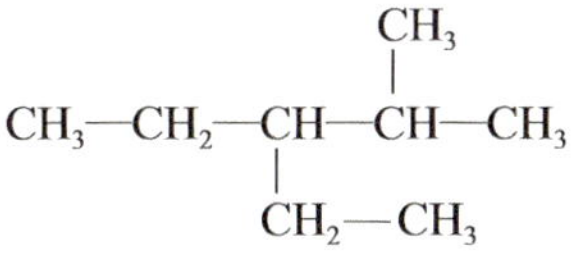

（4）$CH_3—CH=CH—CH_3$

（5）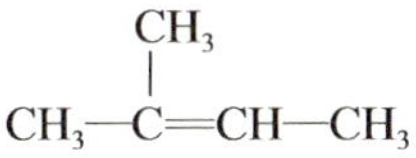

（6）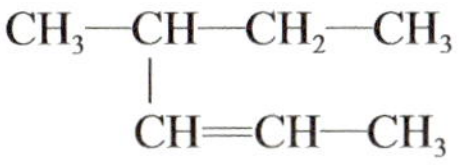

（7）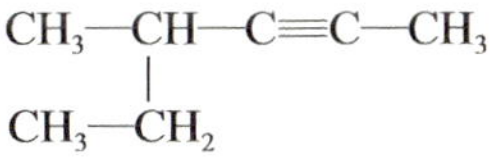

（8）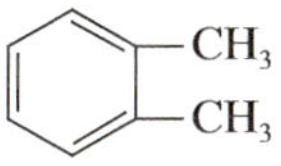

（9）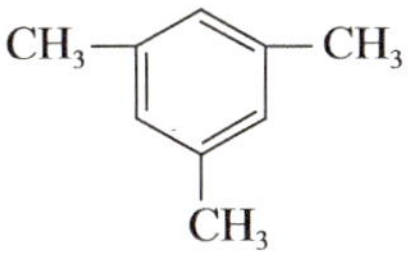

2. 写出下物质的结构简式

（1）戊烷　　（2）新己烷

（3）环戊烷　　（4）2, 2- 二甲基丁烷

（5）2, 3, 3- 三甲基己烷　　（6）2- 丁烯

（7）2- 甲基 -1- 丁烯　　（8）2, 3- 二甲基己烯

（9）4- 甲基 -2- 戊炔　　（10）连三甲苯

（11）1, 2- 二甲基 -3- 乙基苯　　（12）对二甲苯

3. 完成下列反应式

（1）$CH_4 + Cl_2 \xrightarrow{光照}$

（2）$C_4H_{10} + O_2 \xrightarrow{点燃}$

（3）$CH_3—CH=CH_2 + Br_2 \longrightarrow$

（4）$CH_2=CH_2 + H_2 \xrightarrow{铂粉}$

（5）$CH≡CH + 2Br_2 \longrightarrow$

（6）$n\,CH_2=CH_2 \xrightarrow[高温、高压]{催化剂}$

（7）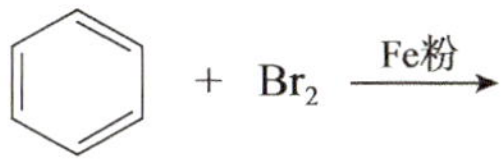

（8）

（9）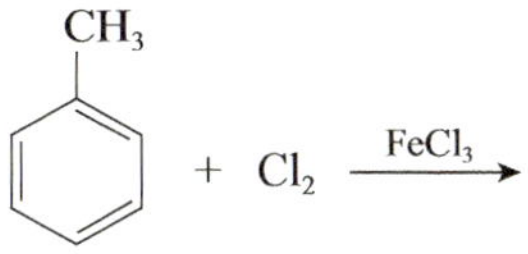

（10）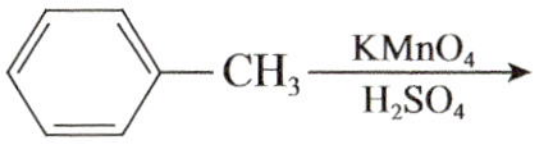

4. 简答题

（1）什么是同系物？请分别以烷烃、烯烃、炔烃和芳香烃为例说明。

（2）请说出天然气、石油醚、液体石蜡、凡士林的主要成分和主要应用。

5. 思考题

（1）用化学方法鉴别下列三组有机化合物。

1）庚烷、3- 庚烯、1- 庚炔

2）庚烷、庚烯、甲苯

3）苯、乙苯

（2）某物质的分子式是 C_5H_{12}，请问它是哪类有机化合物？试写出其所有同分异构体的结构简式。

（3）某芳香烃的分子式是 C_8H_{10}，写出该物质可能的结构简式，并命名。

（4）某物质的分子式是 C_4H_4，它能够与硝酸银的氨水溶液反应，生成白色沉淀，也能够使溴水的棕红色褪色。判断该物质的结构简式，写出其与溴水发生化学反应的方程式。

三、探索与进步

以小组为单位，查阅资料，分别撰写 300 字左右的小文章：

1. 查看常用的化妆品和软膏类药物，查看它们的主要成分中包含哪些烃类化合物？

2. 医院经常使用液氯对污染水进行消毒。能否用 PVC 材质的管道输送液氯？以烷烃的取代反应加以说明。

第 3 章

卤 代 烃

通常，烃分子中的氢原子可以被卤素原子（—X）、羟基（—OH ）、醛基（—CHO）、羧基（—COOH）、硝基（$—NO_2$）、氨基（$—NH_2$）等取代。烃分子中的氢原子被卤素原子取代后所得到的一类烃的衍生物称为**卤代烃**。常见的卤素原子有 F、Cl、Br、I 等。

第 1 节　卤代烃的结构特征和命名

（一）溴乙烷的结构特征

观察表 3-1 中乙烷与溴乙烷的球棍模型，填写表 3-1。

表 3-1　卤代烃的结构特点

项目	乙烷	溴乙烷
球棍模型	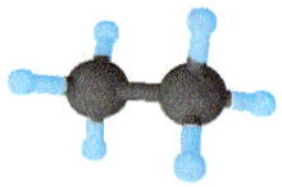	
结构式		
结构简式		
分子式		
官能团		

溴乙烷是无色液体，沸点 38.4℃，密度比水大，难溶于水，溶于多种有机溶剂。卤代烃大多在环境中比较稳定，不易被微生物降解，有些卤代烃还能破坏大气臭氧层，这使得卤代烃的使用受到较大的限制。

（二）卤代烃的命名

卤烃的命名采用系统命名法，选择含有卤素的最长的碳链作主链，根据主链碳原子数称“某烷”，卤原子和其他侧链为取代基，主链编号使卤原子或取代基的位次最小。例如：

$CH_3CHClCH_3$　　2- 氯丙烷

$CH_3CHClCH(CH_3)_2$　　2- 氯 -3- 甲基丁烷

$CH_3CHBrCH_2CH_2CHBrCH(CH_2CH_3)_2$　2，5- 二溴 -6- 乙基辛烷

不饱和卤代烃的主链编号，要使双键或三键位次最小。例如：

$CH_2{=}CHCH_2CH_2Cl$　　4- 氯 -1- 丁烯

$CH_3CBr{=}CHCH{=}CH_2$　　4- 溴 -1，3- 戊二烯

$CH_3CHBrCHCH{\equiv}CH$　　4-溴-1-戊炔

卤代芳烃一般以芳烃为母体来命名，如：

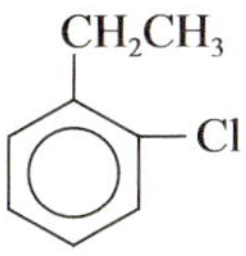
邻氯乙苯

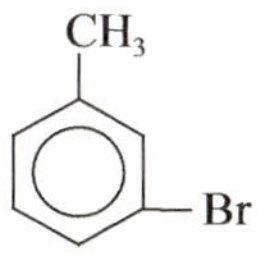
间溴甲苯

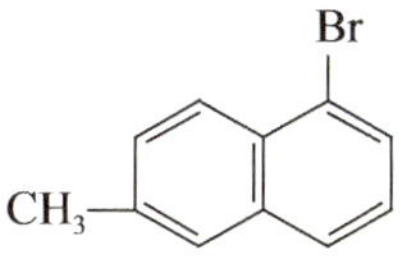
1-溴-6-甲萘

第 2 节　卤代烃的理化性质

一、物 理 性 质

常温下，卤代烃中除了一氯甲烷、氯乙烷、氯乙烯等少数为气体外，其余为液体或固体。通常情况下，互为同系物的卤代烃，它们的沸点随碳原子数的增多而升高。碳原子相同时，卤素原子从氟到碘，卤代烃沸点逐渐升高。除脂肪烃的一氯代物和一氟代物等部分卤代烃外，液态卤代烃的密度一般比水大。卤代烃不溶于水，能溶于乙醚、苯、环己烷等有机溶剂。

某些卤代烃还是很好的有机溶剂，如二氯甲烷、氯仿和四氯化碳等。卤代烃的蒸气有毒，应尽量避免吸入体内。

二、化 学 性 质

以溴乙烷为例，探索卤代烃的化学性质。

在卤代烃分子中，由于 C—Br 键容易断裂，因此溴原子易被取代，溴乙烷的化学性质比乙烷活泼，能发生取代反应和消去反应。

1. 水解反应　溴乙烷与氢氧化钠溶液共热时 C—Br 键断裂，水中的—OH 与碳原子形成 C—O 键，断下的 Br 与水中的 H 结合成 HBr。

$$\underset{\text{断裂}\downarrow}{C_2H_5{-}Br} + H{-}OH \xrightarrow[\triangle]{NaOH} C_2H_5{-}OH + HBr$$

溴乙烷的水解反应又属于取代反应，是溴乙烷分子里的溴原子被水分子中的羟基取代。

溴乙烷水解生成的 HBr 与 NaOH 发生了中和反应，水解方程式也可写为

$$CH_3CH_2Br + NaOH \xrightarrow[\triangle]{H_2O} CH_3CH_2OH + NaBr$$

2. 消去反应　溴乙烷与氢氧化钠的乙醇溶液共热，可以从溴乙烷分子中脱去 HBr，生成烯烃，化学方程式为

$$\underset{H\quad Br}{CH_2CH_2} + NaOH \xrightarrow[\triangle]{\text{乙醇}} CH_2{=}CH_2\uparrow + NaBr + H_2O$$

消去反应是有机化合物在一定条件下，从一个分子中脱去一个或几个小分子（如 H_2O、HX 等）生成不饱和化合物（含双键或三键）的反应。

从以上反应可以看出，消去反应是从相邻的两个碳原子上脱去一个小分子，相邻的两个碳原子各断一个化学键；反应的产物中有不饱和产物和小分子。与—X 相连碳原子的邻位碳上有氢原子的卤代烃才能发生消去反应，否则不能发生消去反应。

第 3 节　常见卤代烃

（一）氟利昂

氟利昂是一类被氟、氯或溴取代的含 1 ～ 2 个碳原子的多卤代烃。最常用的氟利昂是 CCl_3F

和 CCl_2F_2，或者它们的混合物；CCl_3F 的沸点为 23.8℃，广泛用于空调系统中，而 CCl_2F_2 的沸点为 -29.8℃，用于电冰箱冷冻系统中。

氟利昂是无色、无味、无毒、易挥发、化学性质极稳定的一系列卤代烃，被大量使用在冷冻剂、烟雾分散剂中。科学研究发现，氟利昂是造成臭氧层空洞的“罪魁祸首”。

（二）七氟丙烷

七氟丙烷（CF_3CHFCF_3），熔点为 -131℃，沸点为 -16.4℃，是一种无色、无味、不导电、不污染被保护对象、挥发性强的气体灭火剂，对大气臭氧层无破坏作用，是现代消防中使用较多的灭火剂。

（三）溴乙烷

溴乙烷（CH_3CH_2Br），熔点为 -118.6℃，沸点为 38.4℃。溴乙烷可水解生成乙醇，与氰化钠作用生成丙腈（CH_3CH_2CN），与氨、醇作用分别生成胺、醚等，可用来合成多种有机化合物。溴乙烷是合成药物、农药、染料、香料的重要基础原料，是向有机化合物分子中引入乙基的重要试剂。

（四）滴滴涕

滴滴涕简写为 DDT，结构简式为

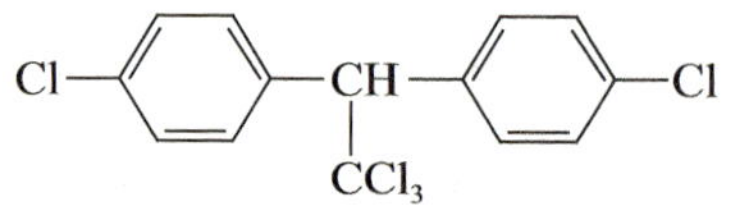

滴滴涕具有优异的广谱杀虫作用。但是，由于 DDT 相当稳定，可以通过食物链富集在动物和人体内，形成累积性残留，给人体健康和生态环境造成不利影响。

卤代烃都有较好的挥发性，因而饮用水经煮沸后大部分卤代烃可被去除。有机氯主要来源于塑料、有机材料、农药、医药、化学制剂、皮革、造纸等化工企业的“三废”，生活污水的洗涤剂也含有大量的烃类物质，它们和天然有机化合物一样，在经过加氯消毒后可能产生一系列的卤代烃。

卤代烃对人体健康大多具有一定危害，其中已证实 1,2- 二氯乙烷、1,1，2，2- 四氯乙烷、四氯乙烯、三氯乙烯、三溴甲烷、六氯苯为强致癌物，二氯甲烷为致癌突变物。在生活和工作中应予以注意保护环境。

链 接

“卿氟化反应”简介

由于三氟甲基（$—CF_3$）的独特性质，含三氟甲基的化合物已在医药、农药和材料等领域得到广泛应用。几十年来，化学家发展了许多向有机分子引入三氟甲基的反应，这些反应可分为两大类反应：一是亲电三氟甲基试剂与亲核底物的反应，二是亲核三氟甲基试剂与亲电底物的反应。但这些三氟甲基化反应存在反应条件苛刻、原料难得及选择性差等缺点。中国科学院上海有机化学研究所卿凤翎教授团队首次提出“氧化三氟甲基化反应”的新构想：即在氧化剂存在下，亲核三氟甲基化试剂与亲核底物的反应。该反应为三氟甲基化合物的合成开辟了一个新方向，极大地拓展了底物类型，丰富了官能团兼容多样性，提高了反应效率。他们进一步拓展和实现了氧化三氟甲硫基化反应和氧化二氟亚甲基化反应。这些研究结果引领了国内外三氟甲基化反应及三氟甲硫基化反应的研究，氧化氟烷基化新反应被国内外学术界和工业界应用于含氟化合物合成。美国《Chemical & Engineering News》在 2012 年 2 月 27 日的封面文章中对氧化氟烷基化反应进行了重点介绍，“氧化三氟甲基化反应和氧化三氟甲硫基化反应”被称为“卿氟化反应”。研究成果来自团队成员的倾力投入。“氧化氟烷基化反应”项目荣获 2019 年度国家自然科学奖二等奖。

自 测 题

一、回顾与总结

项目	内容
物理性质	1. 卤代烃是指________ 2. 卤代烃在形态上多数为________体，密度比水________ 3. 互为同系物的卤代烃，随着碳原子数的增多，沸点________，碳原子相同时，卤素原子从氟到碘，卤代烃沸点________ 4. 卤代烃________溶于水，易溶于有机溶剂 溴乙烷的结构式________，推断溴乙烷的性质主要取决于________
化学性质	1. 取代反应：溴乙烷与 NaOH 的水溶液共热反应方程式为 $CH_3CH_2—Cl + HO—H \xrightarrow{NaOH}$ 2. 消去反应：溴乙烷与 NaOH 的乙醇溶液共热反应方程式为 $CH_3CH_2—Cl + NaOH \xrightarrow[\triangle]{乙醇}$ 消去反应的定义：________

二、复习与提高

1. 填空题

由溴乙烷的结构认识其水解反应与消去反应。溴乙烷分子结构如下图。

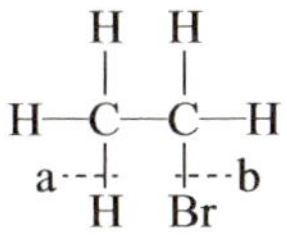

（1）在强碱的水溶液中，在______处断键，发生______反应。

（2）在强碱的醇溶液中，在______处断键，发生______反应。

2. 填写下面表格

实验	条件	现象	结论或方程式
1. 溴乙烷与 NaOH 的乙醇溶液共热，充分反应后硝酸酸化，加入硝酸银溶液，将生成的气体通入酸性高锰酸钾溶液中			
2. 溴乙烷与NaOH的水溶液，共热。硝酸酸化后，加入硝酸银溶液			

3. 用系统法给下列物质命名

（1）$CH_3(CH_2)_5CH_2Cl$

（2）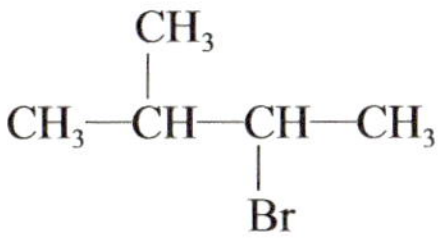

（3）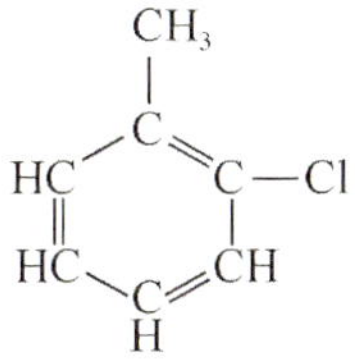

（4）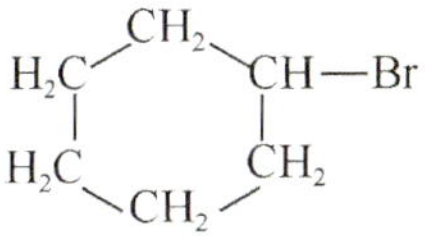

4. 写出下列化学反应方程式

（1）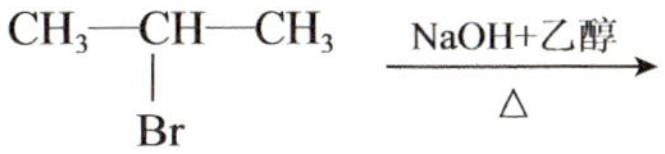

（2）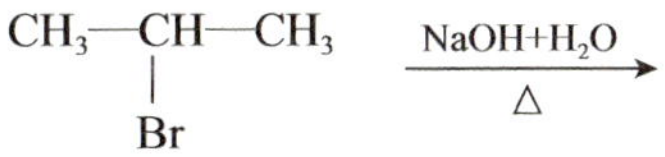

三、探索与进步

查询资料，调查氟利昂对人类的贡献和危害，写一篇小文章。主要提纲如下：

1. 氟利昂的化学成分；
2. 氟利昂的物理性质及其制冷原理，对人类生活的贡献；
3. 氟利昂对大气的影响；
4. 怎样保护环境，减少氟利昂对大气的危害？

第 4 章

烃的含氧衍生物

有机化合物中，除了含碳原子和氢原子之外，还有含氧原子的化合物，称为**含氧有机化合物**或者**烃的含氧衍生物**。根据氧原子的连接形式不同，可分为醇、酚、醚、醛、酮、羧酸和酯类等有机化合物。

第 1 节　醇、酚、醚类有机化合物

醇、酚、醚类有机化合物属于烃的含氧衍生物，它们的分子都是由碳、氢、氧三种原子组成，其特点是碳原子与氧原子之间的化学键均为单键。醇、酚、醚类有机化合物与医药密切相关。

一、醇类有机化合物

（一）醇的结构特征、分类和命名

案例 4-1

双硫仑样反应

小王因病服用头孢氨苄片，服药当晚聚会饮酒后，出现搏动性头痛、恶心呕吐、急性心力衰竭。医生诊断小王出现了“双硫仑样反应”。“双硫仑样反应”是指甲硝唑、呋喃唑酮和头孢菌素类抗菌药物能像双硫仑一样，在与乙醇联用时可抑制肝脏中的乙醛脱氢酶，使乙醇在体内氧化为乙醛后，不能再继续分解氧化，导致体内乙醛蓄积而产生一系列反应

思考与讨论：什么是乙醇？醇类的官能团是什么？什么是氧化反应？乙醇的氧化反应是怎样的？

1. 醇的结构特征　观察图 4-1 乙醇分子的球棍模型。根据模型，可以得出乙醇分子的结构式和结构简式。

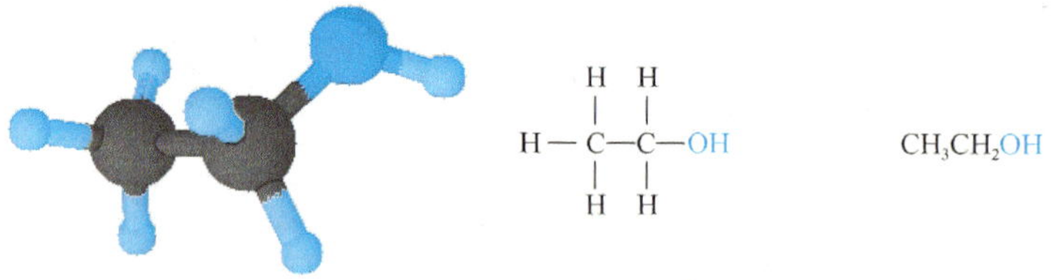

图 4-1　乙醇分子的球棍模型、结构式和结构简式

观察上述结构可以知道，乙“醇”的特征是乙基和“羟基”相结合。乙基是一个烃基，而“醇”与“羟基”相对应。推而广之，**醇类**是脂肪烃、脂环烃分子中的氢原子或芳香烃侧链上的氢原子被羟基（—OH）取代后生成的化合物。醇类化合物的官能团是（醇）羟基（—OH）。

2. 醇的分类

（1）根据羟基所连烃基的类型不同，可分为脂肪醇、脂环醇及芳香醇。例如：

CH_3-CH_2-OH

乙醇
（脂肪醇）

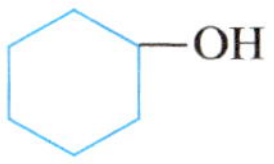

环已醇
（脂环醇）

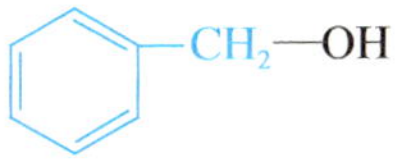

苯甲醇
（芳香醇）

（2）根据分子中羟基的数目，醇可分为一元醇和多元醇。含一个羟基的醇为一元醇；含两个或两个以上羟基的醇统称为多元醇。例如：

CH_3-OH

甲醇
（一元醇）

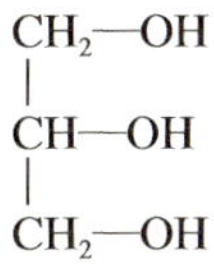

丙三醇
（多元醇)

（3）根据羟基所连碳原子的种类不同，可分为伯醇、仲醇、叔醇。人们将分别与 1、2、3、4 个碳原子相连的碳称为伯、仲、叔、季碳原子。羟基与伯碳原子相连的醇为**伯醇**；羟基与仲碳原子相连的醇为**仲醇**；羟基与叔碳原子相连的醇为**叔醇**。例如：

$CH_3CH_2CH_2-CH_2-OH$

伯醇（正丁醇）

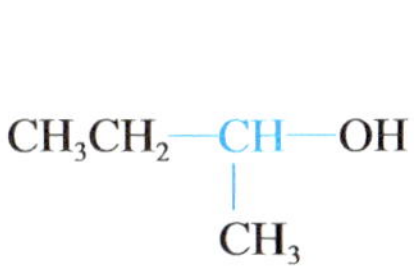

仲醇（异丁醇）

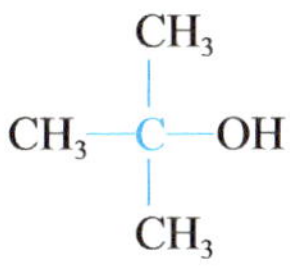

叔醇（叔丁醇）

3. 醇的命名　结构简单的醇采用普通命名法，其命名原则与烃相似，即在“醇”前面加上烃基的名称，“基”字可以省去，如上述的正丁醇、异丁醇、叔丁醇以及甲醇、乙醇等。另外，医学中的醇还常使用俗名，例如，乙醇俗称酒精，丙三醇俗称甘油。

结构较复杂的醇则采用系统命名法。

（1）选主链：选择包括羟基所连接的碳原子在内的最长碳链为主链；

（2）编号：从靠近羟基最近的一端开始，给主链碳原子依次编号；

（3）命名：将侧链作为取代基，把取代基的位次、数目及名称写在醇名称的前面，并分别用短线隔开，称之为“某醇”（“某”表示主链的碳原子数）。

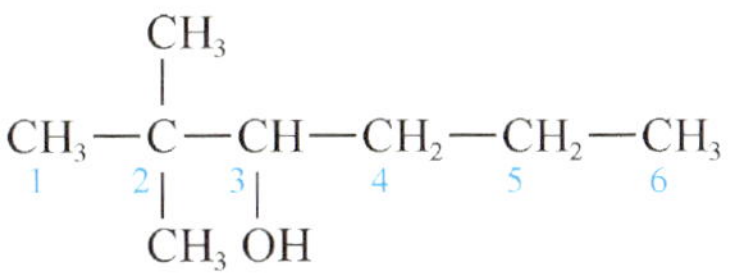

2,2-二甲基-3-己醇

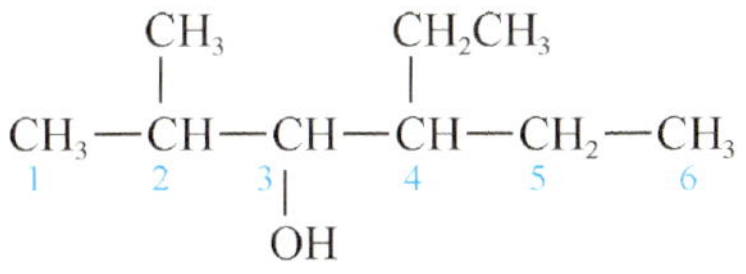

2-甲基-4-乙基-3-己醇

多元醇命名时，选择包含多个羟基相连的碳原子在内的碳链作为主链，按所含羟基数称为“某二醇”“某三醇”等，将各羟基的位次标在醇名称前面。例如：

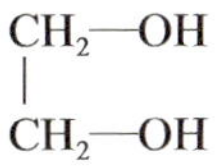

乙二醇

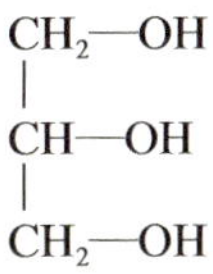

丙三醇

（二）醇的物理性质

直链饱和一元醇中，C_1 ～ C_4 的低级醇为无色易挥发液体，具有酒的气味，易溶于水；C_5 ～ C_{11} 的中级醇为油状液体，具有难闻的气味；C_{12} 以上的高级直链醇为蜡状固体，无色、无味。

由于醇分子间存在**氢键**，低级醇的沸点比相对分子质量相近的烷烃高得多。例如，甲醇和乙烷相对分子质量分别为 32 和 30，二者相近，但甲醇的沸点为 64.5℃，而乙烷的沸点只有 −88.6℃，二者相差 153.1℃。

醇分子与水分子之间可以形成**氢键**，因此低级醇可与水任意混溶，例如，甲醇、乙醇均能与水以任意比例混溶。随着醇分子的碳原子数目增多、相对分子质量增大，醇的水溶性明显下降。

（三）醇的化学性质

观察醇的通式，思考醇的化学性质与官能团结构的变化关系。

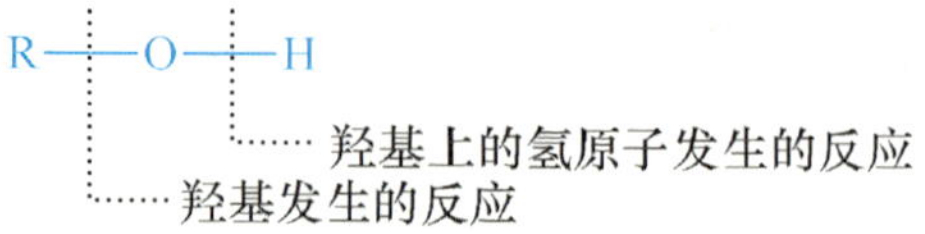

醇的化学性质主要决定于上述两种化学键的断裂。

1. 与金属反应 乙醇与活泼金属（钠、钾、锂、镁等）发生反应生成氢气，是因为羟基中的氢氧键断开，并与金属钠发生了置换反应。

$$\underset{\text{乙醇}}{2CH_3—CH_2—OH} + 2Na \longrightarrow \underset{\text{乙醇钠}}{2CH_3—CH_2—O—Na} + H_2\uparrow$$

上述反应还生成了乙醇钠。乙醇钠是一种白色固体，强碱性物质，其碱性可以与氢氧化钠媲美。它在水中不稳定，极易水解生成乙醇和氢氧化钠，滴入酚酞后，溶液显红色（彩图 4-1）。

$$\underset{\text{乙醇钠}}{CH_3—CH_2—ONa} + H_2O \longrightarrow \underset{\text{乙醇}}{CH_3—CH_2—OH} + NaOH$$

钾与乙醇反应更加激烈，反应中放出更多的热量，往往能使钾燃烧，产生火焰。

2. 氧化反应 有机化合物分子中加入氧原子或失去氢原子的反应称为**氧化反应**。在一定条件下，醇分子中含 α-H 原子（与羟基直接相连的碳原子上的氢原子）的伯醇、仲醇很容易被多种氧化剂氧化。醇的结构不同，其氧化产物也不同。

用重铬酸钾的酸性溶液作氧化剂，伯醇被氧化生成醛，醛进一步被氧化生成羧酸，仲醇则被氧化为酮，同时重铬酸钾被还原为 Cr^{3+}，溶液的颜色由橙红色变为蓝绿色；叔醇因分子中不含 α-H，在同样条件下不能被氧化。利用该反应可将叔醇与伯醇、仲醇区别开来。例如：

$$\underset{\text{伯醇}}{CH_3—CH_2—OH} \xrightarrow{[O]} \underset{\text{醛}}{CH_3—\overset{\overset{\large O}{\|}}{C}H} \xrightarrow{[O]} \underset{\text{羧酸}}{CH_3—\overset{\overset{\large O}{\|}}{C}—OH}$$

$$\underset{\text{仲醇}}{CH_3—\underset{\underset{\large OH}{|}}{CH}—CH_3} \xrightarrow{[O]} \underset{\text{酮}}{CH_3—\underset{\underset{\large O}{\|}}{C}—CH_3}$$

其中，[O] 表示加氧氧化，氧来自氧化剂，如酸性重铬酸钾的溶液、酸性高锰酸钾的溶液等氧化剂。重铬酸钾与硫酸的混合溶液遇乙醇变色也是检查酒驾的重要手段。

链 接

在人体内酶的催化下，某些含有羟基的化合物能脱氢氧化形成含羰基（$—\overset{\overset{\large O}{\|}}{C}—$）的化合物，称为生物氧化。例如，乙醇在肝脏内通过乙醇脱氢酶的催化作用氧化为乙醛，在乙醛脱氢酶的催化下氧化为乙酸，乙酸可被细胞利用。若人体内乙醇脱氢酶活性高，而乙醛脱氢酶活性较低，则可以产生较多的乙醛。乙醛具有扩张血管的功能，所以这种人喝酒容易脸红。

人体肝脏中的乙醇脱氢酶是有限的，不能转化过量的乙醇，所以饮酒过量时，过量的乙醇就继续在血液中循环，可能引起中毒。

3. 脱水反应　醇有两种脱水方式，即**分子内脱水和分子间脱水**。

（1）醇的分子内脱水：醇在硫酸存在下加热至一定温度，可发生分子内脱水生成烯烃。例如，170℃时，乙醇发生分子内脱水。

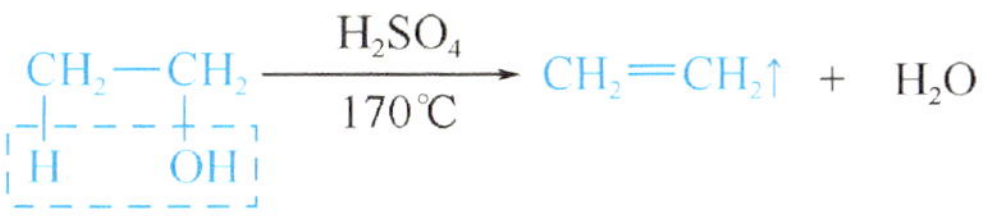

乙醇　　　　　　乙烯

人体内的代谢反应中，某些含有醇羟基的化合物在酶的作用下也会发生分子内脱水，生成含有双键的化合物。

（2）醇的分子间脱水：醇在适当温度下与硫酸作用，可经分子间脱水形成醚。例如 140℃时，乙醇发生分子间脱水生成乙醚。

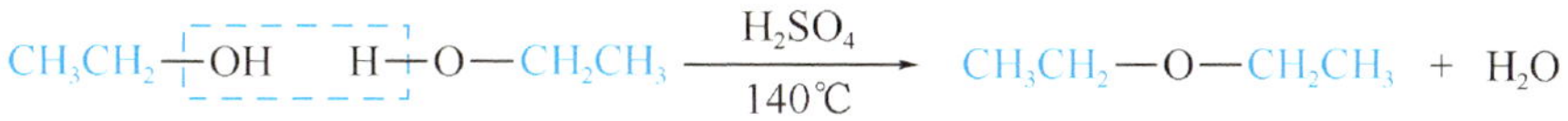

乙醇　　　　　　　　　　乙醚

4. 邻二醇的特性反应　两个羟基处在相邻两个碳原子上的多元醇能与新制的氢氧化铜反应，生成深蓝色的铜盐溶液（彩图 4-2）。利用此反应特性可鉴别具有邻二醇结构的化合物。

（四）重要的醇类化合物

1. 甲醇　甲醇（CH_3OH）为无色透明、易挥发、易燃液体，具有酒的气味，沸点 64.7℃，能与水、大多数有机溶剂混溶，是实验室常用的溶剂，也是重要的药物生产原料。因甲醇最初从木材干馏得到，俗称木醇或木精。甲醇毒性很强，若长期接触甲醇蒸气，可使视力下降；若误饮少量（≤ 10mL）可致人失明，多量（≥ 30mL）可致死。

2. 乙醇　乙醇（CH_3CH_2OH）为无色透明、易挥发、易燃液体，具有酒的气味，密度比水小，能与水和大多数有机溶剂混溶。乙醇俗称酒精，是饮用酒（白酒、黄酒、啤酒）的主要成分。

链 接

乙醇在医学中的应用

乙醇可使蛋白质脱水变性凝固，具有杀菌作用，临床上常用 75% 的乙醇溶液作消毒剂，用于皮肤和器械的消毒。乙醇也常用作溶剂，用来溶解某些难溶于水的物质。例如，碘酊（俗称碘酒）就是将碘和碘化钾（作助溶剂）溶于乙醇而成。若将易挥发药物溶于乙醇中称醑剂，如薄荷醑等。乙醇也用于制取中草药浸膏及提取中草药有效成分等。其中 50% 的乙醇溶液外用还可预防压疮。

3. 丙三醇　丙三醇（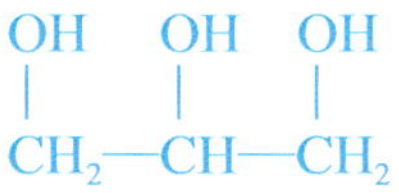）俗称甘油，为无色黏稠状液体，带有甜味，能与水、乙醇以任意比例混溶。纯甘油的吸湿性很强，对皮肤有刺激作用，稀释后的甘油溶液可以用来润泽皮肤，防止皮肤干裂。甘油也是一种润滑剂，临床上常用 55% 的甘油水溶液（开塞露）来灌肠以治疗便秘。甘油在医药上还可用作溶剂，如酚甘油、碘甘油等。

4. 苯甲醇　苯甲醇（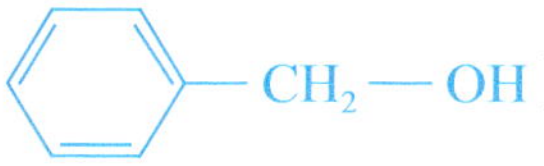）又称苄醇，是最简单的芳香醇，为无色液体，具有芳香气味，微溶于水，可与乙醇或乙醚混溶。苯甲醇具有微弱的麻醉作用和防腐作用，常用于局部止痛或制剂的防腐；其还具有一定的溶血作用，对肌肉有刺激性，若反复进行肌内注射，可引起臀肌挛缩症，因此禁用于儿童肌内注射。

案例 4-2

苯甲醇的危害

近几年，一些新闻媒体报道个别地区基层医疗机构使用苯甲醇作为青霉素注射溶剂导致患儿臀肌挛缩。专家们一致认为，应用苯甲醇作为青霉素溶剂可增加注射性臀肌挛缩症发生的危险性，并且苯甲醇的使用说明书也明确规定不作为青霉素的溶剂。

思考与讨论： 1. 苯甲醇为何曾被用作青霉素注射的溶剂？

2. 苯甲醇的别名是什么？请写出苯甲醇的结构简式。

5. 甘露醇 甘露醇（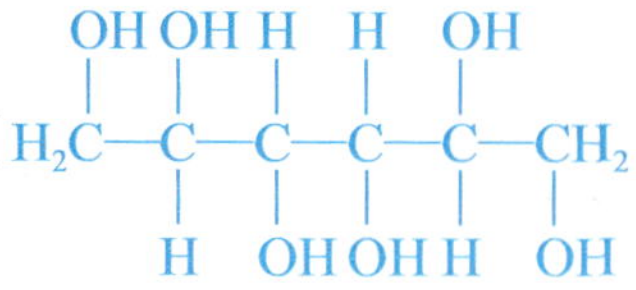）又名己六醇，为白色结晶性粉末，具有甜味，易溶于水。它广泛分布于植物中。

甘露醇在临床上用作渗透性利尿药，可降低颅内压，以消除水肿。

6. 肌醇 肌醇（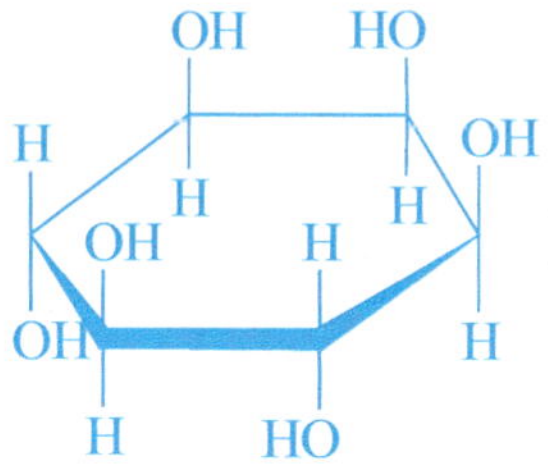）又名环己六醇，为白色结晶性粉末，易溶于水。肌醇广泛存在于植物和动物体内，人体的脑、胃、肾、脾、肝等组织中均存在，也是人体不可缺少的成分之一。

二、酚类有机化合物

（一）酚的结构特征、分类和命名

案例 4-3

茶叶特有成分——茶多酚

目前已发现茶叶含600多种化学成分，茶多酚是其中一类很重要的化学成分，也是茶叶中多酚类物质的总称。茶多酚既是形成茶叶色、香、味的主要成分之一，也是茶叶中有保健功效的主要成分之一。

思考与讨论： 1. 茶多酚属于哪种类型的有机化合物？

2. 茶多酚为什么具有很强的抗氧化作用？

3. 茶杯上的茶垢是怎样产生的？为什么用食用碱溶液很容易清洗干净茶垢？

1. 酚的结构特征 观察图4-2苯酚分子的比例模型。根据模型，可以知道苯酚分子的结构式和结构简式。

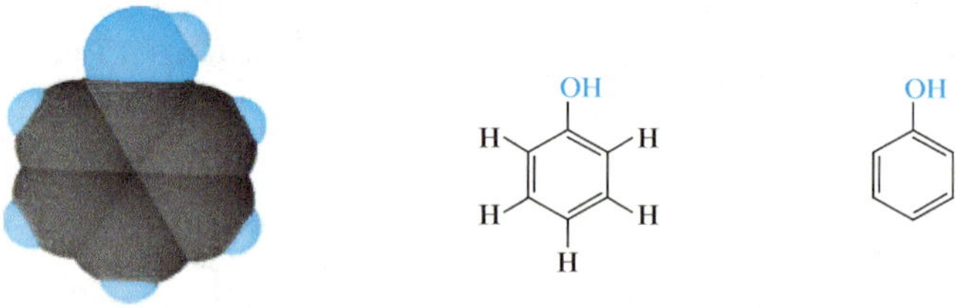

图 4-2 苯酚分子的比例模型、结构式和结构简式

观察图4-2中苯酚的结构得出，**酚**可以看作是芳香烃分子中**芳环上的氢原子**被羟基取代后生成的化合物，**即酚中的羟基直接连在苯环上**，酚中的羟基称为酚羟基（—OH），是酚的官能团。

一般用Ar—表示芳香基，酚的结构通式为Ar—OH。

2. 酚的分类

（1）根据分子中芳香环上酚羟基的数目多少可分为一元酚和多元酚。含有一个酚羟基的为一元酚，含有两个或两个以上酚羟基的统称为多元酚。

（2）根据芳香基的不同可分为苯酚、萘酚等。例如：

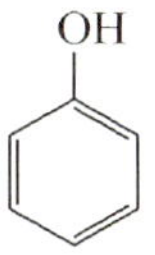

苯酚

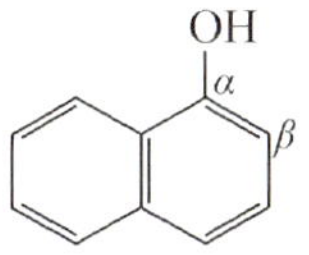

α-萘酚

3. 酚的命名　酚的命名规则：命名一元酚时，通常是在芳香环名称的前面加上“酚”字，如有取代基，把苯酚作为母体，再冠以取代基的位次、数目和名称（也可用邻、间、对等标明酚羟基的相对位置）。例如：

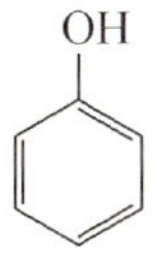

苯酚

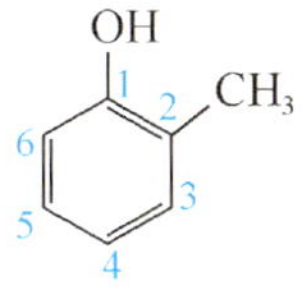

邻甲苯酚
(2-甲基苯酚)

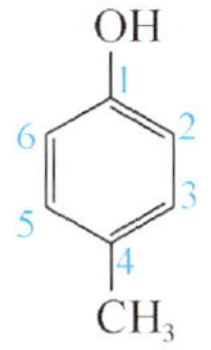

对甲苯酚
(4-甲基苯酚)

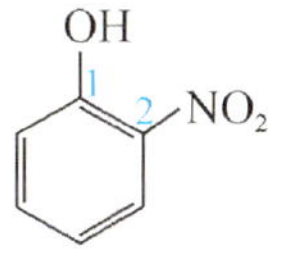

邻硝基苯酚
(2-硝基苯酚)

命名多元酚时，母体称为“苯二酚”“苯三酚”等，用阿拉伯数字或用邻、间、对、连、偏、均等标明酚羟基的相对位置。例如：

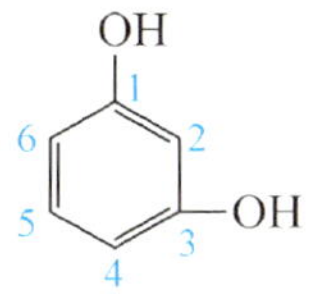

间苯二酚
(1,3-苯二酚)

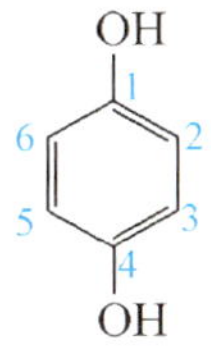

对苯二酚
(1,4-苯二酚)

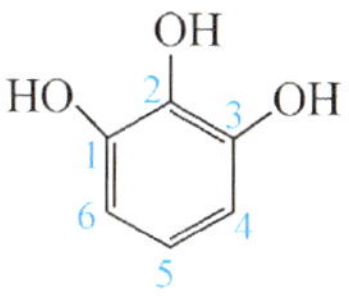

连苯三酚
(1,2,3-苯三酚)

（二）酚的物理性质

除少数烷基酚是液体外，大部分酚类都是无色固体。酚具有特殊的气味，多数酚为无色，由于酚易被空气氧化，所以常带有不同程度的红色。一元酚微溶于水，能溶于乙醇、乙醚等有机溶剂，多元酚在水中的溶解度随着羟基数目的增多而增大。

（三）酚的化学性质

酚的官能团是酚羟基（—OH），而且酚中含有苯环，因此，其化学性质主要由酚羟基和苯环决定：

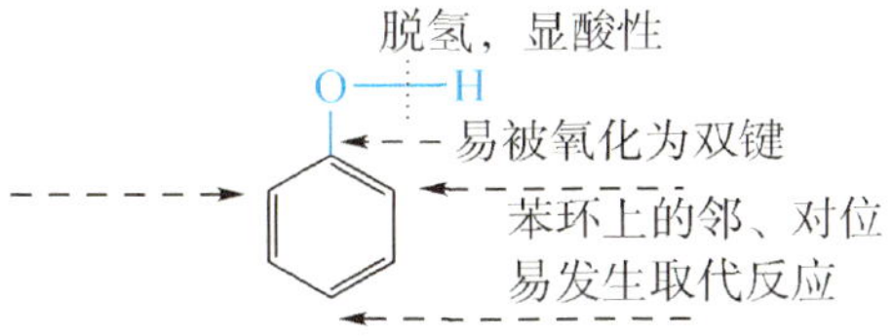

1. 弱酸性　苯酚在水中微溶，与水形成乳浊液呈浑浊状（彩图 4-3），在溶液中加入氢氧化钠溶液，溶液变澄清，因为两者发生反应，生成了可溶于水的苯酚钠（彩图 4-4）。据此可区别难溶于水的醇和酚。

苯酚（浑浊）　　　苯酚钠（澄清）

苯酚水溶液的 pH 约为 6.0，其酸性比碳酸弱，苯酚只能和碱性较强的氢氧化钠或碳酸钠反应，不能与碱性较弱的碳酸氢钠发生作用，所以不能溶于碳酸氢钠溶液，也不能使石蕊试纸变色。若在苯酚钠的水溶液中通入二氧化碳，苯酚也可被游离出来，而使溶液浑浊。利用酚这一性质可进行分离提纯。

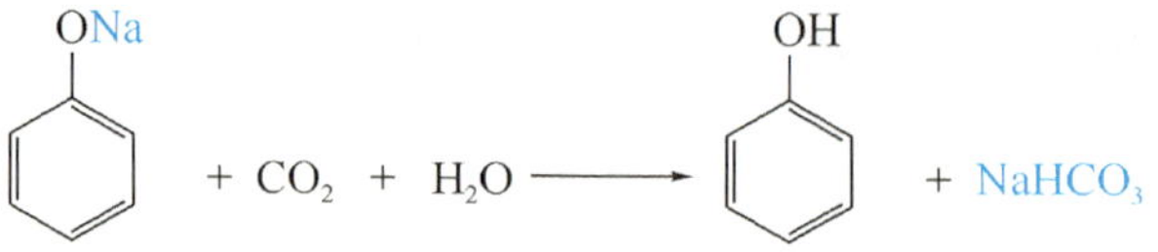

苯酚钠（溶液澄清）　　　苯酚（溶液浑浊）

2. 氧化反应　酚类很容易被氧化，苯酚在空气中能被氧化成粉红色、红色或暗红色。若在强氧化剂（重铬酸钾和硫酸的混合溶液）作用下，苯酚可被氧化成黄色的对苯醌。

由于酚类容易被氧化，所以在保存酚以及含有酚羟基的药物时，应避免与空气接触，注意避光保存，必要时须加入抗氧化剂。

3. 取代反应　酚分子中苯环上的氢原子容易发生取代反应。例如，在不需要加热，也不用催化剂的情况下，苯酚溶液和溴水反应，立即生成 2，4，6- 三溴苯酚白色沉淀。这个反应用于区别苯酚与其他物质。

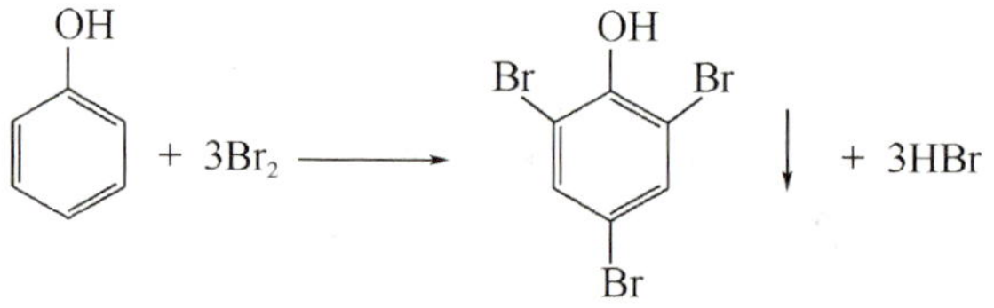

4. 显色反应　含有酚羟基的化合物大多数能与三氯化铁溶液发生显色反应，例如，苯酚与三氯化铁作用显紫色（彩图 4-5），邻苯二酚与三氯化铁作用显绿色等，利用此反应可以鉴别酚。

（四）常见的酚类化合物

1. 苯酚　苯酚（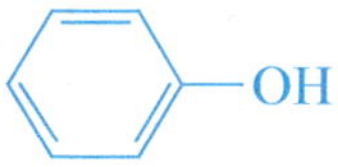），简称酚，俗称石炭酸，存在于煤焦油中。纯净的苯酚为无色针状结晶或白色结晶，具有特殊气味，熔点为 43℃，沸点为 181.9℃，微溶于水，易溶于乙醇、乙醚等有机溶剂。

2. 甲酚　甲酚有邻、间、对三种异构体，因其来源于煤焦油，故又名煤酚。

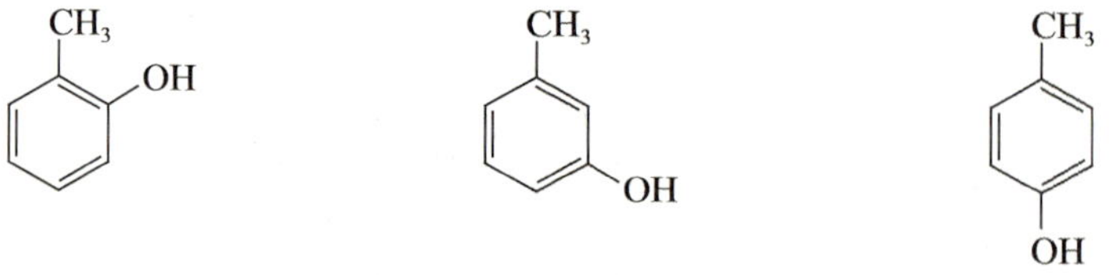

邻甲酚　　　间甲酚　　　对甲酚

由于这 3 种异构体的沸点相近，一般不易分离，常使用它们的混合物。

甲酚的杀菌能力比苯酚强，因为它难溶于水，能溶于肥皂溶液，所以常配成 47% ～ 53% 的肥皂溶液，称为**甲酚皂溶液**，俗称来苏儿。

3. 苯二酚　苯二酚有邻、间、对 3 种异构体，均为无色结晶体，溶于乙醇、乙醚。邻苯二酚俗称儿茶酚，间苯二酚俗称雷锁辛，对苯二酚俗称氢醌。

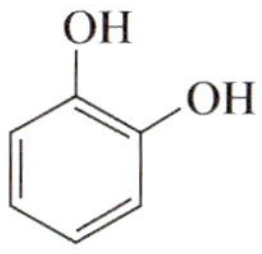

邻苯二酚

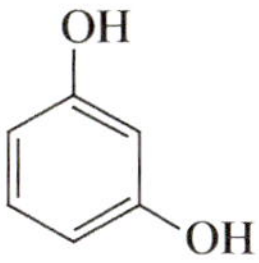

间苯二酚

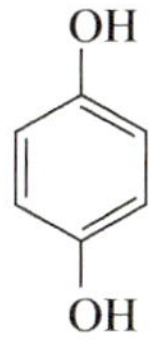

对苯二酚

三、醚类有机化合物

（一）醚的结构特征、分类和命名

案例 4-4

麻醉剂——乙醚

1846 年伦敦大学医院著名外科医生李斯特第一次用乙醚作为麻醉剂给患者做截肢的手术。患者被乙醚麻醉后，李斯特迅速在患者的大腿上开始手术。手术后，患者醒过来问他：“准备什么时候开始做手术？”这时手术已经完成了。

思考与讨论： 1. 李斯特将乙醚用在外科手术中，是利用了乙醚的什么特性？

2. 医院里的乙醚应如何保存？写出乙醚分子的结构简式。

1. 醚的结构特征　乙醚分子的结构简式

$$CH_3CH_2—O—CH_2CH_3$$

观察上述结构得出，两个烃基通过氧原子连接起来的化合物称为**醚**。醚也可以看作是醇或酚羟基上的氢原子被烃基取代的化合物。其结构通式为

$$(Ar)R—O—R'(Ar')$$

式中两个烃基可以相同，也可以不同。醚中的（C）—O—（C）键俗称**醚键**，是醚的官能团。

2. 醚的分类与命名　醚分子中与氧原子相连的烃基可以是脂肪烃基、脂环烃基或芳香烃基。根据烃基的结构不同，醚可分为饱和醚、不饱和醚、芳香醚。两个相同的烃基通过氧原子连接起来称为单醚，两个不同的烃基通过氧原子连接起来称为混醚。

单醚命名比较简单，以醚作为母体，一般只要写出与氧相连的烃基名称，再加上“醚”字即可，表示两个相同烃基的“二”字可以省略不写，称为“某醚”。例如：

饱和醚：

$CH_3CH_2—O—CH_2CH_3$　（单醚）　$CH_3—O—C_3H_7$　（混醚）

二乙醚（乙醚）　甲（基）丙（基）醚

不饱和醚：

$H_2C═CH—O—CH═CH_2$　（单醚）　$CH_3—O—CH═CH_2$　（混醚）

二乙烯醚　甲（基）乙烯（基）醚

芳香醚：

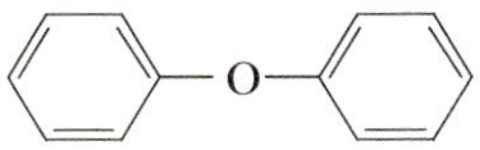

（单醚）

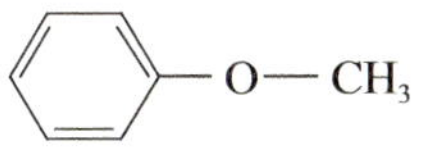

（混醚）

二苯醚　苯（基）甲（基）醚

（二）醚的物理性质

常温下，除甲醚、甲乙醚是气体外，大多数醚是易挥发、易燃的无色液体，有特殊气味。醚的

沸点和相对分子质量相同的烷烃接近，比相对分子质量相同的醇低很多。其溶解度和相对分子质量相同的醇相近，比相对分子质量相同的烷烃大很多。

（三）醚的化学性质

由于醚的性质不活泼，因此是良好的有机溶剂，常被用作溶剂的醚有乙醚、四氢呋喃等。低级醚长期与空气接触，易被氧化，慢慢生成有机过氧化物。有机过氧化物不稳定，遇热分解，容易发生爆炸。因此，醚类应尽量避免暴露在空气中，一般应保留在深色玻璃瓶中，也可加入抗氧剂（如对苯二醌）防止过氧化物氧化。

（四）重要的醚类化合物

1. 乙醚　乙醚（$CH_3CH_2—O—CH_2CH_3$）为无色、有刺激性气味的液体，沸点34.5℃，极易挥发，略溶于水，能溶于乙醇、苯、氯仿、石油醚及许多油类等。乙醚与空气长期接触后，易被氧化生成过氧化乙醚。过氧化乙醚非常容易分解爆炸。因此，使用乙醚时要特别小心，储存乙醚时，应放在棕色瓶中，并加入铁丝等防止过氧化乙醚的生成。蒸馏放置过久的乙醚前，要检验是否有过氧化物存在，且不要蒸干。

链接

在工业上，乙醚是一种用途非常广泛的极性有机溶剂，与空气隔绝时相当稳定，但其蒸气能与空气形成爆炸性混合物，当遇到火花、高温、氧化剂、氧气、臭氧等时，有发生燃烧爆炸的危险，有时也会因静电而起火。

在医学上，乙醚是使用非常广泛的麻醉剂；随着现代科学技术与现代医学的发展，临床麻醉技术发生了翻天覆地的变化，麻醉的有效性和安全性也得到了极大地提高，为外科手术安全提供了极大的保障。

乙醚有麻醉作用，曾用作外科手术的麻醉剂，但由于乙醚麻醉起效慢，可引起恶心、呕吐等副作用，人们研究出了许多更加高效、安全的替代麻醉药，如安氟醚和脱氟醚等。

2. 炔雌醚　炔雌醚又名炔雌醇环戊醚、3-炔雌醇环戊醚，是一种合成的甾族雌激素。其活性为炔雌醇的4倍，具有强大的雌激素效应。在复方口服避孕片中，炔雌醚可作为长效雌激素，主要起避孕作用。临床用于防治绝经期综合征及雌激素分泌不足所致的各种疾病和退奶。

3. 青蒿素　青蒿素（分子式为$C_{15}H_{22}O_5$）是一种由碳、氢、氧3种元素组成、具有过氧基团（—O—O—）特殊结构的新型倍半萜内酯的新化合物。屠呦呦教授的团队从中药青蒿（植物黄花蒿）中分离出青蒿素，许多科学工作者继而对青蒿素做了药物升级；以青蒿素为先导化合物，通过化学结构的修饰来改变药物活性，合成了蒿甲醚、青蒿琥酯等衍生药物，前者的抗疟活性是青蒿素的6倍，后者由于在水中不稳定而易分解，一般制成粉剂，使用前临时配制。

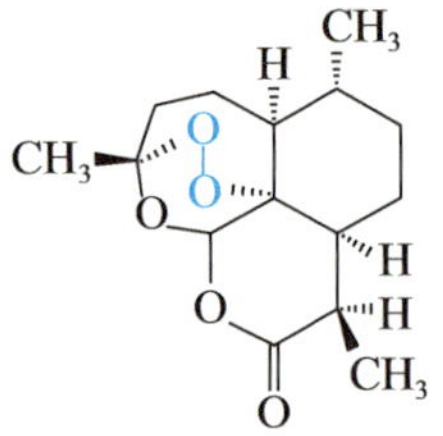

青蒿素

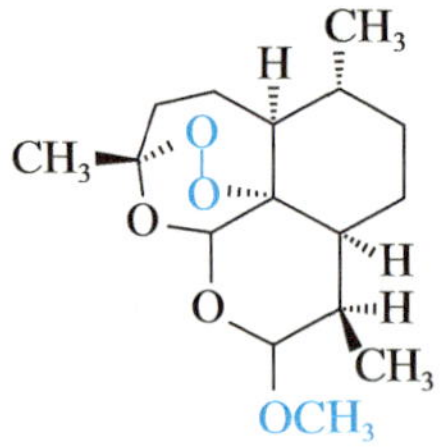

蒿甲醚

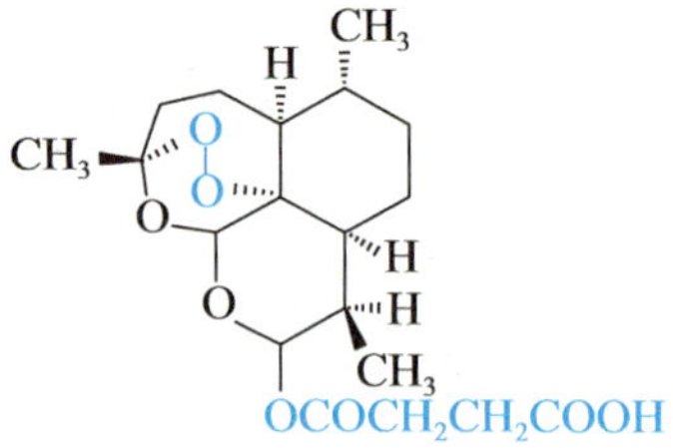

青蒿琥酯

青蒿素及其衍生物具有速效、高效和低毒等特点。目前，青蒿素及其衍生物是世界上治疗疟疾最有效的药物，青蒿素联合疗法已被用于几乎所有国家和地区的疟疾疫区。

第 2 节　醛和酮类有机化合物

醛和酮也是烃的含氧衍生物，它们的分子中都含有碳氧双键，即**羰基**（ $\overset{\text{O}}{\overset{\|}{—\text{C}—}}$ ），统称为**羰基化合物**。醛和酮在自然界分布很广泛，还可以用作溶剂、香料及制药的原材料。许多生物代谢反应都含有醛和酮或其衍生物，对医药及生命科学具有重要意义。

案例 4-5

甲　醛

2016 年 5 月 24 日，一所幼儿园把刚装修完毕、甲醛仍有残留的教室投入使用，导致多数孩子开始出现流鼻血、流眼泪、反复咳嗽等症状。

思考与讨论： 1. 甲醛的结构式是什么？

2. 甲醛的危害有哪些？如何防护？

3. 什么是福尔马林？在医学上有哪些应用 ？

一、醛和酮的结构特征

观察图 4-3 乙醛、丙酮分子的球棍模型，根据球棍模型填写下列表格（表 4-1）。

（a）乙醛　　　　（b）丙酮

图 4-3　乙醛和丙酮分子的球棍模型

表 4-1　醛和酮的结构特征

项目	乙醛	丙酮
结构式		
结构简式		
官能团		
官能团共同结构		

根据表 4-1 的内容推断得出，醛基和酮基的共同基团是羰基 $\overset{\text{O}}{\overset{\|}{—\text{C}—}}$ ，醛的官能团是**醛基**($\overset{\text{O}}{\overset{\|}{—\text{C}}}—\text{H}$ 或 —CHO），醛基是羰基与氢原子相连的基团。由醛基和烃基（或氢原子）组成的化合物称为**醛**。

酮的官能团是酮基（ $\overset{\text{O}}{\overset{\|}{—\text{C}—}}$ 或 —CO— ）。羰基与两个烃基相连形成的化合物称为**酮**，酮分

子中的羰基称为酮基。酮的结构通式：

$$(Ar_1)R_1-\overset{\overset{\displaystyle O}{\|}}{C}-R_2(Ar_2)$$

酮类

从醛、酮的结构通式可以看出，醛分子中的醛基一定连在碳链的首端，酮分子中的酮基则连在两个烃基之间。

二、醛和酮的分类和命名

（一）分类

醛和酮有多种分类方式，常见的是根据烃基的不同分为脂肪醛、脂肪酮，芳香醛、芳香酮，脂环醛、脂环酮。根据羰基数目还可分为一元醛、一元酮，多元醛、多元酮。

（二）命名

1. 普通命名法 结构简单的醛的普通命名法与醇相似，直接在“醛”前加上烃基的名称。例如：

CH_3-CHO
乙醛

CH_3-CH_2-CHO
丙醛

酮的普通命名法与醚相似，按照羰基所连接的两个烃基命名。例如：

$$CH_3-\overset{\overset{\displaystyle O}{\|}}{C}-CH_2-CH_3$$

甲乙酮

$$CH_3-CH_2-\overset{\overset{\displaystyle O}{\|}}{C}-CH_2-CH_3$$

二乙酮

2. 系统命名法 脂肪醛、脂肪酮的系统命名与醇的命名方法相似：即选择分子中含羰基的最长碳链为**主链**；并从靠近羰基的最近端开始给**主链碳原子编号**（醛从醛基开始编号，由于醛基总是在碳链首端，不需标出醛基位次；酮基在碳链的中间某个位置，位次必须标明）；将主链上的取代基的位置、数目、名称写在醛、酮的前面，并分别用“-”将它们隔开。例如：

$$\underset{4}{CH_3}-\underset{3}{\overset{\overset{\displaystyle CH_3}{|}}{CH}}-\underset{2}{CH_2}-\underset{1}{CHO}$$

3-甲基丁醛

$$\underset{4}{CH_3}-\underset{3}{\overset{\overset{\displaystyle CH_3}{|}}{CH}}-\underset{2}{\overset{\overset{\displaystyle O}{\|}}{C}}-\underset{1}{CH_3}$$

3-甲基-2-丁酮

芳香醛酮以脂肪醛酮为母体，芳香烃基作为取代基来命名。例如：

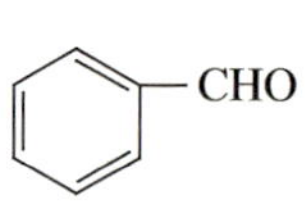

苯甲醛

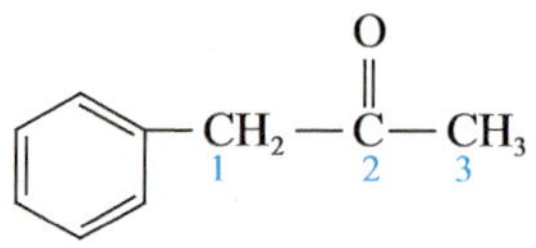

1-苯基-2-丙酮

脂环醛是以脂肪醛为母体，环基为取代基来命名。脂环酮根据构成环的碳原子数目，称为“环某酮”。例如：

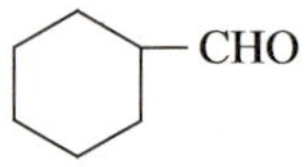

环己基甲醛

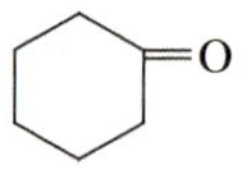

环己酮

此外，醛、酮还可根据它最初的来源或它氧化后所生成酸的俗名来命名，如蚁醛、醋醛、月桂醛、硬脂醛等。

三、物理性质

常温下，甲醛为气体，其余醛、酮都为液体或固体。醛、酮的沸点高于相对分子质量相近的烷烃和醚，比相应的醇低。大多数醛、酮微溶或不溶于水而溶于有机溶剂。

低级醛具有强烈刺激性气味，中级（C_8 ～ C_{13}）醛酮在较低浓度时往往有香味，可用于化妆品或食品工业。

四、化学性质

醛、酮分子中都含有羰基，所以它们具有相似的化学性质，主要表现在加成反应、氧化还原反应。但醛、酮的结构并不完全相同，醛基中的羰基与氢原子相连，酮基则没有和氢原子相连。因此，醛和酮的化学性质又存在明显的差异。醛、酮官能团可能发生反应的情况如下。

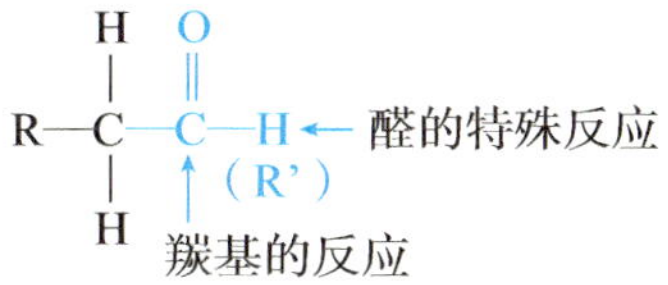

（一）醛和酮的相似反应

1. 与强氧化剂的氧化反应　在一定条件下，醛和酮都能发生氧化反应，它们都能被强氧化剂（如高锰酸钾、重铬酸钾的酸性溶液等）氧化，生成羧酸，其中酮的碳链断裂，生成碳链较短的羧酸。

例如，乙醛、丙酮可以使紫红色的酸性高锰酸钾溶液褪色，也能使橙红色的酸性重铬酸钾褪色。

链 接

乙醇含量探测器原理

乙醇被酸性重铬酸钾（$K_2Cr_2O_7$）氧化生成乙醛，在该反应条件下，乙醛进一步被氧化成乙酸，橙红色的重铬酸钾则被还原为绿色的 Cr^{3+}，因此交警用经硫酸酸化处理的三氧化铬（CrO_3）硅胶检查司机呼出的气体，若发现硅胶变色达到一定程度，即可证明司机是酒后驾车。

2. 加成反应　醛和酮官能团中都含有羰基，与烯烃相似，双键中的π键容易断裂，发生加成反应。

（1）与氢的加成——还原反应：与烯烃相似，在铂、钯或镍等金属催化剂作用下，醛、酮分子中羰基加氢被还原为相应的醇羟基；有机化合物分子中加入氢原子或失去氧原子的反应称为**还原反应**。醛加氢被还原为伯醇，酮加氢被还原为仲醇。例如：

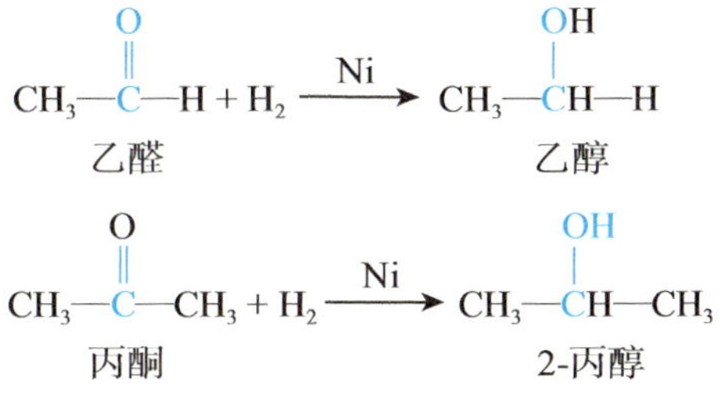

（2）与醇加成：在干燥氯化氢的作用下，醇可与醛中的羰基加成生成半缩醛，分子中同时产生**半缩醛羟基**。例如，乙醛和甲醇在干燥氯化氢作用下发生如下反应：

半缩醛羟基较活泼，在相同条件下，过量的醇与半缩醛进一步反应，失去 1 分子水生成较稳定的缩醛。

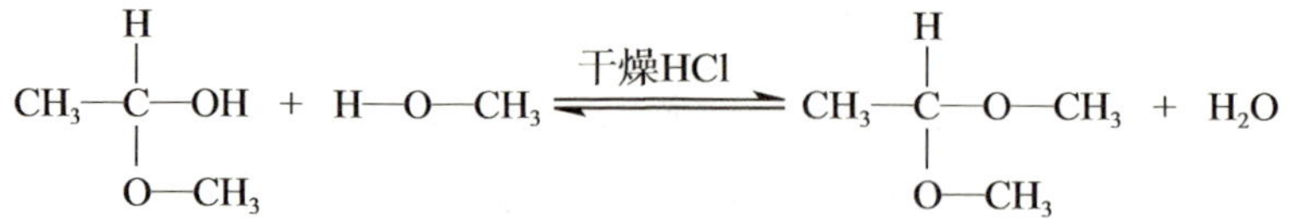

酮在上述条件下难以发生加成反应。

（3）与氨的衍生物加成：氨的某些衍生物如2，4-二硝基苯肼可以与醛、酮发生加成反应，反应生成的晶体具有不同的熔点，呈黄色或橙红色。根据生成物的熔点或色彩，可以鉴别醛、酮。乙醛与2，4-二硝基苯肼发生化学反应的现象如彩图4-6。

葡萄糖、果糖等糖类由于分子中含有醛基或者酮基，可以与2，4-二硝基苯肼发生反应，根据生成的晶体熔点不同等鉴定糖类。

3. 碘仿反应 乙醛和甲基酮具有共同的结构特点，即甲基与羰基相连接。结构如下：

乙醛　　　　甲基酮

用碘的氢氧化钠溶液（混合后生成次碘酸钠，具有氧化性）与上述结构的醛、酮混合，可以发生碘仿反应，醛、酮结构中的甲基与碘生成碘仿（CHI_3）。碘仿是不溶于水的黄色固体，该反应现象明显，常用于乙醛和甲基酮的鉴定。碘仿在水溶液中的现象如彩图4-7所示。

由于具有 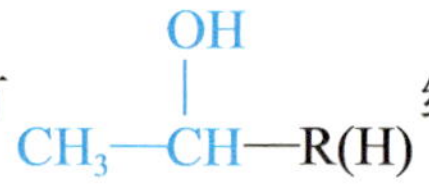 结构的醇可以被次碘酸钠氧化为上述相应结构的醛、酮，继而发生碘仿反应，因此碘仿反应也可用于该种结构醇的鉴别。

（二）醛和酮的不同反应

1. 与弱氧化剂的氧化反应 醛、酮虽然都能被强氧化剂氧化，但是若遇到弱氧化剂，则表现出其差异性。醛分子中醛基上的氢原子较活泼，除了能被强氧化剂氧化外，还能被弱氧化剂（如托伦试剂、费林试剂）所氧化；酮分子中酮基的碳原子上没有氢原子，所以酮不能被弱氧化剂氧化，这是醛和酮不同的化学性质。常利用这一性质来区别醛和酮。

（1）银镜反应：托伦试剂是硝酸银的氨溶液，主要成分是银氨配离子（$[Ag(NH_3)_2]^+$），又称银氨溶液。

如图4-4，当托伦试剂与乙醛共热时，乙醛被氧化为羧酸，而它本身被还原为金属银附着在试管内壁上，形成明亮的银镜，因此该反应称为银镜反应（彩图4-8）。

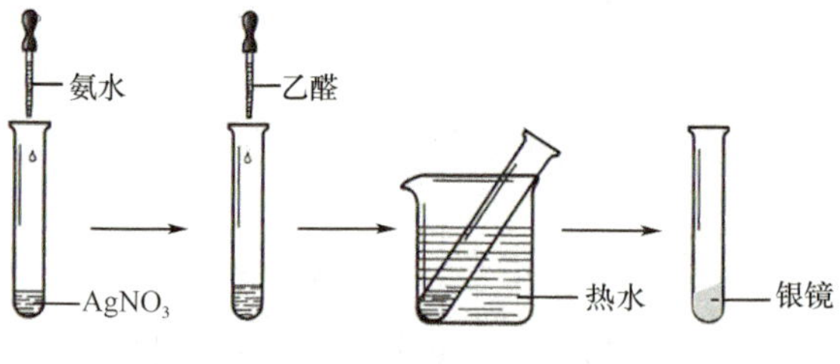

图4-4　乙醛的银镜反应

反应式为

$$CH_3-CHO + 2[Ag(NH_3)_2]OH \xrightarrow{\triangle} CH_3-COONH_4 + 2Ag\downarrow + 3NH_3\uparrow + H_2O$$

所有醛都能发生银镜反应，而酮不发生此反应，因此托伦试剂可用于鉴别醛、酮。

（2）与费林试剂反应：**费林试剂**是由费林试剂甲（硫酸铜溶液）和费林试剂乙（酒石酸钾钠的

氢氧化钠溶液）组成，使用时将两种溶液等体积混合，形成一种深蓝色透明溶液，其主要成分用 $Cu(OH)_2$ 表示。

费林试剂具有氧化作用，可将乙醛氧化成乙酸，而 $Cu(OH)_2$ 被还原为砖红色的 Cu_2O 沉淀（彩图 4-9），反应式为：

$$CH_3-CHO + 2Cu(OH)_2 \xrightarrow{\triangle} CH_3-COOH + \underset{\text{砖红色}}{Cu_2O\downarrow} + 2H_2O$$

芳香醛（如苯甲醛）、酮则不能被费林试剂氧化，因此可用费林试剂来鉴别脂肪醛和芳香醛，也可用来鉴别脂肪醛和酮。

2. 与席夫（Schiff）试剂反应　品红是一种红色染料，在其水溶液中通入二氧化硫，红色褪去成为无色溶液，即为**品红亚硫酸试剂**，又称为**席夫试剂**。醛与席夫试剂作用立即呈现紫红色（彩图 4-10），反应灵敏。酮不与席夫试剂反应。这是鉴别甲醛与其他醛的简便方法。

在甲醛与席夫试剂作用生成的紫红色产物中加入硫酸后紫红色不消失，而其他醛生成的紫红色产物加入硫酸后褪色，因此可用此法鉴别甲醛与其他醛。

案例 4-6

肉　桂　醛

肉桂醛（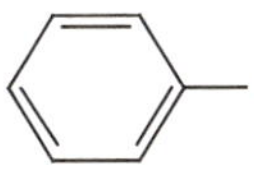—CH=CH—CHO）通常称为桂醛，天然存在于斯里兰卡肉桂油、桂皮油、藿香油、风信子油和玫瑰油等精油中，是重要的香料，可用于制备肉类、调味品、口腔护理用品、口香糖、糖果用香精；同时也是重要的医药原料，常用于外用药、合成药中，具有杀菌消毒防腐、抗病毒、抗癌、扩张血管及降压作用，还可以加强胃、肠蠕动，促进脂肪分解。

思考与讨论： 1. 肉桂醛所含官能团的名称是什么？

2. 如何鉴别肉桂醛、乙醛、丙酮？

五、重要的醛酮类化合物

（一）甲醛

甲醛（HCHO）俗称蚁醛，是最简单的醛。甲醛是一种无色、有强烈刺激性气味的气体。在医药中，将质量分数（ω_B）为 35% ～ 40% 的甲醛水溶液称为**福尔马林**。此溶液沸点为 19℃，故在室温时极易挥发，随着温度的上升挥发速度加快。质量分数（ω_B）为 2% 的甲醛溶液用于外科器械消毒。10% 的甲醛溶液常用于保存动物标本和尸体。

甲醛溶液与氨水共同蒸发时，生成环六亚甲基四胺 $[(CH_2)_6N_4]$，药名乌洛托品。乌洛托品是具有吸湿性的白色晶体，在医药上可用作利尿剂和尿道消毒剂，这是因为它能在病人体内慢慢分解产生甲醛，由尿道排出时将细菌杀死。

甲醛易发生聚合反应，生成多聚甲醛固体。长期放置的福尔马林会产生混浊或白色沉淀——多聚甲醛。多聚甲醛加热到 160 ～ 200℃时，能解聚重新生成甲醛。若在甲醛中加入少量甲醇可防止甲醛聚合。

（二）乙醛

乙醛（CH_3CHO）是一种无色、具有刺激性气味的液体，易挥发，沸点为 21℃，易溶于水和乙醇、乙醚等有机溶剂。乙醛也容易发生聚合反应，生成三聚乙醛，用来保存乙醛。

在乙醛中通入氯气，生成三氯乙醛，三氯乙醛与水加成后得到水合三氯乙醛，简称水合氯醛。

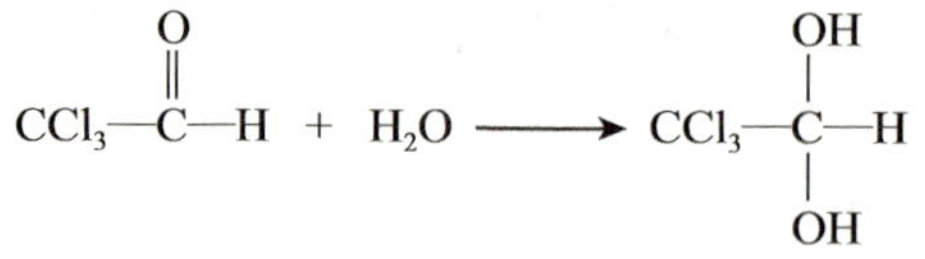

三氯乙醛　　　　　水合氯醛

水合氯醛为白色或无色透明结晶，易溶于水，有刺激性臭味。水合氯醛是较安全的催眠、抗惊厥药，不易引起蓄积中毒，但味欠佳，且对胃有刺激性，不宜做口服药，用灌肠法给药，药效较好。

（三）苯甲醛

苯甲醛（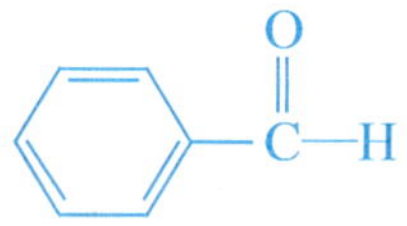）是最简单的芳香醛。苯甲醛是无色有苦杏仁味的液体，沸点为179℃；微溶于水，易溶于乙醇和乙醚中。苯甲醛常以结合状态存在于桃、杏等水果的核仁中，又称苦杏仁精（油），是合成药物、香料、调味料等的原料。

（四）丙酮

丙酮（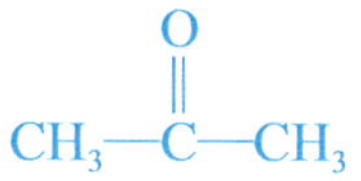）是最简单的酮，是无色、易挥发、易燃的液体，沸点为56.5℃。它能与水、乙醇、乙醚和氯仿等混溶，并能溶解树脂、油脂等许多有机化合物，是常用的有机溶剂。

糖尿病患者由于代谢障碍，血液及尿液中的丙酮含量较高。

案例 4-7

血液中的丙酮

丙酮是体内脂肪代谢的中间产物。正常情况下，血液中丙酮的浓度很低。糖尿病患者由于代谢紊乱，体内常有过量的丙酮产生，并从尿液中排出或随呼吸呼出。临床上检查糖尿病患者血液及尿液中的丙酮，可向其中滴加亚硝酰铁氰化钠 $[Na_2Fe(CN)_5NO]$ 溶液和氢氧化钠溶液，若有丙酮存在，尿液即呈鲜红色。也可采用碘仿反应，即滴加碘的氢氧化钠溶液于尿中，若有丙酮存在，则有黄色的碘仿析出。

思考与讨论：检查糖尿病患者尿液中的丙酮，可采用的试剂是哪种？

（五）戊二醛

戊二醛（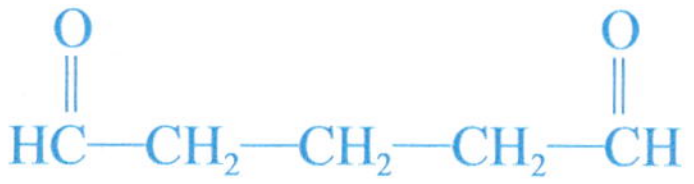），纯品为无色或浅黄色油状液体，有微弱的醛气味，沸点为187～189℃，易溶于水和醇。戊二醛水溶液呈酸性。戊二醛在酸性条件下稳定，可长期储存，出售的戊二醛通常是质量浓度为2%、25%、50%的酸性溶液。

案例 4-7

戊　二　醛

1998年，深圳某医院暴发了严重的医院感染，此次感染原因是浸泡刀片和剪刀的戊二醛因配制浓度错误未达到灭菌效果。戊二醛是近年使用较广泛的新型化学消毒剂，具有广谱高效杀菌作用。对金属腐蚀性小，受有机化合物影响小、稳定性好等特点。适用于医疗器械和耐湿忌热的精密仪器的消毒与灭菌。消毒用的戊二醛通常为2.0%～2.5%的碱性溶液。

思考与讨论：1. 消毒用的戊二醛浓度为多少？

2. 汲取此案例的教训，你未来的工作应该怎么做？

（六）樟脑

樟脑（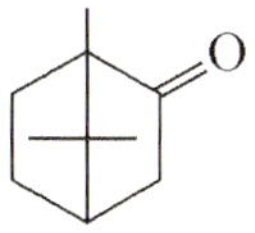）是一种脂环族酮类化合物，学名 2- 莰酮。它存在于樟树中，属于我国特产。樟脑为无色半透明固体，具有特殊的芳香气味，熔点 176 ～ 177℃，在常温下即挥发。它不溶于水，能溶于有机溶剂和油脂中。

链接

樟脑与麝香的药用价值

樟脑产于植物樟树，在医药上用途甚广，有兴奋呼吸、血管运动中枢及心肌的功效。100g/L 的樟脑乙醇溶液称樟脑酊，有良好止咳功效。中成药清凉油、十滴水、消炎镇痛膏等均含有樟脑。樟脑也可用于驱虫防蛀。

麝香是我国特有鹿科动物林麝等成熟雄体香囊中的干燥分泌物，是一种名贵的药材和香料，有强烈的香气，具有芳香开窍、醒神、活血通瘀等功效，外用还可以镇痛、消肿。麝香的有效成分麝香酮的结构式如下：

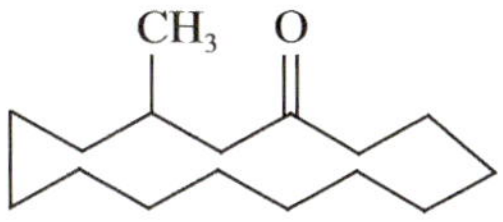

第 3 节　羧酸类有机化合物

羧酸类有机化合物主要有羧酸、羟基酸和酮酸，均属于有机酸，广泛存在于自然界，并在动植物的生长、繁殖、新陈代谢等方面起着重要作用。羧酸类有机化合物与人们的生活、工农业生产、医药工业等密切相关。

本章重点讨论羧酸、羟基酸和酮酸。

一、羧酸的结构、分类和命名

（一）羧酸的结构

观察表 4-2 中甲酸、乙酸、丙酸分子的球棍模型，根据球棍模型写出它的结构式和结构简式于表 4-2 中。

表 4-2　部分羧酸同系物

项目	甲酸	乙酸	丙甲酸
球棍模型	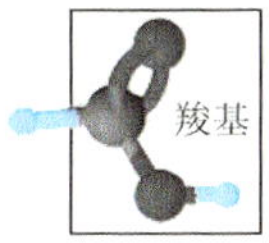	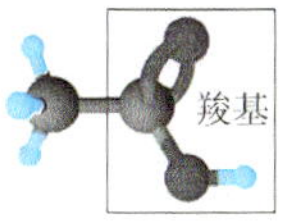	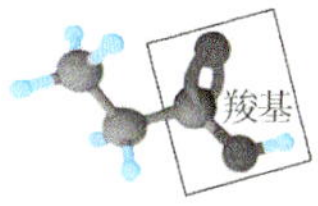
结构式			
结构简式			
官能团			

观察上述结构，得出“有机酸”的特征是烃基和“羧基”相结合的化合物，也可看作是烃分子中的氢原子被“羧基”取代而成的化合物。

羧酸类有机化合物的官能团为**羧基**（$-\overset{\overset{\displaystyle O}{\|}}{C}-OH$ 或$-COOH$），羧酸的结构通式如下：

$$(Ar)R-\overset{\overset{\displaystyle O}{\|}}{C}-OH$$

如果将氢原子替换烃基，可得到最简单的羧酸——甲酸（H—COOH）。

（二）羧酸的分类

根据分子中烃基的不同，羧酸可分为脂肪酸和芳香酸，脂肪酸又可分为饱和脂肪酸和不饱和脂肪酸。根据分子中所含羧基数目不同，可分为一元酸、二元酸和多元酸。

羧酸		一元酸	二元酸
脂肪酸	饱和脂肪酸	CH_3-COOH 乙酸	HOOC—COOH 乙二酸
脂肪酸	不饱和脂肪酸	$CH_2=CHCOOH$ 丙烯酸	$CH-COOH \| CH-COOH$（双键相连） 丁烯二酸
芳香酸		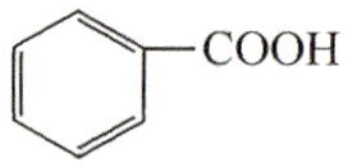 苯甲酸	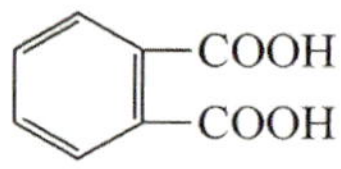 邻苯二甲酸

（三）羧酸的命名

饱和一元脂肪酸的系统命名方法与醛的系统命名法相似，只是将“醛”改为“羧酸”或“酸”。

主链碳原子的位次也可用希腊字母 α、β、γ 等标示。通常，将与官能团相连的碳原子的位号定为 α 位，例如，与羧基直接相连的碳原子为 α 位（相当于第二位），依次为 β 位（相当于第三位）、γ 位等。例如：

$\overset{3}{\underset{\beta}{CH_3}}-\overset{2}{\underset{\alpha}{CH}}(CH_3)-\overset{1}{COOH}$

2-甲基丙酸
（α-甲基丙酸）

$CH_3-\overset{2}{\underset{\alpha}{CH}}(\overset{\beta\,3}{CH_2}-\overset{\gamma\,4}{CH_3})-\overset{1}{COOH}$

2-甲基丁酸
（α-甲基丁酸）

$\overset{5}{CH_3}-\overset{4}{\underset{\gamma}{CH}}(CH_3)-\overset{3}{\underset{\beta}{CH}}(CH_3)-\overset{2}{\underset{\alpha}{CH_2}}-\overset{1}{COOH}$

3,4-二甲基戊酸
（β,γ-二甲基戊酸）

不饱和一元脂肪酸的系统命名方法：在以上命名基础上，选择含羧基和不饱和键都在内的最长碳链为主链，并标出不饱和键的位置和不饱和键的数量。例如：

$$\overset{18}{CH_3}-(CH_2)_7-\overset{10}{CH}=\overset{9}{CH}-(CH_2)_7-\overset{1}{COOH}$$

9-十八碳烯酸

脂肪二元酸的命名，是选择含两个羧基在内的最长碳链为主链，命名为“某二酸”。

$COOH-COOH$（上下相连）
乙二酸

CH_2-COOH / CH_2-COOH（两个 CH_2 相连）
丁二酸

芳香酸和脂环酸的命名，是把脂肪酸作为母体，把芳环或脂环看作取代基。例如：

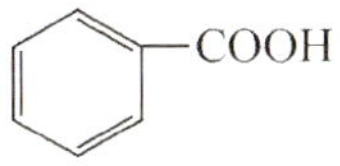

苯甲酸

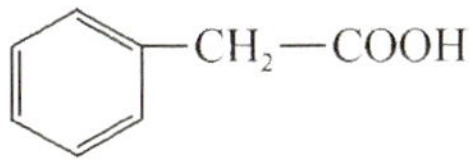

苯乙酸

此外，羧酸还可根据其来源或性状而采用俗名。例如，甲酸又称蚁酸，乙酸又称醋酸等。

二、物理性质

甲酸、乙酸和丙酸为强烈刺激性气味的无色液体，含 4 ～ 9 个碳原子的饱和一元羧酸是具有腐败气味的油状液体，癸酸以上为蜡状固体，二元羧酸和芳香酸都是结晶固体。由于羧基与水分子之间可以形成氢键，低级羧酸如甲酸、乙酸、丙酸和丁酸可与水混溶，但其他羧酸随着分子量的增大，在水中的溶解度逐渐减小。

饱和一元羧酸的沸点随着分子量的增加而升高。羧酸的沸点比分子量相近的醇还高，例如甲酸与乙醇的分子量相同，甲酸的沸点 100.7℃，乙醇的沸点 78.5℃。这是由于两个羧酸分子通过氢键结合在一起。

三、化学性质

羧酸的官能团是—COOH，其化学性质主要由羧基决定。由于羰基和羟基相互影响，使羧基表现出既不同于羰基，又不同于羟基的某些特殊性质。

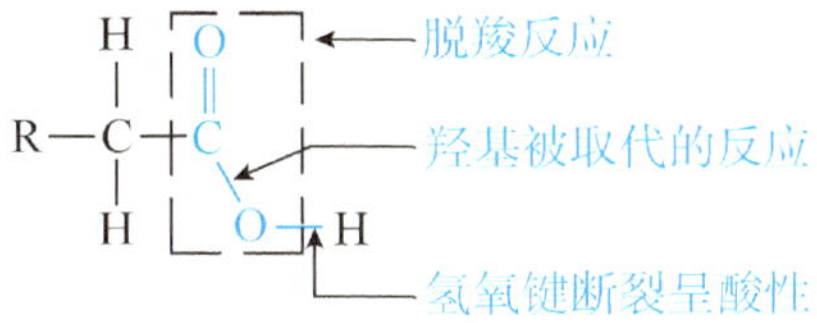

（一）酸性

（1）乙酸与碱反应，如下：

$$CH_3—COOH + NaOH \longrightarrow CH_3—COONa + H_2O$$

（2）乙酸与 Na_2CO_3、$NaHCO_3$ 反应，生成 CO_2 气体，表明乙酸的酸性比碳酸强。而苯酚则不能与 Na_2CO_3、$NaHCO_3$ 反应，利用这个性质可以区别羧酸和酚类化合物。

$$2CH_3COOH + Na_2CO_3 \longrightarrow 2CH_3COONa + CO_2\uparrow + H_2O$$
$$CH_3COOH + NaHCO_3 \longrightarrow CH_3COONa + CO_2\uparrow + H_2O$$

在羧酸分子中，因受羰基的影响，羧基中羟基上的氢原子变得比较活泼，在水溶液中能解离出部分氢离子，呈现出**弱酸性**。羧酸（如甲酸、乙酸等）可以使紫色石蕊试液变红，可以与 NaOH、Na_2CO_3、$NaHCO_3$ 反应。

羧酸的钠盐、钾盐和铵盐一般易溶于水，医药上常把一些含羧基难溶于水的药物制成可溶性羧酸盐，以便配制水剂或注射剂使用。例如，常用的青霉素 G，就是制成其钾盐或钠盐，供临床使用。

（二）脱羧反应

羧酸分子中脱去羧基放出二氧化碳的反应，称为**脱羧反应**。羧酸分子中的羧基比较稳定，在一般条件下不易脱去，但二元羧酸对热比较敏感，当羧基比较接近时，容易发生脱羧反应，例如，乙二酸晶体加热可以脱羧，而放出 CO_2。

$$\begin{matrix} COOH \\ | \\ COOH \end{matrix} \xrightarrow{\triangle} H—COOH + CO_2\uparrow$$

人体的代谢过程中，羧酸在脱羧酶的催化下进行脱羧反应。人类和动物呼出的 CO_2 都是来自体内的脱羧反应。

乙酸与乙醇，在浓硫酸的催化作用下，乙酸中的羟基被乙氧基取代，生成乙酸乙酯。反应式为

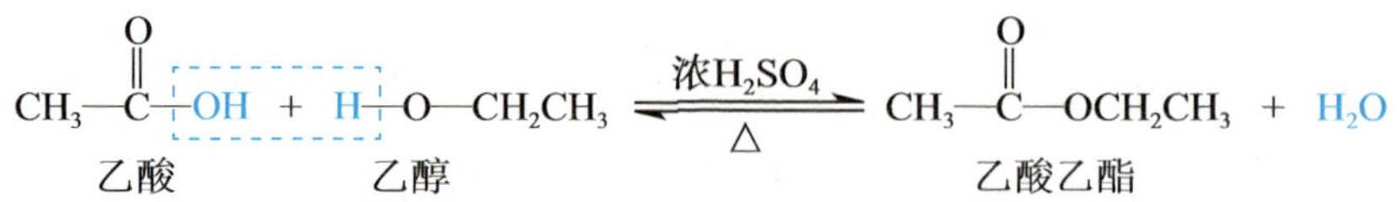

羧酸与醇脱水生成酯的反应，称为**酯化反应**。乙酸乙酯是无色透明、不溶于水，具有香味的液体。

酯化反应是可逆的，其逆向反应是水解反应。酯化反应的速率很慢，为加快此反应速率，通常在浓硫酸催化作用下进行。

酯化反应通式：

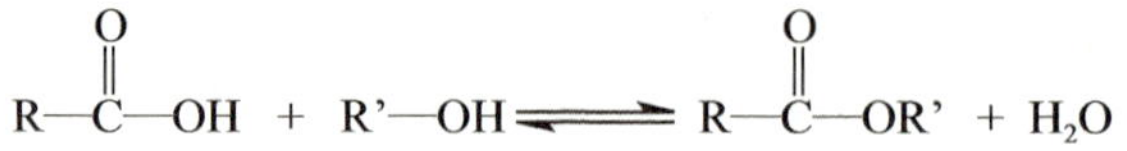

在羧酸分子中，去掉羧基中的羟基后剩下的原子团 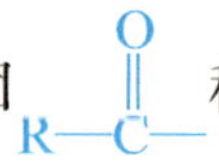 称为**酰基**，醇分子中去掉羟基中的氢原子剩下的原子团 R'—O—称为**烃氧基**。酯分子中 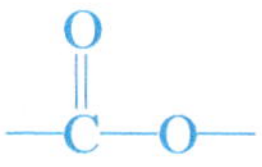 称为酯基。

酯的命名比较简单，通常根据酰基和烃氧基的名字称为某酸某酯：

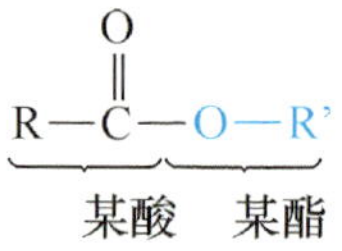

例如：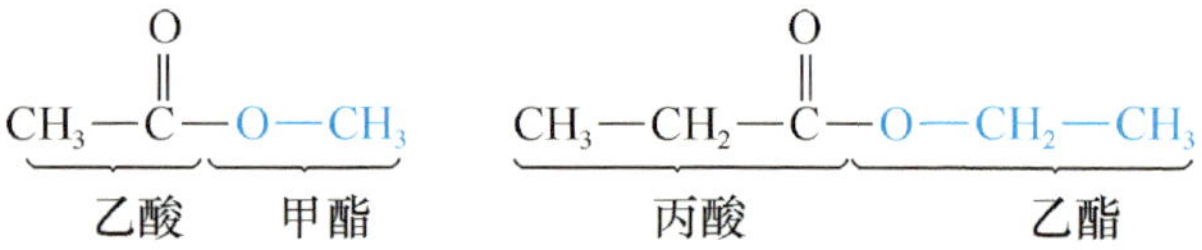

精油、水果香气和窖藏酒的酒香的主要成分是简单的酯。它们是制作饮料的原料之一。水果中的香气大多是酯类，如苹果香气成分是异戊酸异戊酯，橘子香气成分是乙酸辛酯，菠萝香气成分是乙酸甲酯等。

上述生成酯的反应，都是可逆反应。在一定条件下，酯发生水解生成相应的羧酸和醇。

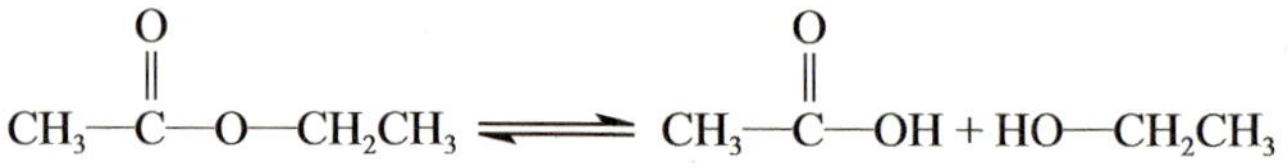

在碱性条件下，产物羧酸继续与碱发生酸碱中和反应。

四、重要的羧酸化合物

（一）甲酸

甲酸（H—COOH）因其最早发现来自蚂蚁、黄蜂等昆虫叮咬时产生的分泌物，因此俗称蚁酸，甲酸是无色液体，能与水以任意比例互溶。甲酸的结构比较特殊，它的羧基与氢原子直接相连，从结构上看，分子中既含羧基又含醛基。

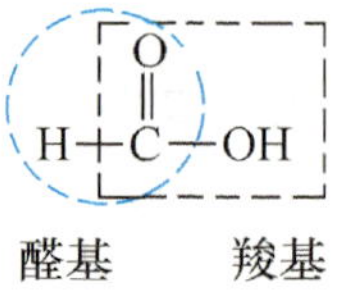

1. 有较强的酸性　甲酸的酸性比其他饱和一元羧酸的酸性强。例如，甲酸的酸性比乙酸强。正因为甲酸具有酸性，人的皮肤被蜂、蚁、毛虫蜇咬后，可以用稀氨水涂敷，缓解疼痛。

2. 具有还原性　甲酸分子中含醛基，具有还原性。甲酸能使高锰酸钾溶液褪色，能发生银镜反应，也能与费林试剂反应生成砖红色沉淀。利用这些反应，就可以把甲酸与其他酸区别开来。

（二）乙酸

乙酸（CH_3—COOH）俗称醋酸，是食醋的主要成分。纯乙酸是具有刺激性气味的无色液体，熔点 16.5℃，沸点 118℃，能与水混溶。在室温低于熔点温度时，无水乙酸凝结成冰状固体，所以无水乙酸又称为冰醋酸或者冰乙酸。

在医药上，乙酸具有杀菌作用，因此用作消毒剂和防腐剂。例如，0.5%～2.0% 的乙酸溶液可用于烫伤或灼伤表面的消毒，质量分数为 30% 的乙酸溶液可外用治疗甲癣、鸡眼和赘疣等，在房间内熏蒸食醋，可有效预防流感及感冒。

乙酸是常用的有机溶剂，广泛应用于印染、香料、塑料、制药等工业生产中。

（三）乙二酸

乙二酸俗称草酸（HOOC—COOH），分子式 $H_2C_2O_4$，无色结晶，熔点为 189℃，易溶于水和乙醇，是最简单的二元羧酸，广泛存在于自然界的植物中。

由于草酸是二元酸，分子中的两个羧基直接相连，所以其酸性比一元羧酸和其他二元羧酸强。另外，草酸具有还原性，可被酸性高锰酸钾氧化生成二氧化碳和水。草酸可以将高价的铁盐还原成易溶于水的低价铁盐，因此草酸可去除铁锈和蓝墨水污迹。

链 接

乙二酸广泛存在于自然界的植物中，容易与钙离子结合生成溶解度极低的草酸钙盐。在人体中，过多的草酸钙如果不能及时排出体外，会形成结石。例如，肾结石的主要成分之一就是草酸钙。由于乙二酸影响体内钙质吸收，因此不宜过多摄入含草酸丰富的食物，如菠菜。

（四）苯甲酸

苯甲酸（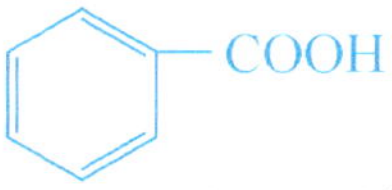）是最简单的芳香酸，因最初从安息香树脂中制得，俗称安息香酸。苯甲酸为白色鳞片状或针状结晶，熔点 122℃，难溶于冷水，易溶于热水、乙醇和乙醚。苯甲酸及其钠盐常用作防腐剂，苯甲酸还可用作治疗癣病的外用药。此外，苯甲酸可以用作食品、饲料、乳胶、牙膏的防腐剂。

（五）双水杨酯

双水杨酯（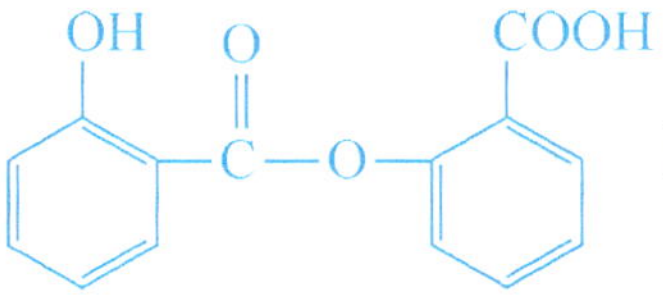），白色结晶性粉末，无臭，味微苦。在乙醇或乙醚中易溶，在水中几乎不溶。双水杨酯具有消炎镇痛作用，但不具有抑制血小板聚集作用，对胃肠道的刺激性较小，副作用小。口服后不溶于胃液，但溶于小肠液中，并在碱性肠液中逐渐水解出 2 个水杨酸分子而起作用。

（六）肉桂酸

肉桂酸（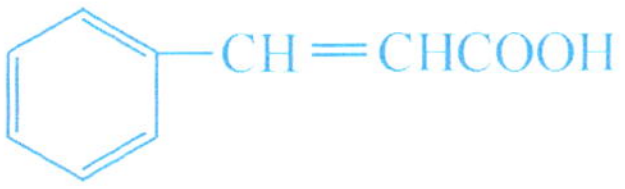），是从肉桂皮或安息香分离出的有机酸。主要用于香精香料的原料、食品添加剂、医药工业、美容、农药、有机合成等方面。利用肉桂酸的防霉防腐杀菌可应用于粮食、蔬菜、水果的保鲜、防腐，是无公害的环保防腐剂，可以替代苯甲酸钠、山梨酸钾等

产品用在葡萄酒中，使其色泽光鲜。肉桂酸在抗癌方面具有极大的应用价值。

第 4 节　羟基酸和酮酸

羟基酸和酮酸是生物代谢过程中的重要有机化合物，糖、脂肪、蛋白质代谢的中间产物中，有许多是羟基酸和酮酸。因此本节对生物化学的学习十分重要。

羟基酸和酮酸是具有复合官能团的含氧有机化合物，分子中除了具有羧基（—COOH）之外，还含有羟基（—OH）或者酮基（$-\overset{\overset{\displaystyle O}{\|}}{C}-$）。

有机化合物的化学性质主要由其官能团决定，因此，羟基酸和酮酸的化学性质除了具有羧酸性质之外，还分别具有醇的性质或者酮的性质。

一、羟　基　酸

分子中除了含有羧基之外，还含有羟基的有机化合物称为**羟基酸**。

根据羟基所连的烃基不同进行分类。

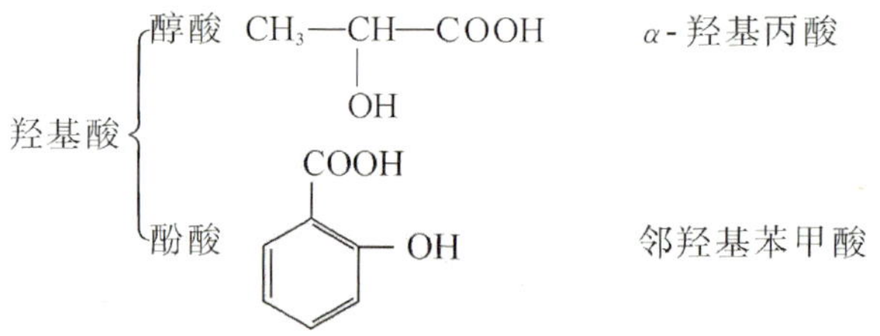

医学上常根据其来源采用俗名或习惯名称。如果用系统命名法，则按照羧酸的命名原则，但须指明羟基所在的位置。例如：

$CH_3—CH(OH)—COOH$

2-羟基丙酸(α-羟基丙酸)

俗名：乳酸

$HO—CH(COOH)—CH_2—COOH$

2-羟基丁二酸(α-羟基丁二酸)

俗名：苹果酸

$HO—CH(COOH)—CH(COOH)—OH$

2,3-二羟基丁二酸

(α,β-二羟基丁二酸)

俗名：酒石酸

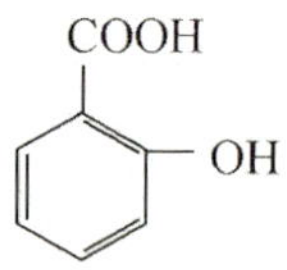

邻羟基苯甲酸

俗名：水杨酸

二、酮　　酸

分子中既含有羧基又含有酮基的化合物称为**酮酸**。

医学上常采用俗名或习惯名称。如果用系统命名法，就按照羧酸的命名原则，须指明酮基所在的位置。例如：

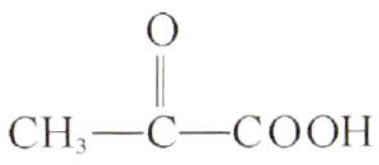

丙酮酸

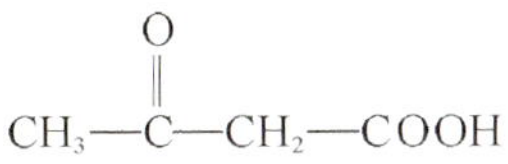

3-丁酮酸（β-丁酮酸）

俗名：乙酰乙酸

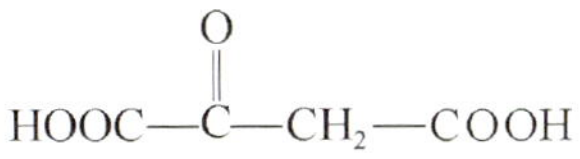

2-酮基丁二酸（α-酮基丁二酸）

俗名：草酰乙酸

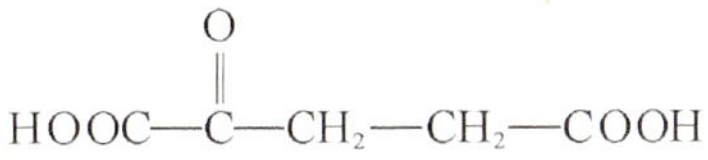

2-酮基戊二酸（α-酮基戊二酸）

三、医学中的羟基酸和酮酸

（一）乳酸

乳酸（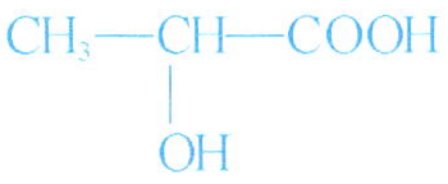）为无色或淡黄色糖浆状液体，吸湿性强，能与水、乙醇、乙醚混溶，但不溶于氯仿和油脂。乳酸最初是从酸牛奶中发现的，因而得名。乳酸是糖代谢的中间产物。

在酶的作用下，乳酸在体内发生脱氢氧化生成丙酮酸。

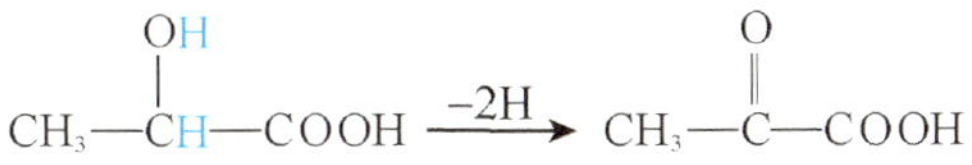

乳酸　　丙酮酸

链 接

医学中的乳酸

在医药上，乳酸可作为消毒剂和外用防腐剂，例如，1% 乳酸溶液用于治疗阴道滴虫，乳酸稀释 10 倍后加热蒸发，可进行空气消毒。乳酸能与碱作用生成乳酸盐，其中，乳酸钙常用于慢性缺钙的治疗，如佝偻病等；乳酸钠溶液注入人体内后，在有氧的条件下经肝脏氧化、代谢转化为碳酸氢根离子，纠正血液中过高的酸度，可用于纠正代谢性酸中毒。

人在剧烈运动时，糖分解成乳酸，肌肉中乳酸含量增多，肌肉感到酸胀。休息后，肌肉中的乳酸一部分就会转化为水、二氧化碳和糖原，另一部分被氧化为丙酮酸，从而使酸胀感消失。

（二）丙酮酸

丙酮酸（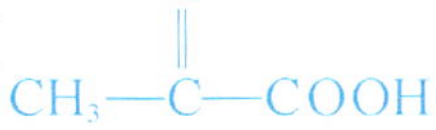）是最简单的酮酸，为无色液体，可与水混溶。

丙酮酸是人体内糖、脂肪、蛋白质代谢的中间产物，受酮基的影响，其酸性比丙酸、乳酸强。在体内酶的催化下，丙酮酸通过氧化与还原实现与乳酸之间的相互转化。

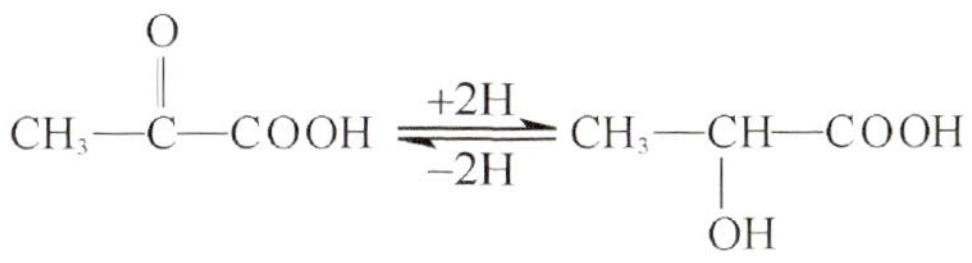

丙酮酸　　乳酸

（三）苹果酸

苹果酸(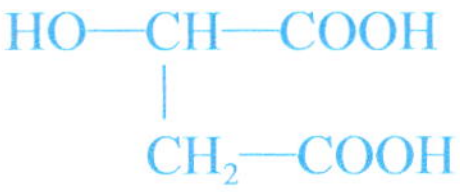)因在未成熟的苹果中含量较多而得名。天然苹果酸为无色针状晶体，能溶于水和乙醇中。苹果酸的钠盐可作为禁盐患者的食盐代用品。

（四）柠檬酸

柠檬酸（$HO-\underset{CH_2-COOH}{\overset{CH_2-COOH}{\overset{|}{\underset{|}{C}}}}-COOH$）的系统名称为3-羟基-3-羧基戊二酸，分子中含有3个羧基。它是糖等能量代谢中三羧酸循环的第一个产物。柠檬酸存在于柑橘等水果中，以柠檬中含量最多，俗称柠檬酸，又称枸橼酸。柠檬酸通常含1分子结晶水，为无色透明晶体，易溶于水，有酸性，常用于配制饮料。

柠檬酸盐的医学用途很广。例如，柠檬酸钠有防止血液凝固的作用，临床上用作血液的抗凝剂，也可用于配制本尼迪克特试剂；柠檬酸铁铵可用于治疗缺铁性贫血。

（五）β-丁酮酸

β-丁酮酸（$CH_3-\overset{O}{\overset{\|}{C}}-CH_2-COOH$）又称乙酰乙酸，也可称为3-丁酮酸。$\beta$-丁酮酸为人体内脂肪代谢的中间产物。纯品为无色黏稠液体，酸性比乙酸强，性质不稳定，受热易发生脱羧反应生成丙酮和二氧化碳。

$$\underset{\beta\text{-丁酮酸}}{CH_3-\overset{O}{\overset{\|}{C}}-CH_2-COOH} \xrightarrow{\triangle} \underset{\text{丙酮}}{CH_3-\overset{O}{\overset{\|}{C}}-CH_3} + CO_2\uparrow$$

β-丁酮酸被还原，生成β-羟基丁酸。

$$\underset{\beta\text{-丁酮酸}}{CH_3-\overset{O}{\overset{\|}{C}}-CH_2-COOH} \underset{-2H}{\overset{+2H}{\rightleftharpoons}} \underset{\beta\text{-羟基丁酸}}{CH_3-\overset{OH}{\overset{|}{CH}}-CH_2-COOH}$$

链接

酮　　体

酮体是脂肪代谢的中间产物，体内脂肪酸代谢时能生成β-丁酮酸，它在酶的催化下可还原生成β-羟基丁酸，脱羧则生成丙酮。

$$\underset{\beta\text{-羟基丁酸}}{CH_3-\overset{OH}{\overset{|}{CH}}-CH_2-COOH} \underset{+2H}{\overset{-2H}{\rightleftharpoons}} \underset{\beta\text{-丁酮酸}}{CH_3-\overset{O}{\overset{\|}{C}}-CH_2-COOH} \xrightarrow{\text{酶}} \underset{\text{丙酮}}{CH_3-\overset{O}{\overset{\|}{C}}-CH_3} + CO_2\uparrow$$

医学上把β-羟基丁酸、β-丁酮酸和丙酮三者合称为**酮体**。由于酮体能被肝外组织进一步分解，所以正常人体血液中只含有微量（小于0.5mmol/L）酮体。但当长期饥饿或患糖尿病时，酮体生成明显增多而引起血液中酮体含量升高，严重时将在尿中出现酮体，称为酮症。酮体呈酸性，如果酮体的增加超过了血液抗酸的缓冲能力，就会引起酸中毒。因此，检查酮体可以帮助对疾病的诊断。酮体遇亚硝酰铁氰化钠（$Na_2[Fe(CN)_5NO]$）溶液和氨水（或氢氧化钠）即出现紫色（或鲜红色）。通常利用此性质检验酮体。见彩图4-11酮体的显色。

（六）水杨酸

水杨酸（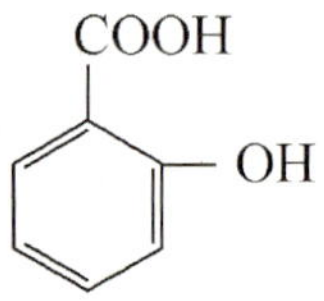）存在于水杨树及柳树的树皮中，因此俗称水杨酸。它是一种白色针状结晶，微溶于冷水，易溶于沸水、乙醇和乙醚。

水杨酸分子中含有酚羟基，因此它既具有酸性（比苯甲酸强），又能与三氯化铁溶液作用显紫色。在医学中，水杨酸具有杀菌、防腐能力，为外用消毒防腐药；乙酰水杨酸是水杨酸苯环上的羟基与乙酰基结合的产物，乙酰水杨酸又名阿司匹林。

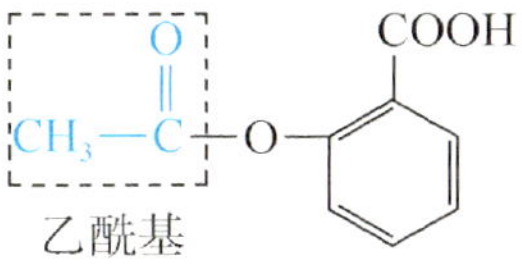

乙酰水杨酸

链 接

阿司匹林的发明

水杨酸是治疗风湿性关节炎最好的药物，由于水杨酸酸性很强，对口腔黏膜有着强烈的刺激作用，进入胃部以后，还会干扰胃内的生理环境，导致严重的胃痛，因此德国化学家霍夫曼决心寻找一种和水杨酸疗效相当、刺激性更小的药物。

1897 年，霍夫曼首先用水杨酸和乙酸酐合成了乙酰水杨酸——即人们熟知的、沿用至今的解热镇痛药阿司匹林。近年来，阿司匹林多用于治疗和预防心、脑血管疾病。

自 测 题

一、回顾与总结

1. 醇、酚、醚基本知识小结

项目	内容
醇	官能团：__________；醇的结构通式：__________
酚	官能团：__________；酚的结构通式：__________
醚	官能团：__________；醚的结构通式：__________
醇的化学性质	乙醇可与钠反应：CH_3CH_2OH + Na ⟶ 醇与含氧无机酸脱水生成酯和水的反应，称为______________ 乙醇在浓硫酸存在下加热到 140℃，发生______脱水，生成______________ 乙醇与浓硫酸共热到 170℃左右，发生______脱水，生成______________ 伯醇可被酸性重铬酸钾溶液氧化生成______，并进一步被氧化生成______，仲醇被氧化为______，同时重铬酸钾溶液的颜色由______色变为______色 具有邻二醇结构的化合物都能与新制的氢氧化铜反应生成______色的铜盐溶液，利用此反应特性可鉴别具有邻二醇结构的化合物 氧化反应：______________
酚的化学性质	苯酚的酸性比碳酸______（填弱或强） 苯酚特性反应：苯酚与三氯化铁作用显______色，常利用这一反应把苯酚与其他化合物区别开来 苯酚可与溴水发生反应：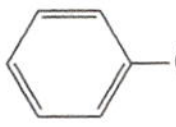—OH + $3Br_2$ ⟶ 酚在空气中很容易被氧化成______色、______色或______色，若在强氧化剂作用下，苯酚可被氧化成黄色的对苯醌
醚的化学性质	醚在空气中可被氧化为______。储存乙醚时，应放在______瓶中，并加入______等以防止过氧化物氧化

2. 醛、酮基本知识小结

项目	内容
醛	结构通式：______________，醛的官能团醛基：______________
酮	结构通式：______________，酮的官能团酮基：______________

续表

项目	内容
醛的化学性质	醛与氢气发生加氢还原，生成________醇 醛与醇发生加成反应，首先生成________，继续加成则生成________________ 醛能被强氧化剂（如高锰酸钾）________________ 醛能被弱氧化剂（如托伦试剂）氧化，产生________________ 醛与席夫试剂作用显____________ 脂肪醛能被弱氧化剂（如费林试剂）氧化，产生________________
酮的化学性质	酮与氢气发生加氢还原，生成________________ 酮能被强氧化剂（如高锰酸钾）氧化，生成________________ 丙酮与亚硝酰铁氰化钠、氢氧化钠溶液反应生成____________色溶液
重要名词	还原反应：____________________
重要应用	1. 醛、酮可以与2，4-二硝基苯肼反应生成________，常用来鉴别醛、酮 2. 具有________结构的酮或乙醛，以及________的醇可以与碘的氢氧化钠溶液反应生成________色的________ 3. 醛与酮被________的差异性，用于区别醛和酮

3. 羧酸的基本知识小结

项目	内容
羧酸	结构通式：____________，官能团：____________
羧酸的化学性质	1. 酸性　如：$CH_3COOH + NaOH \longrightarrow$ 2. 脱羧　如：$\begin{matrix}COOH\\ \vert\\ COOH\end{matrix} \xrightarrow{\triangle} H-COOH+$ 3. 酯化反应：如 $CH_3-\overset{O}{\overset{\Vert}{C}}-OH + HO-CH_3 \underset{\triangle}{\overset{浓H_2SO_4}{\rightleftharpoons}}$ 4. 酯的水解：如 $CH_3-\overset{O}{\overset{\Vert}{C}}-O-CH_2CH_3 \overset{H^+或OH^-}{\rightleftharpoons}$ 在NaOH溶液中水解的最终产物是：____________
羟基酸	官能团有____________和____________。常见的羟基酸有________________
酮酸	官能团有____________和____________。常见的酮酸有________________
重要名词	酯化反应：________________ 脱羧反应：________________
重要应用	羧酸的酸性比碳酸强，并能使蓝色石蕊试纸变________色 甲酸分子结构中有________和________基团，因此具有________的性质和________的性质

二、复习与提高

1. 指出下列物质的官能团名称，并用系统法给下列物质命名

（1）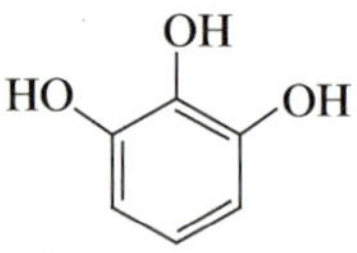

（2）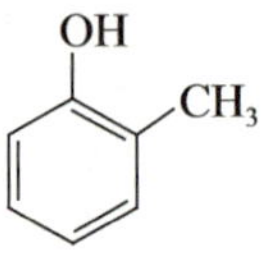

（3）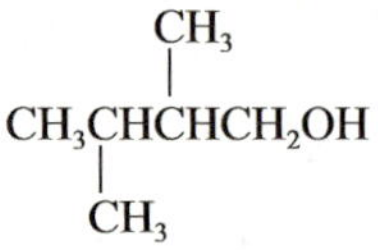

（4）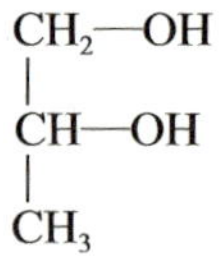

（5）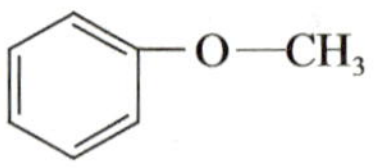

（6）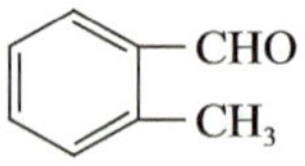

（7）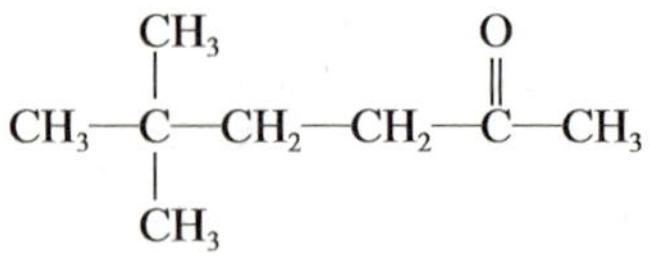

（8）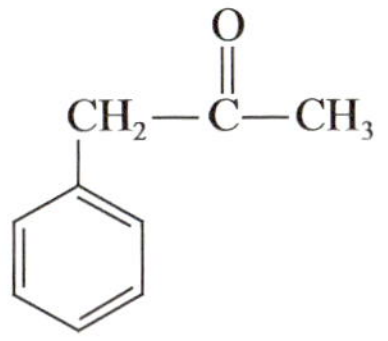

（9）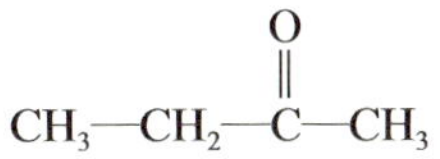

（10）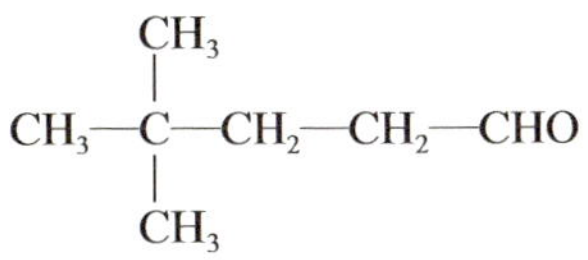

（11）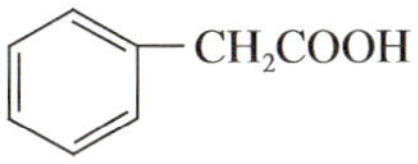

（12）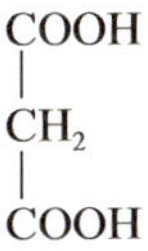

（13）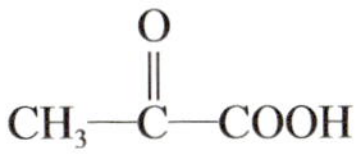

（14）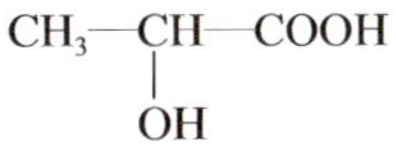

2. 写出下列化合物的结构式

（1）甲醇　　（2）乙醇

（3）苯甲醇　　（4）2，3- 二甲基 -2- 丁醇

（5）2- 苯基 -3- 甲基丁醇　　（6）乙醛

（7）3- 甲基 -2- 戊酮　　（8）苯甲醛

（9）丙酮　　（10）甲酸

（11）草酸　　（12）乙酸

3. 填空题

（1）乙醇俗称________，它与________互为同分异构体。

（2）丙三醇俗称________，它能和________作用生成________色的甘油铜，此反应可用于区别________和________。

（3）临床上用于外用消毒的乙醇浓度为________。

（4）苯酚俗称________。苯酚钠溶液中通入 CO_2 气体，变浑浊的化学方程式________，这一反应说明苯酚的酸性较碳酸________（填强或弱）。

（5）用 $FeCl_3$ 一种试剂可以把苯酚、乙醇、氢氧化钠、硫氰化钾 4 种物质区别开来，其反应现象分别是①________；②________；③________；④________。

（6）饱和一元醇分子内脱水生成________，分子间脱水生成________。

（7）苯酚遇溴水出现________现象。这一反应属于________（反应类型），可用于________。

（8）苯二酚一共有________种同分异构体。其中俗名儿茶酚的是________，俗名雷锁辛的是________，俗名氢醌的是________。

（9）在催化剂铂、钯和镍的存在下，醛可以加氢还原生成________，酮可以加氢还原生成________。

（10）托伦试剂的主要成分是________，费林试剂的主要成分是________。

（11）乙醛和丙酮溶液中分别加入下列溶液，请填写下列表格。

试剂名称	反应物质	不反应物质	反应现象
托伦试剂			
费林试剂			
席夫试剂			
亚硝酰铁氰化钠和氨水			

（12）福尔马林是指质量分数为________的________；三氯乙醛与水加成后得到________，俗称________；苦杏仁精中含有________。

（13）临床上检查糖尿病患者尿液中的丙酮，可向其中滴加________和氢氧化钠溶液，若出现________色，表明有丙酮。戊二醛是新型的化学消毒剂，具有________杀菌作用，它的结构简式为________。

（14）可以发生碘仿反应的醛有________，可以发生碘仿反应的酮必须具有________结构；具有________结构的醇，也可以发生碘仿反应。

（15）按酸性强弱分类，羧酸一般为________酸，但比________酸性强，利用________可以鉴别羧酸和酚。

（16）乙酸和乙醇在浓硫酸催化下加热生成________和________，此反应称为酯化反应。酯的官能团________。

（17）羧酸脱去________放出________反应称为脱羧反应。二元羧酸对热比较敏感，易脱羧。草酸脱羧生成________和________。

（18）甲酸既有________性又有________性，因为甲酸分子中含有________基和________基。

（19）甲酸的酸性比其他饱和一元羧酸________，并能发生银镜反应，能使高锰酸钾溶液________，这些反应常用来鉴别甲酸。

（20）$CH_3-\overset{\overset{O}{\|}}{C}-$、$-\overset{\overset{O}{\|}}{C}-OH$、$-\overset{\overset{O}{\|}}{C}-$、—H、—OH 相互结合，可组成不同的化合物，其名称是________、________、________、________、________、________和________。

（21）苯甲酸是最简单的________酸。最简单的一元脂肪酸是________酸。最简单的二元羧酸是________酸。

（22）医学上把________、________、________合称为酮体。血液中酮体含量增高，将会使血液中酸性增强，而有引发________中毒的可能。

（23）乳酸的结构式是________，在一定条件下可以被氧化为酮酸________，后者在一定条件下可以被________为乳酸。

（24）________可作为禁盐病人的食盐代用品；柠檬酸分子中含有________个羧基，是糖等能量代谢中三羧酸循环的第________个产物；水杨酸的结构式是________，它与 $FeCl_3$ 溶液作用生成________色的物质。阿司匹林是________基与水杨酸苯环上的________基结合的产物，有解热、镇痛和抗风湿的作用。

4. 完成下列化学反应式，并指出反应类型

（1）$CH_3CH_2CH_2OH + Na \longrightarrow$

反应类型：________

（2）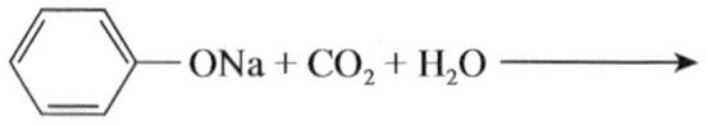

反应类型：________

（3）

反应类型：________

（4）$CH_3-CH_2-OH \xrightarrow[H_2SO_4]{170℃}$

反应类型：________

（5）$CH_3-CH_2-\overset{\overset{\displaystyle O}{\|}}{C}H + H_2 \xrightarrow{Pt}$

反应类型：________

（6）$CH_3-\overset{\overset{\displaystyle O}{\|}}{C}-CH_3 + H_2 \xrightarrow{Pt}$

反应类型：________

（7）$CH_3CH_2\overset{\overset{\displaystyle O}{\|}}{C}H + HO-CH_2-CH_3 \xrightarrow{干燥HCl}$

反应类型：________

5. 用化学方法区别下列有机化合物

（1）乙烷、乙醇、苯酚

（2）丙三醇、苯酚、乙醚

（3）丙醛、丙酮

（4）乙醛、苯甲醛

（5）乙醇、乙酸

（6）甲酸、乙酸

6. 简答题

（1）写出甲酚的3种同分异构体，并用系统命名法进行命名。

（2）乙醇、乙醚都是有机化合物，根据它们的化学通性，说明为什么要避火保存？

三、探索与进步

以小组为单位，查找资料，撰写研究小论文。

1. 硝酸甘油化学及其应用

主要提纲：硝酸甘油的结构、硝酸甘油的合成、硝酸甘油在军事和医疗中的作用、硝酸甘油与诺贝尔奖、对硝酸甘油的发现与应用的感想。

2. 戊二醛消毒剂简介

主要提纲：戊二醛化学、理化性质，戊二醛消毒剂的产品指标、保存和使用方法。

3. 苯甲酸及其应用

主要提纲：苯甲酸化学、苯甲酸在食品和药品中的应用、苯甲酸对人民生活的益处和危害。

第 5 章

有机化学的立体异构

有机化学中的同分异构现象可分为两大类：**构造异构**（结构异构）和**立体异构**。构造异构是指分子式相同，而分子中原子排列顺序不同所引起的一类异构现象。**立体异构**是指分子构造（即分子中原子相互连接的方式和次序）相同，但分子中的原子或原子团在空间的排列方式不同而引起的异构现象。本章主要讨论立体异构中的顺反异构和对映异构。

第 1 节　顺反异构现象

一、顺反异构

案例 5-1

顺 - 丁烯二酸又名马来酸，可与氯苯那敏成盐，得到的马来酸氯苯那敏是常用的抗组胺药。但顺 - 丁烯二酸不是核准的食品添加物，美国只允许将其用作化妆品中的酸碱调和剂。反 - 丁烯二酸又名延胡索酸或富马酸，最早在延胡索中发现。主要用于制造合成树脂、松香脂、药物及染色助剂，还可用作食品的防腐剂、酸味剂、膨松剂，并可代替柠檬酸、酒石酸用于饮料、水果糖、果冻、冰淇淋等。
思考与讨论：马来酸和延胡索酸的结构式是怎样的？

观察表 5-1 中 2- 丁烯球棍模型，填写表 5-1。

表 5-1　2- 丁烯的顺反异构

项目	顺 -2- 丁烯	反 -2- 丁烯
分子式		
结构简式		
球棍模型	 顺 -2- 丁烯球棍模型	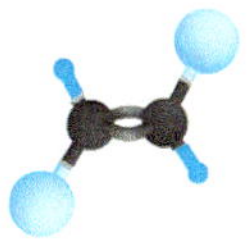 反 -2- 丁烯球棍结构
与球棍模型相一致的结构简式（顺反异构）		
结论（提示：按同分异构体定义思考）		

2- 丁烯的两个甲基（或两个氢原子）被固定在双键的同侧，因而具有两种空间排列方式：

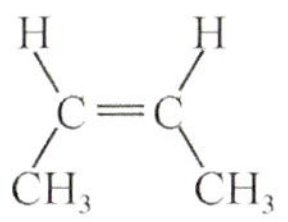

顺式结构

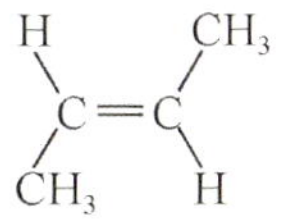

反式结构

观察上述两种结构后发现，由于双键不能自由旋转，所以当双键两端的碳原子上各连有两个不同的原子或基团时，就会出现两种不同的空间排列方式。像这种分子式相同，原子或基团的排列顺序也相同，但分子中原子或基团在空间排列不同的立体异构称为**顺反异构**。通常将相同的原子或基团排在双键同侧称为**顺式构型**；相同的原子或基团排在双键异侧的称为**反式构型**。例如：

顺式 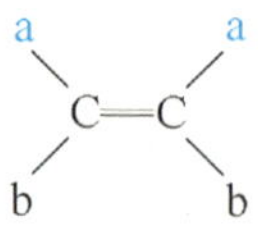 或 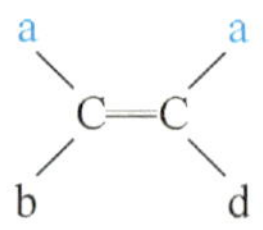

反式 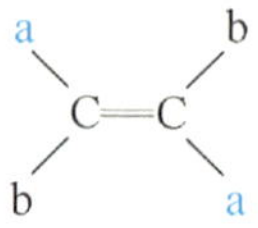 或 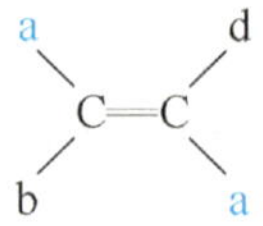

顺 - 丁烯二酸和反 - 丁烯二酸是最早被发现的一对顺反异构体。其化学式均为 $C_4H_4O_4$，是一种含有两个羧酸的有机化合物。

二、顺反异构命名

对于简单的顺反异构体的命名，一般根据其构型，在系统命名的名称前加“顺”或“反”字表示。例如，2- 丁烯的顺反异构表示为

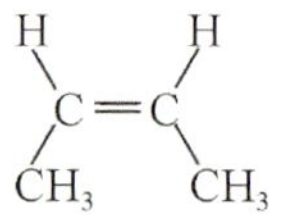
顺-2-丁烯

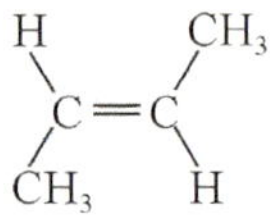
反-2-丁烯

2- 丁烯酸（又名巴豆酸）的顺反异构表示为

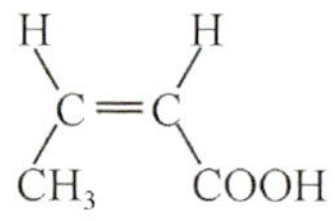
顺-2-丁烯酸
（顺式巴豆酸）

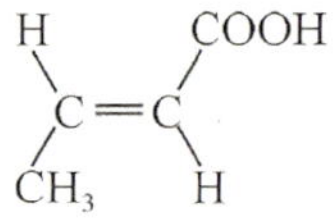
反-2-丁烯酸
（反式巴豆酸）

链接

当碳碳双键上连有4个完全不相同的基团时，就不能用“顺”“反”来表示构型，在国际上采用 *Z*、*E* 来标记顺反异构体的构型。首先根据次序规则确定每一个双键碳原子所连的 2 个原子或基团的大小，然后根据原子或基团的大小按次序进行排列，当两个大基团位于双键的同侧时，用 *Z* 表示，当两个大基团位于双键异侧时，用 *E* 表示。若基团大小次序为：a > b，e > d，则构型如下。

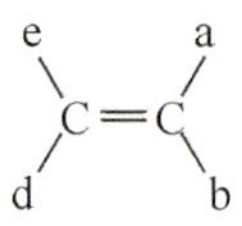
Z 型

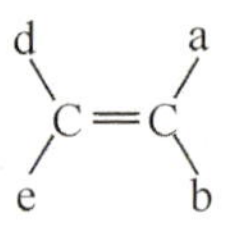
E 型

三、顺反异构产生条件

烯烃和其他含有双键的化合物常有顺反异构现象，但并不是所有的烯烃或其他含有双键的化合物都有这种异构。**只有在双键的每一个双键碳原子上分别连有两个不同的原子或基团时才有顺反异构现象**。例如，下面两种化合物均存在顺反异构现象。

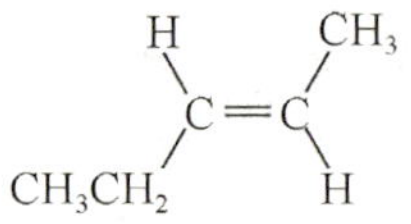

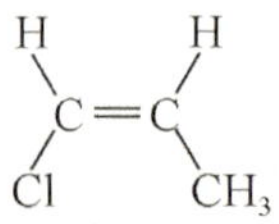

如果同一双键碳上连接有相同的原子或基团，则没有顺反异构现象。例如，下面两种化合物均无顺反异构现象。

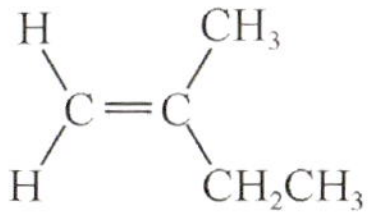

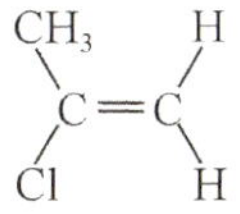

通常情况下，顺反异构体之间一般具有相同的化学性质，但其物理性质如熔点、沸点、密度等有一定差异。

此外，由于顺反异构体在生物体内的生物活性不同，其生理活动或药理作用上往往表现出较大差异。这种差异有时表现在类型上，有时表现在强度上，因而在医药上具有重要意义。例如，顺式巴豆酸味辛辣，而反式巴豆酸味甜；顺式丁烯二酸有毒，而反式丁烯二酸无毒；治疗贫血的药物——富血铁（富酸铁）为反式丁烯二酸铁；反式己烯雌酚生理活性大，顺式则很低；维生素 A 分子中的 4 个双键全部为反式，如果其中出现顺式构型则活性大大降低。

案例 5-2

人造奶油

天然油脂中的脂肪酸主要是顺式脂肪酸。为了改变油脂的形态，增加油脂的口感，人们给油脂加氢，使之硬化而成人造奶油，在硬化过程中，顺式脂肪酸部分转化为反式脂肪酸。由于反式脂肪酸能升高血液胆固醇，会增加患心血管疾病的风险，还会促生糖尿病和老年痴呆，导致生育困难、影响儿童生长发育等。

思考与讨论： 在我们生活中有哪些食物含反式脂肪酸？

第 2 节　对映异构现象

对映异构是另一类型的立体异构，其与物质的旋光性有关，而物质的旋光性与生理、病理、药理现象有着密切关系。

案例 5-3

旋光性物质——乳酸

分子的旋光性最早由 19 世纪的法国科学家巴斯德发现。他发现酒石酸的结晶有两种相对的结晶型，配成溶液时会使光向相反的方向旋转，因此他确定分子有右旋与左旋的不同结构。自然界中有许多旋光性物质。例如，肌肉运动和糖发酵产生的乳酸，其分子式均为 $C_3H_6O_3$，但两者使偏振光振动平面旋转的方向刚好相反。德国科学家威利森努斯用 10 年时间证实了肌肉运动和糖发酵产生的乳酸结构式相同，均为 2- 羟基丙酸，不过，从肌肉中取得的乳酸是右旋乳酸，而从糖发酵得到的乳酸是左旋乳酸。

思考与讨论： 1. 将自己的两只手相对，观察两只手的镜像关系，并判断两只手能否重合？

2. 肌肉运动产生的乳酸与糖发酵产生的乳酸，两者的旋光性有何不同？它们的分子结构是否完全相同？

一、旋　光　性

光是一种电磁波，且为横波。当其通过一个偏振的透镜或尼科耳棱镜时，一部分光就被挡住了，只有振动方向与棱镜晶轴平行的光才能通过。这种只在一个平面上振动的光称为**平面偏振光**，简称

偏振光。偏振光的振动平面称为**偏振面**，如图 5-1 所示。

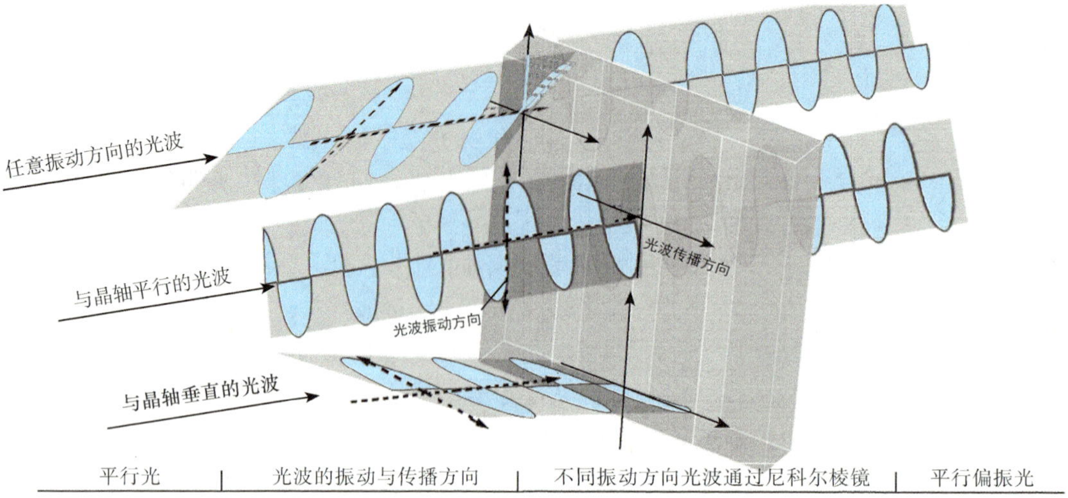

图 5-1　偏振光的产生过程

当平面偏振光通过旋光性化合物溶液后，其偏振面发生改变，这种现象称为**旋光现象**。偏振面旋转的角度称为**旋光度**，用 ***α*** 表示。能使偏振面旋转一定角度的性能称为**旋光性**，如图 5-2 所示。

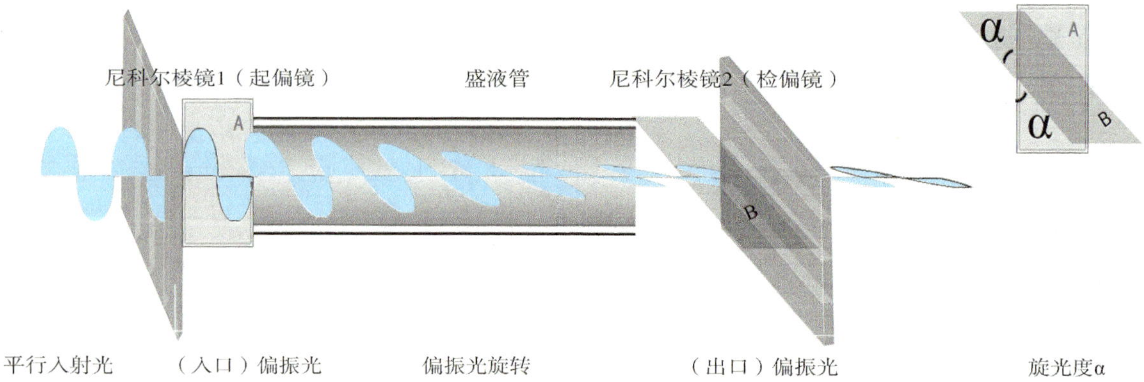

图 5-2　旋光现象与旋光测量原理

由此，可以把化合物分成两类：一类是不能使偏振光振动平面旋转的物质，无旋光性，称为**非旋光性物质**，如水、乙醇、丙酮、甘油及氯化钠等；另一类是能使偏振光振动平面旋转一定角度的物质，它们具有旋光性，称为**旋光性物质**，如乳酸、葡萄糖等溶液。能使偏振光的振动平面按顺时针方向旋转的旋光性物质称为**右旋物质**（或右旋体），用（+）表示，例如，右旋葡萄糖用（+）–葡萄糖表示；同理，能使偏振光的振动平面按逆时针方向旋转的旋光性物质称为**左旋物质**（或左旋体），用（–）表示，例如，左旋葡萄糖用（–）–葡萄糖表示。

链 接

旋光法是利用药物与杂质旋光性质的差异，可通过测定旋光度或比旋光度控制杂质的限量。例如，硫酸阿托品为内消旋体，无旋光性，而莨菪碱为左旋体。《中华人民共和国药典》（2020 年版）规定，供试品（硫酸阿托品）溶液（50mg/mL）的旋光度不得超过 −0.40°，以此控制样品中莨菪碱的量。

二、对映异构现象

（一）对映异构现象

观察图 5-3 乳酸的两种分子模型，右旋乳酸和左旋乳酸分子式相同（$C_3H_6O_3$），结构式也相同，因为两者不能完全重合，故空间构型不同。

透视式中粗实线连接的原子或基团表示在纸面的前方，用虚线连接的原子或基团表示在纸面的后方。

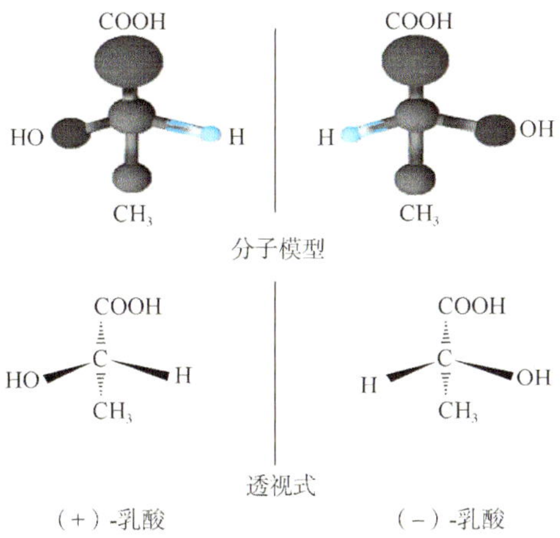

图 5-3　乳酸对映异构体的模型及透视式

观察上述分子模型，右旋乳酸与左旋乳酸分子结构的关系有如实物与其镜像的关系，两者不能重合。（+）-乳酸与（–）-乳酸的构造式相同而构型不同，所以属于立体异构中的构型异构。像这样具有相同的分子构造，但构成分子的原子或基团在空间的排列互为实物和镜像关系称为**对映异构关系**。两个互为对映异构关系的异构体称为**对映异构体**，简称**对映体**。这种立体异构现象称为**对映异构现象**。对映异构体的两种结构物质，是使偏振光左旋或右旋的原因。等量对映异构体的化合物称为**外消旋体**，通常用“（±）”表示。外消旋体无旋光性，外消旋体与其左、右旋体的化学性质基本相同，但在物理性质上有一定差异。

（二）手性分子和手性碳原子

分子结构与其镜像不能完全重叠，它们之间的关系相当于左手与右手的关系，把这种特征称为**手性**。具有手性的分子称为**手性分子**，只有手性分子才有对映异构体，因此只有手性分子才具有旋光性，即手性分子的两种对映异构体能使平行偏振光左旋或者右旋。能够与其镜像重合的分子，称为**非手性分子**，非手性分子没有旋光性。

常见的手性分子一般含有**手性碳原子**，即指连有 4 个不同原子或基团的碳原子，常以“*”标示。例如，乳酸分子中只有 C_2 是手性碳原子。

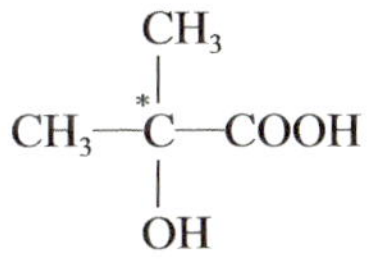

甘油醛分子中也只有 1 个手性碳原子。

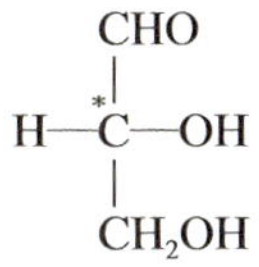

含 1 个手性碳原子的化合物分子必然是手性分子，其对映异构体具有旋光性。含多个手性碳原子的分子情况比较复杂，在此不作介绍。

三、费歇尔投影式

对映异构体在结构上的区别仅在于原子或基团的空间排布方式不同，用平面结构式无法表示。为了更直观、更简便地表示分子的立体空间结构，1891 年德国化学家费歇尔提出了表示方法。该方法是将球棍模型按一定的方式放置，然后将其投影到平面上，即得到 1 个平面的式子，这种式子称为**费歇尔投影式**。投影方法是：将立体模型所代表的主链竖起来，编号小的碳原子写在竖线的上端，得到相交叉的两条实线连有 4 个原子或基团。竖线连的 2 个基团指向纸后方，其余 2 个与手性碳原子连接的横键就指向前方观察者。按此法进行投影，即可写出投影式。例如，乳酸的对映异构体投影方法如图 5-4 所示。

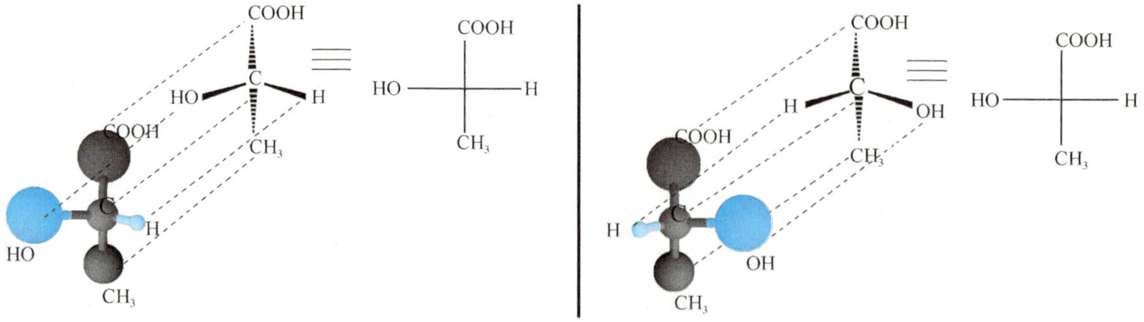

图 5-4　乳酸对映异构体的模型及投影式

费歇尔投影式有以下含义：

（1）横线与竖线的“+”字叉交点代表手性碳原子。

（2）横线上连接的原子或基团代表的是透视式中位于纸面前方的原子或基团。

（3）竖线上连接的原子或基团代表的是透视式中位于纸面后方的原子或基团。

四、D/L 构型标记法

一对对映异构体具有不同的构型，常用 D/L 构型进行标示。将甘油醛作为其他旋光性物质构型的比较标准，并人为规定，在费歇尔投影式中，手性碳上的羟基排在横键右端的为 D 构型，手性碳原子上的羟基排在横键左端的为 L 构型。这样确定出来的构型称为相对构型。甘油醛的两种构型为

D-甘油醛　　L-甘油醛

同理，乳酸的两种构型也可表示为

D-乳酸　　L-乳酸

一些化合物如糖类及 α- 氨基酸的构型常用 D/L 构型表示法标记。

需注意，物质的构型与旋光性之间没有必然的联系，物质的旋光性必须通过实验测定。

五、对映异构在医学中的应用

通常情况下，对映异构体之间的化学性质基本相同，而物理性质除了旋光方向相反外，熔点、沸点、溶解度等都相同。

由于旋光性物质的左旋体、右旋体有着不同的生理作用，所以在临床医学上的应用也不同。例如，作为血浆代用品的葡萄糖酐一定要用右旋糖酐，因为其左旋糖酐会给病人带来较大的危害；右旋的维生素 C 具有抗坏血病作用，而其对映异构体无抗坏血病作用；左旋肾上腺素的升高血压作用是右旋肾上腺素的 20 倍；左旋氯霉素是抗生素，但右旋氯霉素几乎无抗生素作用；右旋四咪唑为抗抑郁药，其左旋体则是广谱驱肠虫药和免疫增强药；右旋苯丙胺是中枢神经兴奋剂，其左旋体则具抑制食欲作用；多巴（3,4- 二羟基苯基丙氨酸）的右旋体无生物活性，而左旋体可被用来治疗帕金森病。

链 接

甾族激素药物工业的奠基人——黄鸣龙

黄鸣龙，有机化学家，中国科学院院士，曾任中国科学院上海有机化学研究所研究员。他致力于有机化学的研究，特别是甾体化合物的合成研究，为中国有机化学的发展和甾体药物工

业的建立以及科技人才的培养做出了突出贡献，曾获国家自然科学奖二等奖。

1945 年黄鸣龙在美国从事吉日聂尔 - 沃尔夫还原法的研究中取得突破性成果，并对此还原法进行了改良。国际上称为“黄鸣龙改进法”，为世界各国广泛采用。

1952 年 10 月，他经过许多周折，终于离美回到了祖国。1958 年，在其领导下研究以国产薯蓣皂苷为原料，七步合成可的松的方法获得成功，并协助工业部门很快将成果投入了生产，使这个国家项目提前了数年实现。中国的甾体激素药物也从进口转为出口。黄鸣龙因此成为我国甾族激素药物工业的奠基人。此外，他还研制了中国首创的口服避孕药甲地孕酮和其他几种主要甾族计划生育药物。

自 测 题

一、回顾与总结

项目	内容
顺反异构的定义	两者分子式______，原子或基团的排列顺序______，但分子中原子或基团______的立体异构称为顺反异构。通常将相同的原子或基团排在双键同侧称为______；相同的原子或基团排在双键异侧的称为______
顺反异构的产生条件	有顺反异构体的烯烃必须是双键的每一个双键碳原子上连有______________；如果同一双键碳上连有______________，则没有顺反异构现象
对映异构体的特点	一对对映体的分子构造______________，但构成分子的原子或基团在空间的排列互为______________的关系
对映异构体产生条件	具有______________原子的分子才是手性分子，______________分子具有对映异构体，手性分子的两种对映异构体能使偏振光发生______________
费歇尔投影式	“+”字叉交点代表______原子；横线和竖线上的原子分别位于纸面______和______
D/L 构型标记法	一对对映体具有不同的构型，常用______构型进行表示。手性碳上的羟基排在横键右端的为______构型，手性碳上的羟基排在横键左端的为______构型
对映异构对药效的影响	对映异构体之间的化学性质______，物理性质除了______相反外，熔点、沸点、溶解度等相同。由于旋光性物质的左旋体、右旋体有着不同的生理作用，其在临床医学上的应用也不同

二、复习与提高

1. 选择题

（1）下列烯烃中存在顺反异构体的是（　　）

A. 丙烯　　B. 2- 甲基 -2- 丁烯

C. 1- 丁烯　　D. 2- 戊烯

（2）在下列化合物，具有顺反异构体的是（　　）

A. $CH_3CH{=}CH_2$

B. $CH_3CH{=}C(CH_3)_2$

C. $(C_2H_5)_2C{=}C(CH_3)_2$

D. $CH_3CH{=}CHCH_3$

（3）同为顺反异构体的两个物质，其（　　）

A. 物理性质相同　　B. 生理作用相同

C. 化学性质基本相同　　D. 空间结构相同

（4）下列化合物中属于顺式结构是（　　）

A. 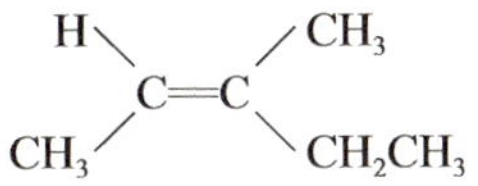

B. 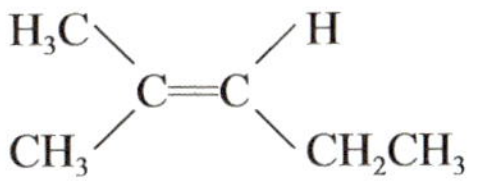

C. 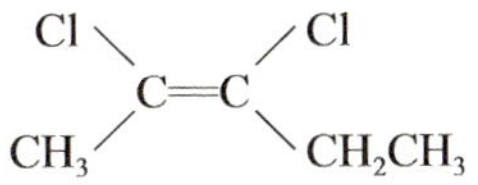

D. 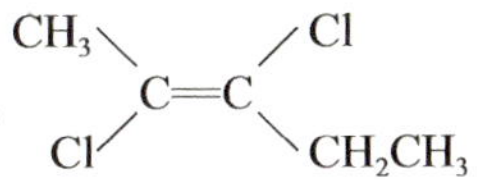

（5）下列构型属于 *L* 构型的是（　　）

A. 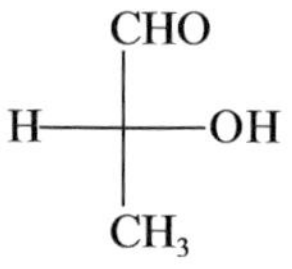

B. 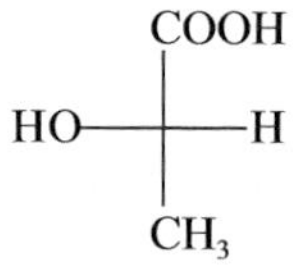

C. 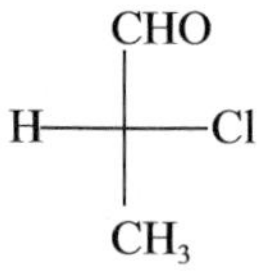

D. 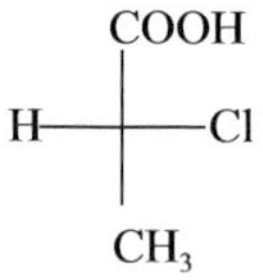

2. 判断题

（1）下列哪个化合物有顺反异构体？若有，试写出其两种异构体。

1）$CH_2{=}C(CH_3)_2$

2）$CH_3CH{=}CHBr$

3）$CH_3CH{=}CHCH_2CH_3$

4）$CH_3CCl{=}CClCH_3$

（2）下列化合物中有无手性碳原子？若有，请在结构式中用“*”注明。

1）异丁烷　　2）异丁醇

3）2-甲基丙酸　　4）2-羟基丙酸

5）2-羟基丁二酸　　6）2-氯丁烷

7）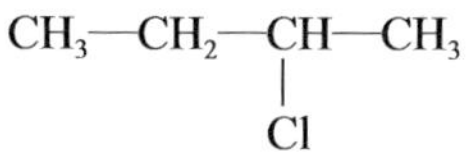

8）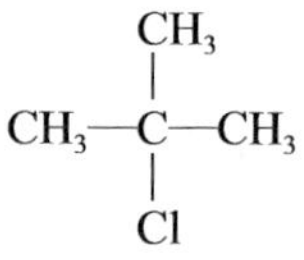

9）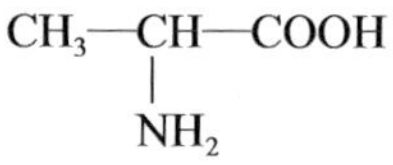

3. 命名

（1）用顺反异构命名法给下列化合物进行命名。

1）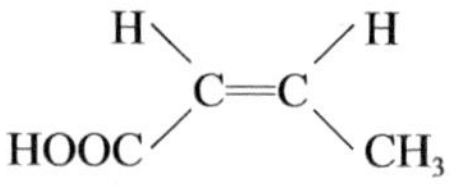

2）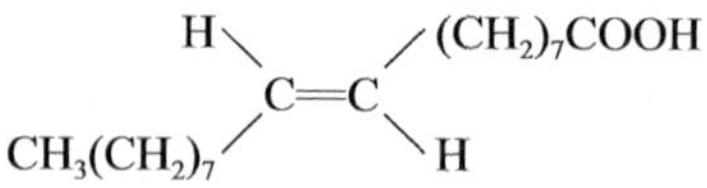

（2）写出下列对映异构体的费歇尔投影式，并用D/L构型标记法表示。

1）2-丁烯酸　　2）2-溴-1-丁醇

3）2-氯丁烷

4. 问答题

酸奶是现代人生活中常见的食品。酸奶中的乳酸是外消旋乳酸（纯左旋乳酸和纯右旋乳酸等量混合物），人体肌肉中的乳酸是右旋乳酸，由葡萄糖经乳酸杆菌发酵而产生的乳酸是左旋乳酸。请写出乳酸的两种对映体的投影式，并分别用D/L构型标记法命名。

三、探索与进步

1. 以小组为单位，查阅资料，开展下列项目研究，并撰写小论文《人造奶油与顺反异构》。主要提纲：人造奶油来源、化学成分（顺反异构体）、主要生理作用。

2. 以小组为单位，查阅相关资料，了解奎宁和奎尼丁二者在化学结构、物理性质、化学性质、生理作用上的异同，小组团队间进行交流探讨。

第 6 章

烃的含氮衍生物

烃的含氮衍生物又称**含氮有机化合物**，是分子中含有氮元素的有机化合物。含氮有机化合物主要包括硝基类化合物、胺类化合物、酰胺类化合物、重氮和偶氮化合物等。含氮化合物广泛存在于自然界中，例如，叶绿素属于含氮杂环化合物，许多人工颜料或色素属于偶氮化合物，三硝基甲苯（TNT）炸药属于硝基化合物；临床上许多药物如对乙酰氨基酚、盐酸普鲁卡因等属于芳胺类化合物；生命体中如激素、维生素、神经传导递质、蛋白质、核酸等也属于含氮有机化合物。本章着重讨论胺类、酰胺类化合物。

第 1 节　胺类有机化合物

一、胺的结构、分类和命名

案例 6-1

日常生活中的致癌物质——苯二胺

某爱美女子常年染发导致头皮长期瘙痒，经日晒后，会出现持久不退的红斑，用手挠后，很容易溃烂，经医院检查后发现该女子已患有皮肤癌。考虑致癌因素为该女子常年染发，染发剂中的苯二胺类有毒物质渗入体内，诱发了皮肤癌。苯二胺结构如下所示：

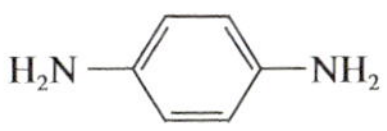

思考与讨论： 1. 苯二胺属于哪类有机化合物？
2. 分子中有哪些官能团？

（一）胺的结构特征

观察表 6-1，氨气、甲胺、二甲胺、三甲胺分子的球棍模型，根据球棍模型的结构写出它们的结构通式和结构简式。

表 6-1　氨气与胺类的比较

	氨气	甲胺	二甲胺	三甲胺
球棍模型		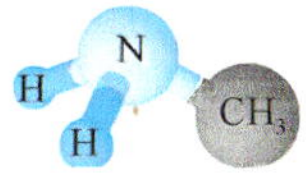	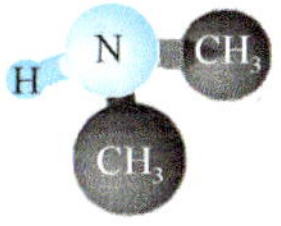	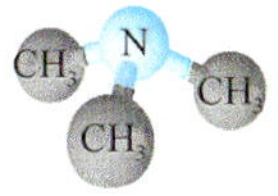
结构简式				
分类	—	伯胺	仲胺	叔胺
结构通式	—			
官能团	—			
结论（胺的定义）				

通过观察上述球棍模型结构，可以看出，胺是氨（NH_3）分子中的氢原子被烃基取代后所生成的一类化合物。氨分子中的一个、两个或三个氢原子被其他烃基取代所生成的化合物分别称为伯胺（一级胺）、仲胺（二级胺）和叔胺（三级胺）。伯胺、仲胺、叔胺的官能团分别为氨基（$-NH_2$）、亚氨基（$-NH-$）、次氨基（$-\overset{|}{N}-$）。许多药物的分子中都含有氨基或取代氨基。

胺的结构通式有如下 3 种：

$(Ar)R-NH_2$　　　$(Ar)R_1-NH-R_2(Ar)$　　　$(Ar)R_1-\underset{\underset{R_3(Ar)}{|}}{N}-R_2(Ar)$

伯胺　　　仲胺　　　叔胺

（二）胺的分类

根据氮原子上所连烃基的个数不同可分为伯胺、仲胺和叔胺三类。

伯胺：CH_3-NH_2　　$CH_3CH_2-NH_2$　　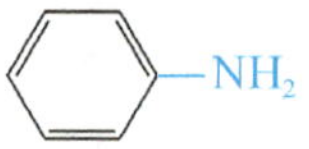

仲胺：$CH_3-NH-CH_3$　　$CH_3CH_2-NH-CH_2CH_3$　　

叔胺：$CH_3-\underset{\underset{CH_3}{|}}{N}-CH_3$　　$CH_3CH_2-\underset{\underset{CH_2CH_3}{|}}{N}-CH_2CH_3$　　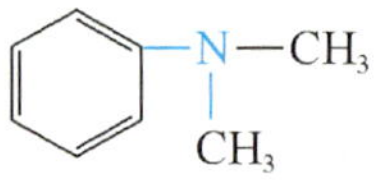

根据胺分子中氮原子所连烃基的种类不同可分为脂肪胺和芳香胺。**脂肪胺**（$R-NH_2$）是氮原子直接与脂肪烃基相连的化合物，例如：

CH_3-NH_2　　$CH_3-NH-CH_2CH_3$　　$CH_3-CH_2-NH-CH_2CH_3$

芳香胺（$Ar-NH_2$）是氮原子直接与芳香烃基相连的化合物，例如：

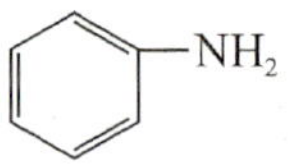

（三）胺的命名

1. 简单伯胺的命名　以胺为母体，烃基作为取代基，称为"某胺"。例如：

CH_3-NH_2　　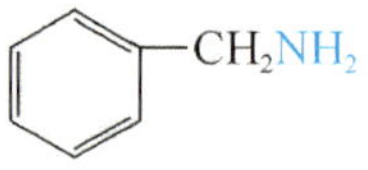　　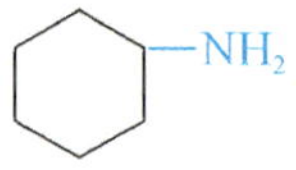

甲胺（脂肪伯胺）　　苯甲胺（芳香伯胺）　　环己胺（脂环胺）

2. 仲胺和叔胺的命名　以胺为母体，若烃基相同，先写出连在氮原子上相同烃基的数目和名称，再在烃基名称后面加"胺"字，称为"二某胺"或"三某胺"。若与氮原子相连的烃基不相同，则按"基团由小到大"的原则排列烃基，称为"某某胺"或者"某某某胺"。例如：

$CH_3-NH-CH_3$　　$CH_3-\underset{\underset{CH_3}{|}}{N}-CH_3$　　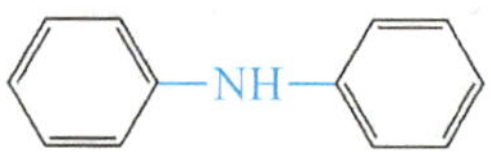

二甲胺（脂肪仲胺）　　三甲胺（脂肪叔胺）　　二苯胺（芳香仲胺）

$CH_3-NH-CH_2CH_3$　　$CH_3-\underset{\underset{CH_2CH_3}{|}}{N}-CH_3$　　$CH_3-\underset{\underset{CH_2CH_3}{|}}{N}-CH_2CH_2CH_3$

甲乙胺（脂肪仲胺）　　二甲乙胺（脂肪叔胺）　　甲乙丙胺（脂肪叔胺）

3. 氮原子上连有脂肪烃基的芳香仲胺和叔胺的命名　在芳香胺中，如果氮原子上连有脂肪烃基，命名时以芳香胺作为母体，烃基作为取代基并在烃基的名称前加符号“*N*”或“*N*，*N*-”以表示烃基与氮相连。例如：

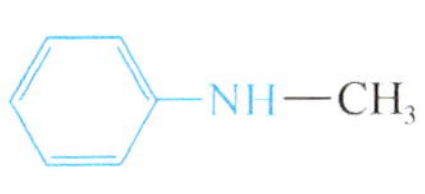

N-甲基苯胺
（芳香仲胺）

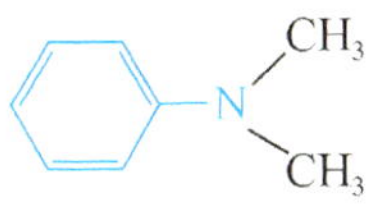

N, *N*-二甲基苯胺
（芳香叔胺）

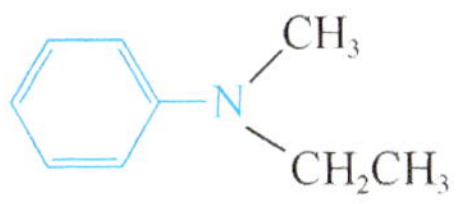

N-甲基-*N*-乙基苯胺
（芳香叔胺）

4. 复杂胺的命名　以烃为母体，氨基作为取代基。例如：

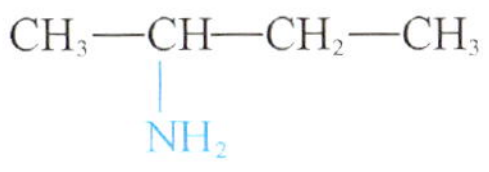

2-氨基丁烷

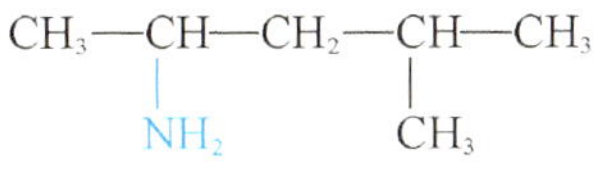

2-甲基-4-氨基戊烷

二、物理性质

低级脂肪胺，如甲胺、二甲胺、三甲胺和乙胺等，在常温下是无色气体，丙胺至十一胺是易挥发性液体，气味与氨相似，三甲胺有鱼腥味，十一胺以上为固体。

胺都能与水形成氢键，因此低级（6 个碳原子以下）的伯胺、仲胺、叔胺都有较好的水溶性，但随着相对分子质量的增加，其水溶性迅速降低。

芳香胺是无色高沸点的液体或低熔点的固体，其气味虽然不像脂肪胺大，但毒性较大，例如，苯胺可以通过消化道、呼吸道或经皮肤吸收而引起严重中毒，使用时应特别当心。

三、化学性质

胺类化合物是氨分子中氢原子被取代的化合物，因此其性质与氨分子相似。

（一）胺的碱性

胺的碱性与氨相似，胺能接受水中的氢离子，使水溶液呈弱碱性。

$$NH_3 + H_2O \rightleftharpoons NH_4^+ + OH^-$$

$$RNH_2 + H_2O \rightleftharpoons RNH_3^+ + OH^-$$

水溶液中，不同胺的碱性强弱顺序规律如下：

脂肪胺（仲胺＞伯胺＞叔胺）＞氨＞芳香胺

（二）胺的成盐反应

胺是弱碱，与氨相似，可与强酸发生中和反应生成稳定的盐而溶于水中，该盐溶液与强碱作用时，胺又能重新游离析出。在实验室中，常利用这一性质来分离和提纯胺类化合物。例如：

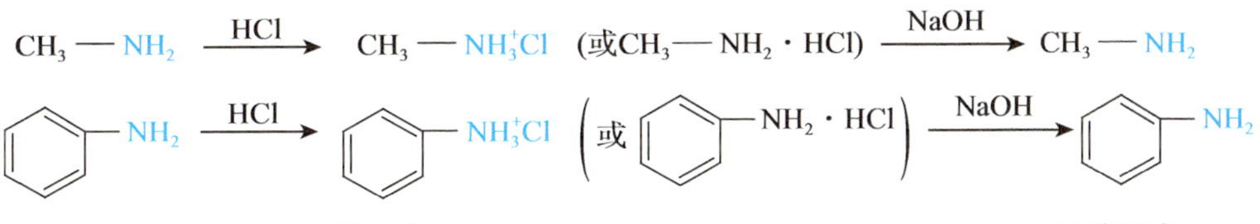

不溶于水　　溶于水　　不溶于水

案例 6-2

难溶于水的胺类药物的制备方法

含有氨基、亚氨基或次氨基的药物一般难溶于水，在制药过程中，常常利用胺的成盐反应将这些药物变成可溶于水的盐，以供药用。例如，局部麻醉药普鲁卡因在水中的溶解度较小，所以常把它制成盐酸普鲁卡因，成盐后易溶于水，便于制成注射液。而且将胺类药物制成盐后，就不再具有胺的难闻气味，性质也较稳定了。

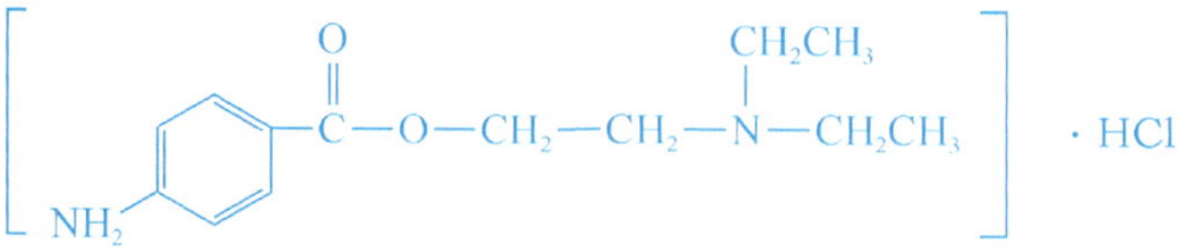

盐酸普鲁卡因

思考与讨论：以小组为单位查找以盐酸盐、硫酸盐、乙酸盐为制剂的药物，说明为什么它们以“盐”的形式作为注射液。

（三）胺的酰化反应

1. 与酰卤、酸酐的酰化反应 伯胺、仲胺能与酰卤、酸酐反应生成酰胺，该反应称为**酰化反应**。酰化反应的实质是胺分子中氮原子上的氢被酰基所取代。叔胺氮上因没有氢原子，不能发生酰化反应。

乙酰氯　　乙酰苯胺

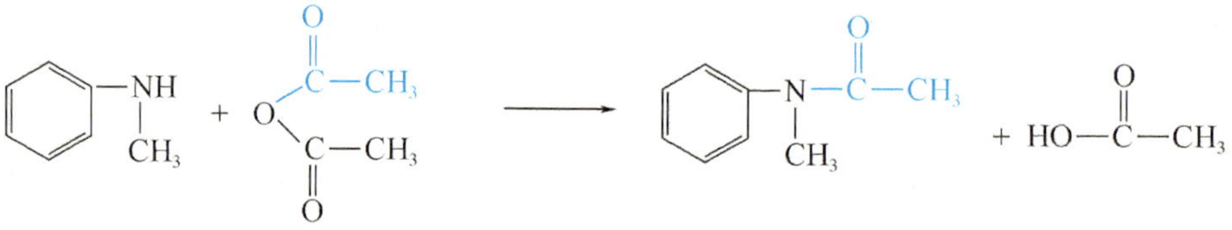

乙酸酐　　*N*-甲基乙酰苯胺

由于酰胺在酸或碱的催化下水解，能除去酰基生成氨基，在有机化合物合成中常用酰基化反应来保护氨基。例如，对氨基苯甲酸的合成路线如下：

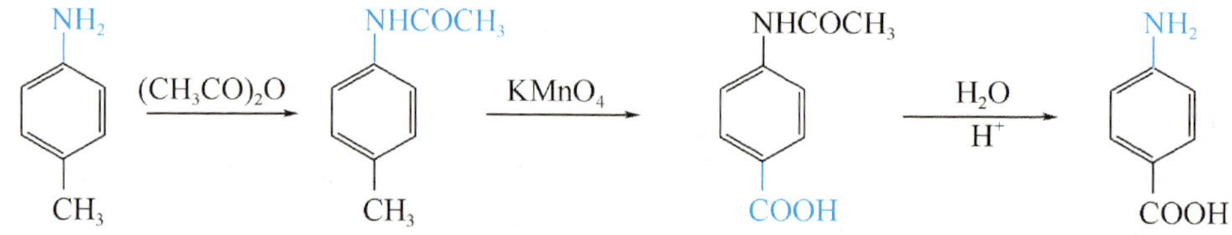

对甲基苯胺　　对乙酰氨基甲苯　　对乙酰氨基苯甲酸　　对氨基苯甲酸

利用酰化反应可以在药物分子的芳胺基上引入酰基，可降低药物的毒性，提高药物的药效。例如，在对氨基苯酚分子中引入酰基可制得对羟基乙酰苯胺，它是一种很好的解热镇痛药，药物名称为扑热息痛。

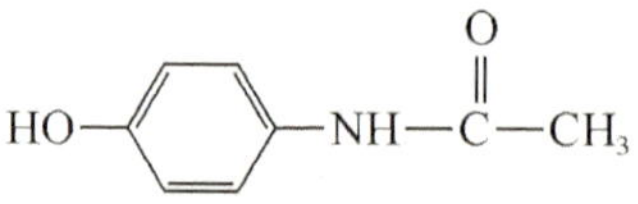

对羟基乙酰苯胺（或对乙酰氨基酚）（扑热息痛）

2. 与苯磺酰氯的酰化反应 在碱性条件下，伯胺或仲胺能与苯磺酰氯或对甲苯磺酰氯等磺酰化试剂反应，该类反应与酰化反应一样，是伯胺或仲胺氮原子上的氢被磺酰基（R—SO_2—）取代而生成相应的苯磺酰胺。反应须在氢氧化钠或氢氧化钾溶液中进行。例如：

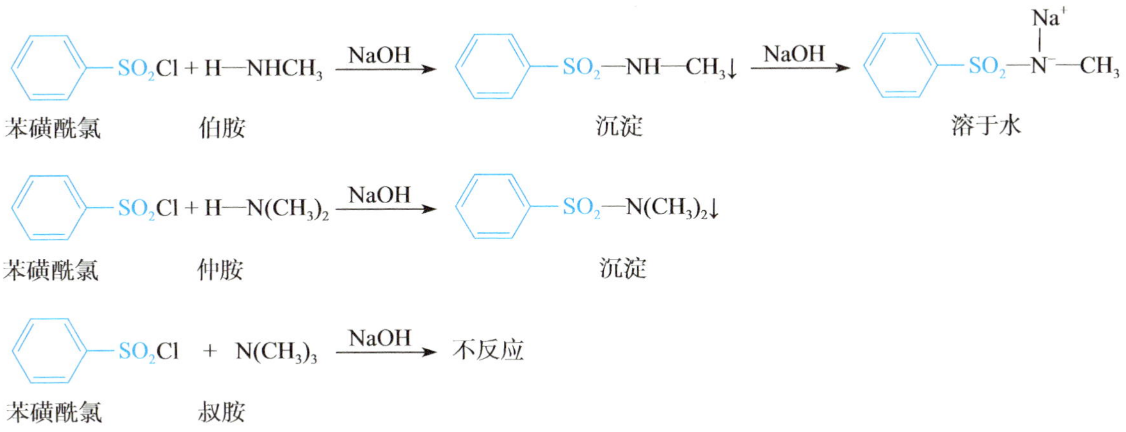

伯胺生成的苯磺酰伯胺氮原子上的氢受磺酸基影响，具有弱酸性，能与氢氧化钠作用生成盐而溶于水中；仲胺生成的苯磺酰仲胺氮原子上无氢原子，不与氢氧化钠发生成盐反应，呈固体析出；叔胺氮原子无氢原子，不能与磺酰氯反应。因此可利用磺酰化反应来分离和鉴别伯胺、仲胺、叔胺，该反应称为**兴斯堡**（Hinsberg）反应。

（四）胺与亚硝酸反应

胺与亚硝酸都能发生反应，不同的胺与亚硝酸反应的产物也不相同。叔胺与亚硝酸反应的产物较复杂，这里只讨论伯胺和仲胺与亚硝酸的反应。反应时，由于亚硝酸不稳定，易分解，所以一般用亚硝酸钠与盐酸作用生成亚硝酸。

1. 脂肪伯胺的反应 脂肪伯胺与亚硝酸反应，定量放出氮气，同时生成醇、烯烃等混合物。因此根据产生的氮气的体积测定伯胺基的含量。该反应也常用于氨基酸和多肽的定量分析。

$$R—NH_2 \xrightarrow{NaNO_2 + HCl} RCl + ROH + 烯 + N_2\uparrow$$

在室温下氨基酸能与亚硝酸反应，生成氮气，通过在标准条件下测定生成的氮气的体积，就可计算出氨基酸的含量。该方法称为范斯莱克氨基测定法。利用这一方法可对氨基酸类药品进行检测。

2. 芳香伯胺的反应 芳香伯胺与亚硝酸在低温（0 ~ 5℃）及强酸（如 HCl）水溶液中反应，生成芳香重氮盐。该反应称为**重氮化反应**。该反应能够定量进行，在药物分析中，用于定量分析药物含量；重氮盐不稳定，加热时能水解为酚类并定量放出氮气。

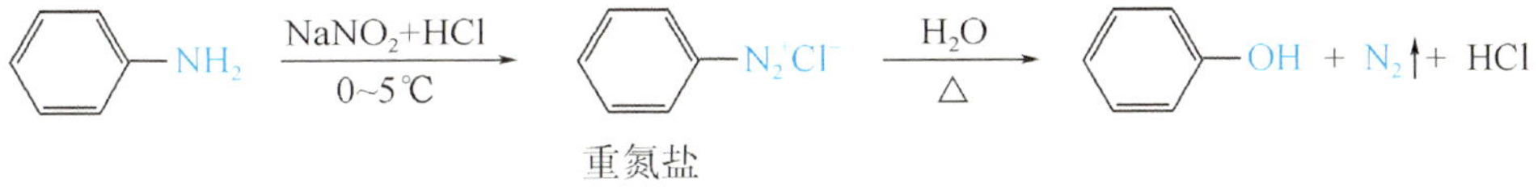

3. 仲胺的反应 脂肪仲胺和芳香仲胺都能与亚硝酸反应生成黄色油状液体 *N*-亚硝基胺。例如：

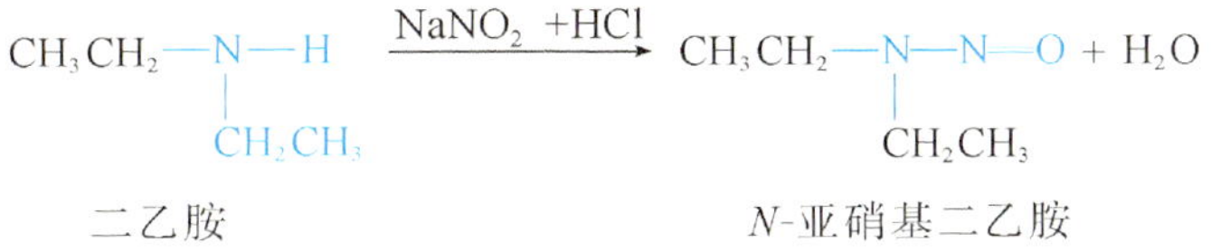

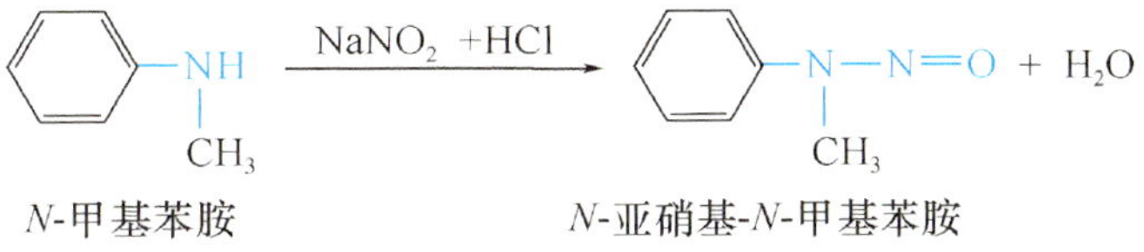

案例 6-3

对人体有危险的亚硝基胺

亚硝基胺就是指*N*-亚硝基化合物，是一类致癌性很强的化学物质，在已研究发现的 200 多种*N*-亚硝基化合物中，约有 80% 以上对动物有致癌性，可诱发动物多种器官的癌瘤。食品防腐剂中的亚硝酸盐，以及天然存在的硝酸盐还原为亚硝酸盐后，能在胃肠道中与仲胺生成亚硝基胺，所以，亚硝酸盐、硝酸盐和能发生亚硝基化的胺类化合物进入人体后，将对人体的健康有潜在的危险。

思考与讨论： 1. 亚硝基胺是如何产生的？

2. 说说生活中哪些食品含有亚硝酸和亚硝基胺？

四、季铵盐和季铵碱

（一）季铵盐和季铵碱的结构与性质

“铵”盐是指 NH_4^+ 或其中的氢原子被取代而形成的含氮的离子型化合物，如：

$NH_4^+Cl^-$　氯化铵　$[(CH_3)NH_3]^+Cl^-$　氯化甲铵　$[(CH_3)_2NH_2]^+Cl^-$　氯化二甲铵

$[(CH_3)_3NH]^+Cl^-$　氯化三甲铵　$[(CH_3)_4N]^+Cl^-$　氯化四甲铵

其中氮原子上连有 4 个烃基的铵盐称为**季铵类化合物**，季铵类化合物是离子型化合物，它可分为季铵盐和季铵碱。根据以上概念，填写表 6-2。

表 6-2　季铵盐和季铵碱结构辨析

	参照物	季铵盐		参照物	季铵碱
案例	氯化铵	氯化四甲铵	案例	氢氧化铵	氢氧化四甲铵
分子式	$NH_4^+Cl^-$		分子式	$NH_4^+OH^-$	
分子式通式	—		分子式通式	—	

季铵盐可以看作是铵盐中的 4 个氢原子全被烃基取代后所生成的化合物，属于离子型化合物，具有类似于盐的性质，一般为晶体，易溶于水，不溶于乙醚等非极性溶剂。

季铵碱可以看作是氢氧化铵（NH_4OH）分子中 N 原子上的 4 个氢原子全被烃基取代后所生成的化合物。分子结构中的 4 个烃基可以相同，也可以不同。季铵碱也属于离子型化合物，一般为结晶性固体，易溶于水，不溶于有机溶剂，具有强碱性，碱性与氢氧化钠相当。

（二）季铵盐和季铵碱的命名

它们的命名方法与“铵”的无机盐、无机碱的命名相似，在“铵”字前加上每个烃基的名称即可。例如，NH_4Br 命名为溴化铵。

$[(CH_3)_4N]^+Br^-$　溴化四甲铵　$[(CH_3CH_2)_2N(CH_3)_2]^+Cl^-$　氯化二甲基二乙基铵

$[(CH_3)_4N]^+OH^-$　氢氧化四甲铵　$[(CH_3)_2N(C_2H_5)_2]^+OH^-$　氢氧化二甲基二乙基铵

在自然界中存在的季铵盐一般都具有生物活性，季铵盐主要作为阳离子表面活性剂，具有去污、杀菌、消毒等功效；有些季铵盐也可作医药、农药以及化学反应中的相转移催化剂等。

季铵碱可以看作是氢氧化铵（NH_4OH）分子中的 4 个氢原子全被烃基取代后所生成的化合物。分子结构中的 4 个烃基可以相同，也可以不同。季铵碱属于离子型化合物，一般为结晶性固体，易溶于水，不溶于有机溶剂，具有强碱性，碱性与氢氧化钠相当。

五、重要的含氮化合物

1. 苯胺　苯胺（）是最简单的芳香胺，最初是从煤焦油中分离得到，又称阿尼林油。纯净的苯胺是无色油状液体，有特殊气味，熔点是−6.2℃，沸点为 184℃，微溶于水，易溶于有机溶剂。

苯胺有剧毒，吸入蒸气或经皮肤吸收都会使人中毒，例如，当苯胺在空气中浓度达到百万分之一时，会使人在几个小时后出现中毒症状，表现为头晕、皮肤惨白和四肢无力。苯胺是合成药物和染料的一种重要原料，如在农药工业上用于生产许多杀虫剂、杀菌剂，如敌敌畏、除草醚、毒草胺等；在制药上可作为磺胺药的原料；在染料工业中是最重要的中间体之一。此外，还用于炸药中的稳定剂、汽油中的防爆剂等。

苯胺与溴水反应立即生成 2，4，6- 三溴苯胺白色沉淀。反应式如下：

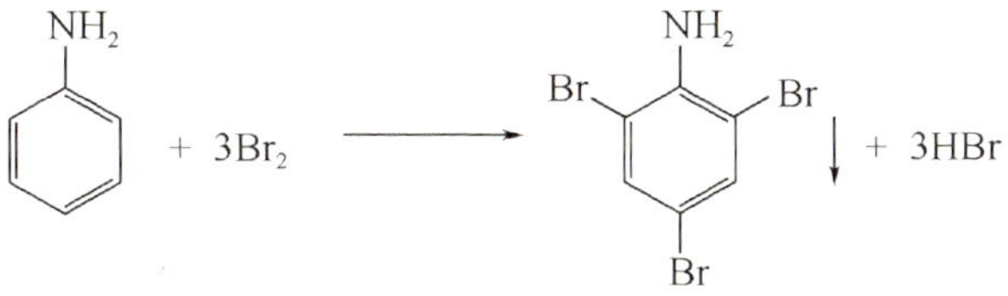

化学反应现象如彩图 6-1 所示。此反应非常灵敏且能定量进行，因此可用于苯胺的鉴别和定量分析。

2. 乙二胺和乙二胺四乙酸　乙二胺（$H_2NCH_2CH_2NH_2$）是最简单的二元胺，又称为 1，2- 二氨基乙烷。它是无色黏稠液体，易溶于水和乙醇。乙二胺为强碱，与酸能发生成盐反应。

乙二胺是一种重要的试剂和化工原料，可用于环氧树脂的固化剂，也广泛用于制造药物、乳化剂、离子交换树脂及农药等。例如，以乙二胺为原料生成的乙二胺四乙酸是分析化学上一种常用的配位滴定剂，简称为 EDTA，能与大多数金属离子形成稳定的配合物，在药物分析化学上常用于金属离子的含量测定。乙二胺四乙酸二钠（EDTA-Na_2）和乙二胺四乙酸二钾（EDTA-K_2）是临床检验工作中最常用的抗凝剂之一。

乙二胺四乙酸二钠

3. 胆碱和乙酰胆碱　胆碱（$HOCH_2CH_2N^+(CH_3)_3Cl^-$）是人体中存在的一种季铵碱，化学名为氢氧化三甲基 -2- 羟基乙铵。因其最初是在胆汁中被发现的而得名，其结构如下所示：

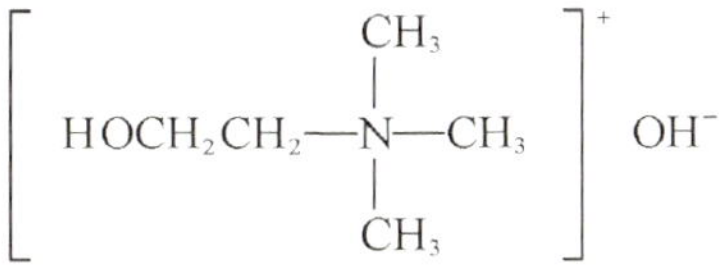

氢氧化三甲基-2-羟基乙铵

胆碱在人体内与脂肪代谢相关，临床上可以用来治疗肝炎、肝中毒等疾病。另外，在各种细胞中胆碱也常以结合状态存在。胆碱与乙酰基反应的产物称为乙酰胆碱，是一种具有显著生理作用的神经传导物质。

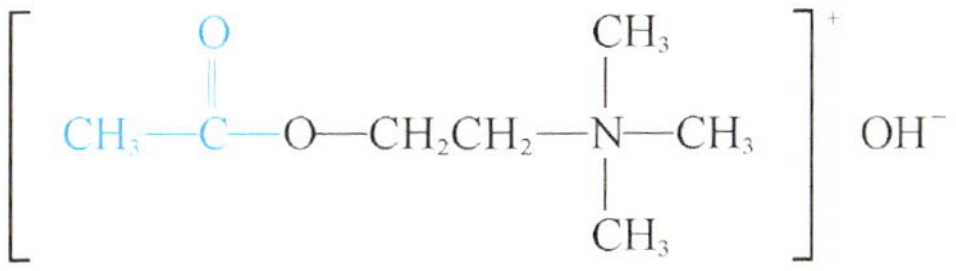

乙酰胆碱

案例 6-4

肾上腺素和去甲肾上腺素

去甲肾上腺素是肾上腺素分子中氮原子去掉一个甲基所得到的。两者都含有手性碳，属于手性分子，有一对对映异构体。在临床上左旋肾上腺素主要用于治疗支气管哮喘、过敏性休克以及用于心脏骤停后重新起搏等，因为它有收缩血管、舒张支气管、兴奋心脏的作用。左旋去甲肾上腺素也有收缩血管、升高血压的作用。在临床上主要用于治疗外周血液循环功能衰退引起的低血压。

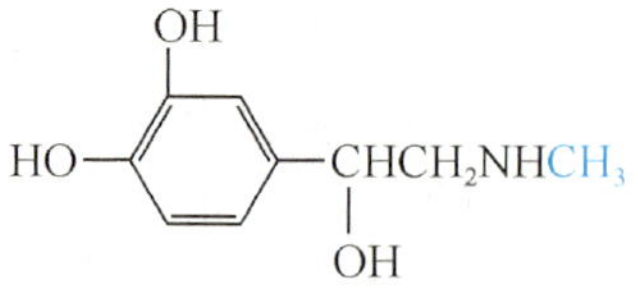

肾上腺素

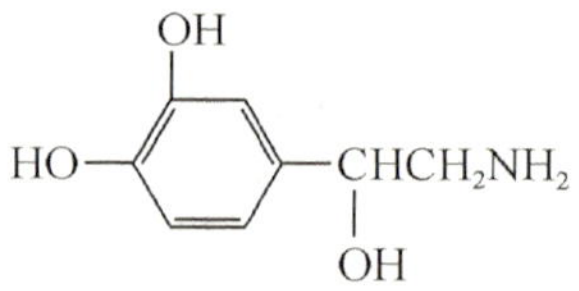

去甲肾上腺素

思考与讨论： 1. 肾上腺素和去甲肾上腺素化学结构有何不同之处？

2. 请找出分子中的手性碳原子。

第2节　酰胺类有机化合物

一、酰胺的结构特征与命名

案例 6-5

巴　比　妥

一位在医院被抢救的女子，呈现出眩晕、乏力、意识模糊不清等中毒症状，抢救成功后，经询问得知该女子因误服了过量的巴比妥，才出现了中毒症状。巴比妥类药物属于酰胺类药物，在临床上曾用作镇静药、催眠药，使用不当会出现中毒症状，现已被淘汰。

思考与讨论： 1. 什么是酰胺类物质？

2. 酰胺的官能团是什么？

（一）酰胺的结构特征

从结构上看，酰胺是 NH_3 或胺分子中 N 上的 H 被酰基（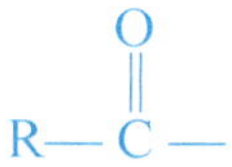）取代后所生成的产物。也可以看作是羧酸分子中羧基的羟基被氨基（$—NH_2$、$—NHR$、$—NR_2$）所取代后生成的化合物。其结构通式如下：

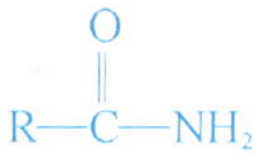

酰胺

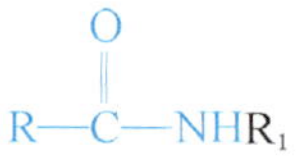

N-取代酰胺

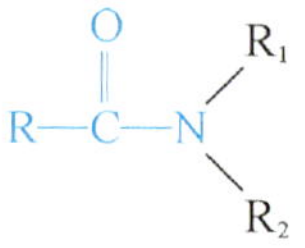

N, N-取代酰胺

其中，R 可以代表 H 原子、脂肪烃基或芳烃基；R_1，R_2 代表烃基，它们与 R 可以相同，也可以不同。

（二）酰胺的命名

1. 简单酰胺的命名　氮原子上没有烃基的简单酰胺，可根据氨基（$—NH_2$）上所连的酰基名称来命名，称为“某酰胺”。例如：

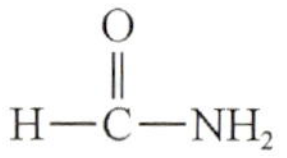

甲酰胺

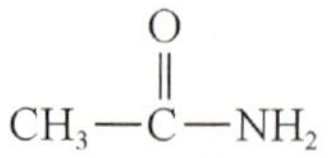

乙酰胺

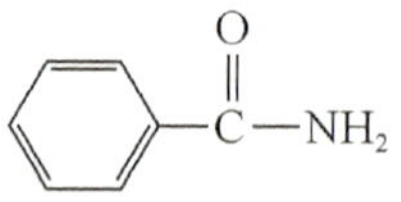

苯甲酰胺

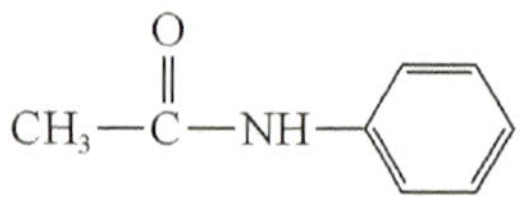

乙酰苯胺

2. 氮原子上连有烃基的酰胺的命名　命名时将烃基的名称写在某酰胺之前，并在烃基前加“*N*-”或“*N*，*N*-”以表示烃基连在氮原子上。例如：

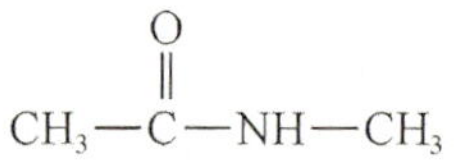

N-甲基乙酰胺

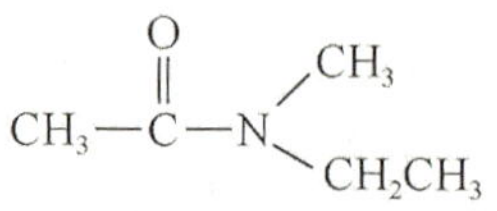

N-甲基-*N*-乙基乙酰胺

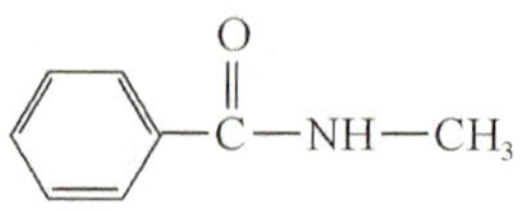

N-甲基苯甲酰胺

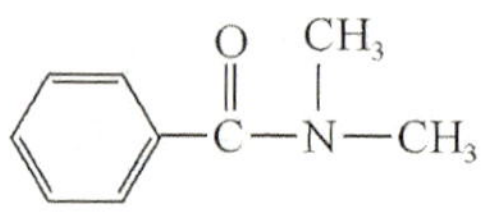

N,N-二甲基苯甲酰胺

二、物理性质

酰胺中除甲酰胺外均为良好结晶体，有固定的熔点。酰胺能与水形成分子间氢键，所以低级酰胺可溶于水。其中 *N*，*N*- 二甲基甲酰胺能与水、多数无机溶液以及许多的有机溶剂混溶，是一种性能优良的非质子极性溶剂。

三、化学性质

（一）水解反应

酰胺是近中性的化合物，在酸、碱或酶的作用下发生水解反应，生成羧酸（盐）或铵、胺（氨气）。

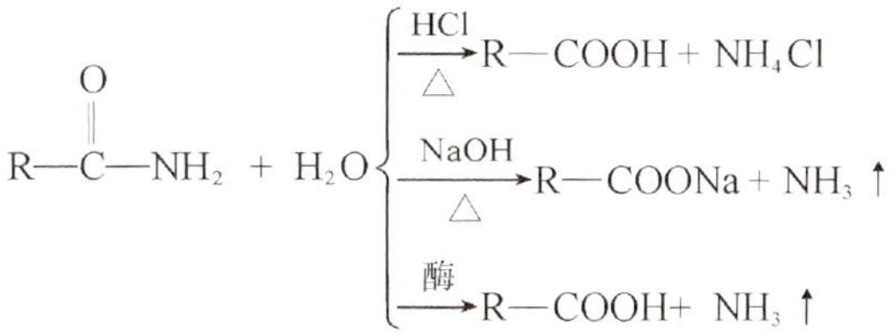

（二）与亚硝酸反应

酰胺与亚硝酸反应生成相应的羧酸，同时放出氮气。通过测量氮气的体积，可以计算酰胺的含量。

$$R-\overset{\overset{\large O}{\|}}{C}-NH_2 + 2HNO_2 \longrightarrow R-COOH + N_2\uparrow + H_2O$$

四、常见的酰胺化合物

1. 尿素　尿素简称为脲，从结构上看是碳酸中的 2 个羟基被 2 个氨基取代后生成的二酰胺。即尿素是一种白色结晶固体，熔点 135℃，易溶于水和乙醇，不溶于氯仿和乙醚。它是哺乳动物对于含氮食物的代谢产物。成年人每天排出的尿液中含有约 30g 的尿素。

尿素

药用的尿素注射液，对降低颅内压及眼内压有显著疗效，常用于治疗急性青光眼和脑外伤引起的脑水肿等疾病。

2. 巴比妥　尿素与丙二酰氯（或丙二酸二乙酯）发生反应可生成丙二酰脲。丙二酰脲在水溶液中存在两种结构，即酮式和烯醇式，其结构简式分别如下：

酮式　　　　烯醇式

其烯醇式结构酸性比乙酸还强，故称为巴比妥酸。巴比妥酸自身无药理作用，但它亚甲基上的两个氢原子被烃基取代后得到的衍生物具有不同程度的催眠、镇静作用，是一类作用于中枢神经系统的镇静药，总称巴比妥类药物。巴比妥类药物的结构通式为

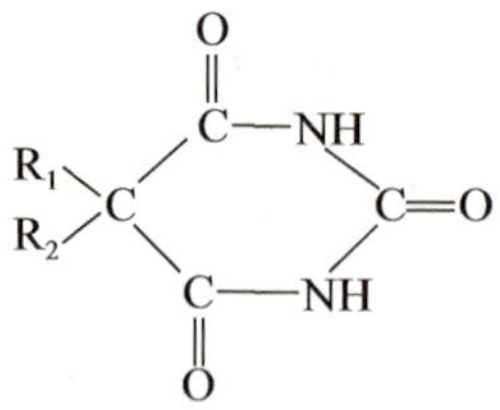

巴比妥类药物通常为白色结晶或结晶性粉末状固体，微溶或难溶于水，易溶于有机溶剂。随着剂量的不同，其药用范围可以从轻度镇静到完全麻醉，还能用作抗焦虑药、抗痉挛药和安眠药。长期使用会导致成瘾。目前，巴比妥类药物在临床上已很大程度地被苯二氮䓬类药物所替代，因为后者过量服用后的副作用远小于巴比妥类药物。但在全身麻醉或在癫痫治疗中仍会使用巴比妥类药物。目前常见的巴比妥类药物有苯巴比妥、异戊巴比妥、司可巴比妥钠等。

链 接

苯巴比妥的药理作用

苯巴比妥，是长效巴比妥类的典型代表。在临床上用作镇静剂催眠药、抗惊厥药。主要用于治疗焦虑、失眠（针对睡眠时间短、早醒患者）、癫痫及运动障碍。也是治疗癫痫大发作及局限性发作的重要药物。同时还可用作抗高胆红素血症药及麻醉前用药。用药时要注意控制剂量，因为大剂量用药对心血管系统、呼吸系统有明显的抑制，过量可麻痹延髓呼吸中枢致死。

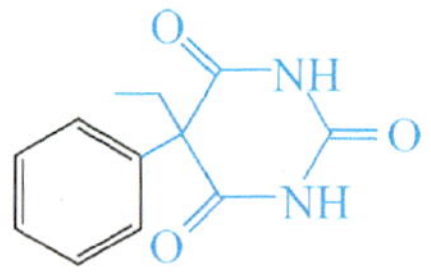

苯巴比妥

自 测 题

一、回顾与总结

项目	内容
胺	伯胺结构通式：______；伯胺官能团：______
	仲胺结构通式：______；仲胺的官能团：______
	叔胺结构通式：______；叔胺的官能团：______
	季铵碱通式：______
酰胺	酰胺结构通式：______。酰胺的官能团：______
胺的化学性质	1. 碱性：胺与强酸发生中和反应，生成______
	2. 酰化反应：胺与酰卤、酸酐发生酰化反应，生成______
	3. 伯胺与仲胺与苯磺酰氯发生磺酰化反应，生成______
	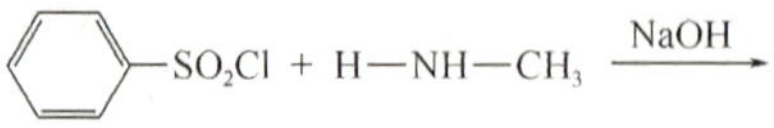
	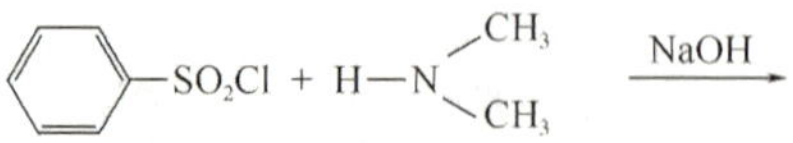
	脂肪伯胺与亚硝酸反应，定量放出______，同时生成醇、烯烃等混合物
	芳香伯胺与亚硝酸反应，生成______
	脂肪仲胺和芳香仲胺都能与亚硝酸反应生成______
	酰胺可发生水解反应，生成______

续表

项目	内容
酰胺的化学性质	酰胺是近__________性的化合物，但在一定条件下表现出微弱的_______性和______性 $CH_3C(=O)—NH_2 + H_2O \xrightarrow[\triangle]{HCl}$ 酰胺与亚硝酸反应生成_________，放出_________
重要名词	胺：____________________ 季铵盐：____________________ 兴斯堡反应：____________________

二、复习与提高

（一）填空题

1. 能与苯磺酰氯发生反应的胺有______和______。
2. 胺和氨相似，其水溶液呈________性（填“酸或碱”），其碱性强弱规律是____________________。
3. 胆碱属于__________类物质。
4. 从结构上看，酰胺是______或______分子中 N 上的 H 被______或______取代后所生成的产物。也可以看作是羧酸分子中羧基的羟基被__________所取代后生成的化合物。
5. 酰胺呈______性，尿素属于________，简称________，其结构式为__________。
6. 酰胺与__________反应生成相应的羧酸，同时放出__________。

（二）简答题

1. 如何对胺类化合物进行提纯分离？
2. 简述用兴斯堡反应如何鉴别甲胺、二甲胺和三甲胺。
3. 酰胺的官能团是什么？请写出酰胺的三种结构通式。
4. 写出磺胺类药物的结构通式，并指出其官能团。

（三）写出下列化合物的结构简式或名称

1. $CH_3—C(=O)—NH—CH_3$

2. $CH_3CH_2—N(CH_3)—CH_2CH_2CH_3$

3. 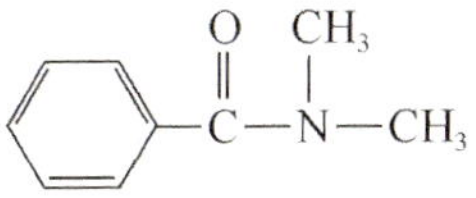

4. 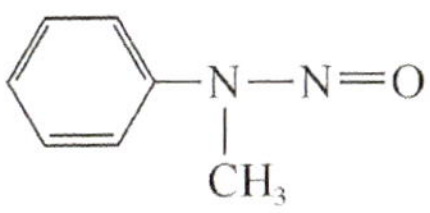

5. $CH_3—C(=O)—N(CH_3)(CH_2CH_3)$

6. 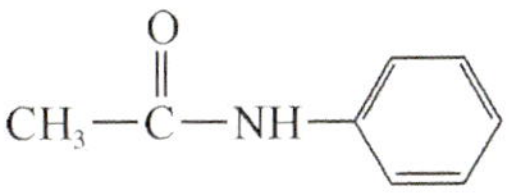

7. *N*-甲基乙酰胺

8. 乙酰胺

9. *N*-甲基苯甲酰胺

（四）完成下列化学反应式

1. $CH_3C(=O)—NH_2 + H_2O \xrightarrow[\triangle]{NaOH}$

2. $CH_3C(=O)—NH_2 + HNO_2 \longrightarrow$

三、探索与进步

新洁尔灭是临床上常用于皮肤、黏膜、创面、手术器械和术前消毒的阳离子表面活性剂和消毒剂。以小组形式，查阅资料，以《新洁尔灭简介》为题写一篇说明文。提纲如下：

（1）新洁尔灭的化学成分、结构式、主要官能团、化合物类别；

（2）新洁尔灭的临床用途及注意事项。

第 7 章

杂环和生物碱类有机化合物

杂环化合物在自然界分布极其广泛，数量大，种类多，多数具有生理活性。例如，动物体内的血红素和核酸的碱基都是含氮杂环化合物，青霉素、组氨酸和色氨酸也含有杂环结构。生物碱多是天然药物的有效成分，通常都具有显著的生理活性。本章主要介绍杂环化合物的分类、命名、常见杂环化合物及其医药应用；生物碱的概念、一般性质、常见生物碱及其医药应用。

案例 7-1

硝苯地平

1969 年硝苯地平由德国拜耳公司研制成功，是第一个二氢吡啶类的钙拮抗剂，1975 年用于治疗冠心病心绞痛，并取得了令人满意的疗效，迄今仍是治疗心绞痛的主要药物之一。硝苯地平 1980 年开始用于治疗高血压以来，也取得了显著疗效，为钙通道阻滞剂作为基本降压药奠定了基础。

它结构中的酯基、甲基和硝基都分别连在两个六元环上，其中一个环是大家熟悉的由六个碳原子组成的苯环，而另一个六元环的成环原子除了五个碳原子还有一个氮原子，这样的环状化合物就属于杂环化合物。

思考与讨论：请描述硝苯地平分子的化学结构。它的结构与它的稳定性有什么关系？

第 1 节　杂环类有机化合物

一、杂环化合物的结构特征

环状有机化合物中，构成环的原子除碳原子外，还含有其他非碳原子的化合物称为**杂环化合物**。环中的非碳原子称为**杂原子**，最常见的杂原子是氧、硫和氮。例如：

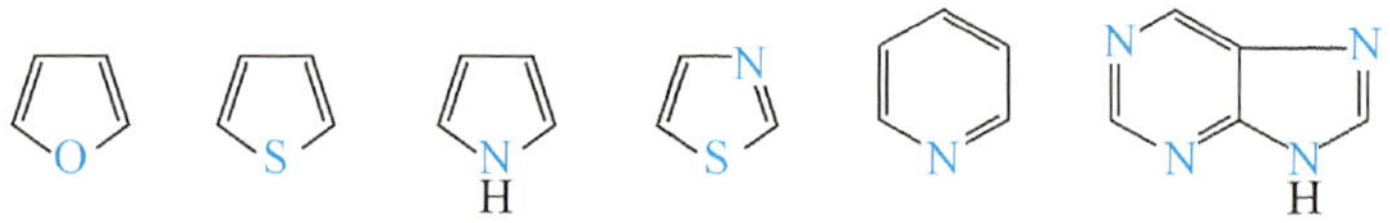

上述杂环化合物分子中具有与苯环相似的大 π 键结构，环系比较稳定，这类杂环化合物常称为**芳香杂环化合物**。芳香杂环化合物氢化后可称为部分饱和的脂肪杂环化合物，或全饱和的脂肪杂环化合物。本章主要介绍芳香杂环化合物。

二、杂环化合物的分类、命名

（一）杂环化合物的分类

杂环化合物可分为单杂环和稠杂环两大类。最常见的单杂环是五元杂环和六元杂环。稠杂环是由苯环与单杂环或单杂环与单杂环稠合而成。

（二）杂环化合物的命名

杂环母核的命名常用音译法，即按英文名称音译成带“口”字旁的同音汉字。下面是常见杂环母核的名称（表 7-1）。

表 7-1　基本杂环化合物

分类	含一个杂原子的杂环	含多个杂原子的杂环
五元杂环	 呋喃　 噻吩　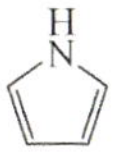 吡咯	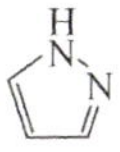 吡唑　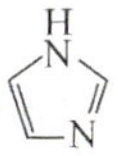 咪唑　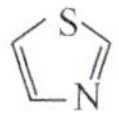 噻唑
六元杂环	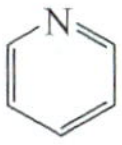 吡啶　 吡喃	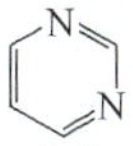 嘧啶　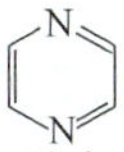 吡嗪　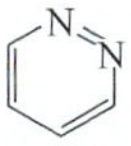 哒嗪
苯稠杂环	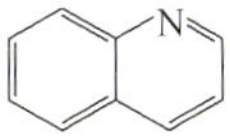 喹啉　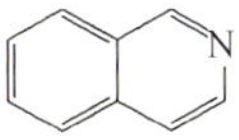 异喹啉	
稠杂环	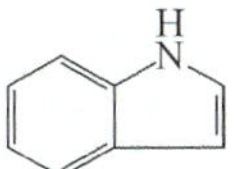 吲哚	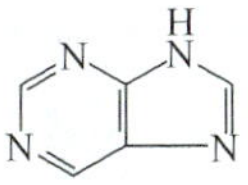 嘌呤

三、重要的杂环化合物

生活中和医学专业中，有许多杂环化合物。

（一）吡咯

吡咯（）为无色液体，存在于煤焦油和骨焦油中，沸点 130 ～ 131℃，有弱的苯胺气味，易溶于乙醇和乙醚，100g 水能溶解 6g 吡咯。吡咯的碱性极弱，在空气中易氧化，颜色迅速变深。

用浓盐酸浸过的松木片，遇吡咯蒸气显鲜红色，称为吡咯的松木片反应，常用于鉴定吡咯及其低级同系物。

吡咯的衍生物广泛存在于自然界，例如，叶绿素和血红素的基本结构由 4 个吡咯环通过 4 个次甲基交替连接构成。

链 接

血　红　素

血红素是血红蛋白分子上的主要稳定结构，为血红蛋白、肌红蛋白等的辅基。血红素中含有吡咯环。血红素与蛋白质结合成为血红蛋白，存在于哺乳动物的红细胞中，是运输氧气的物质。除了运载氧，血红素还可以与二氧化碳、一氧化碳、氰离子结合，结合的方式也与氧完全一样，所不同的只是结合的牢固程度，一氧化碳、氰离子一旦和血红素结合就很难离开，这就是煤气中毒和氰化物中毒的原理，遇到这种情况可以使用其他与这些物质结合能力更强的物质来解毒，例如，一氧化碳中毒可以用静脉注射亚甲蓝的方法来救治。

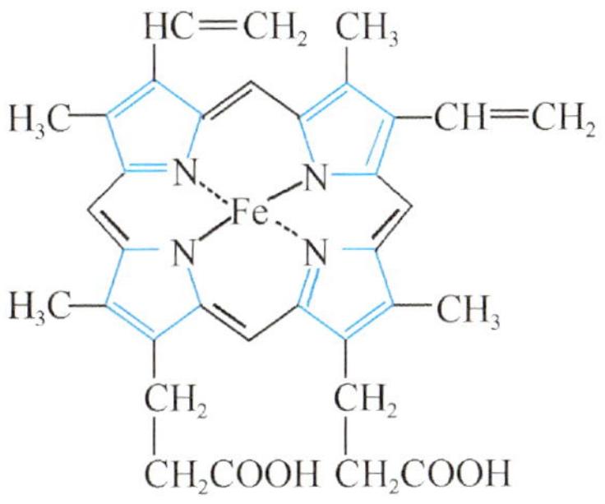

血红素

（二）噻唑

噻唑（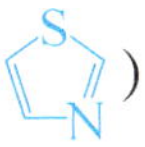）是无色有臭味的液体，沸点 117℃，与水混溶。噻唑具有弱碱性，许多重要的药物如维生素 B_1、青霉素 G 等都含有噻唑环。

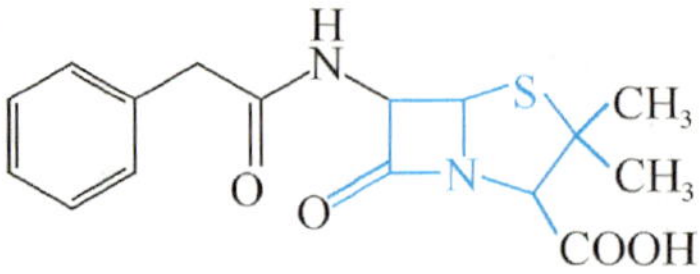

青霉素G

由于青霉素分子中的β-内酰胺环是由4个原子组成，环上张力比较大，易开环导致青霉素失活。青霉素是一种有机酸，微溶于水，临床上将其制成钠盐或钾盐，以增大其水溶性；青霉素水溶液在室温下易分解，因此临床上常使用其粉针剂。

链接

青　霉　素

青霉素是从青霉菌培养液中提取的药物，是第一种能够治疗人类疾病的抗生素。青霉素分子中含有一个四氢噻唑的环系。

青霉素的发现者是英国细菌学家弗莱明。1928年的一天，弗莱明在他的一间简陋的实验室里研究导致人体发热的葡萄球菌。由于盖子没有盖好，他发现培养细菌用的琼脂上附了一层青霉菌。使弗莱明感到惊讶的是，在青霉菌的近旁，葡萄球菌不见了。这个偶然的发现深深吸引了他，他设法培养这种霉菌进行多次试验，证明青霉菌可以在几小时内将葡萄球菌全部杀死。

（三）咪唑

咪唑（）是无色晶体，熔点90～91℃，易溶于水和乙醇，具有碱性，能与强酸作用生成稳定的盐。组氨酸及其脱羧产物组胺、生物碱毛果芸香碱是咪唑的衍生物。含咪唑环的药物如抗真菌药克霉唑，抗阿米巴药、抗滴虫药、抗厌氧菌药甲硝唑。

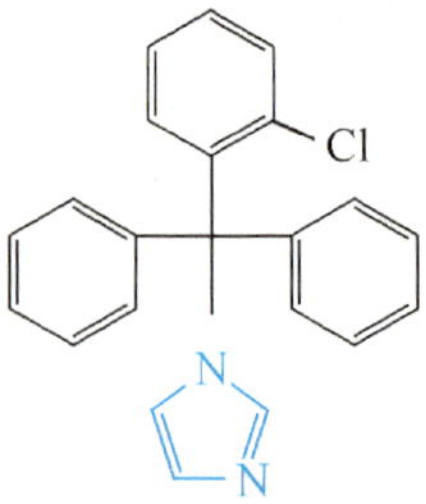

克霉唑

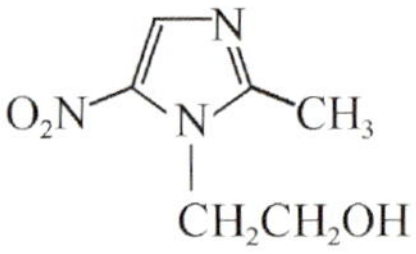

甲硝唑

（四）吡啶

吡啶（）为无色液体，沸点为115℃，有恶臭，有毒，能与水、乙醇、乙醚等混溶。吡啶对酸或碱稳定，对氧化剂也相当稳定。吡啶的衍生物有烟酸、烟酰胺、异烟肼等。

链接

维生素PP

维生素PP是吡啶的重要衍生物，包括烟酸和烟酰胺。抗结核病药异烟肼与维生素PP结构相似，两者有拮抗作用，所以长期服用异烟肼者，应适当补充维生素PP。

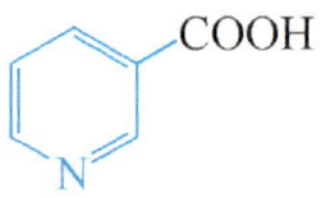

3-吡啶甲酸(烟酸)

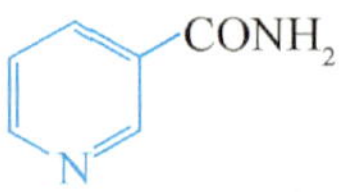

3-吡啶甲酰胺(烟酰胺)

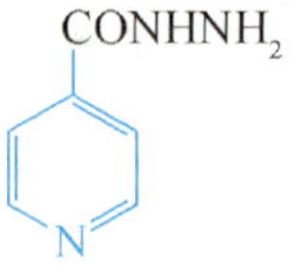

4-吡啶甲酰肼(异烟肼)

（五）嘧啶

嘧啶（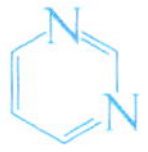）是无色结晶，熔点为 22℃，易溶于水，有弱碱性。嘧啶可以单独存在，也可以与其他环系稠合而存在于维生素、生物碱及蛋白质中。嘧啶的衍生物广泛存在于自然界，例如，核酸组成中的尿嘧啶、胞嘧啶和胸腺嘧啶都含有嘧啶环。合成药物磺胺嘧啶及磺胺增效剂甲氧苄啶也含有嘧啶环。

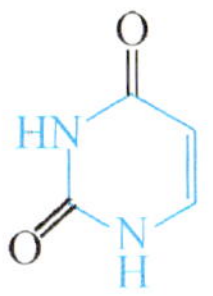
尿嘧啶

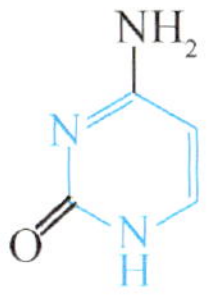
胞嘧啶

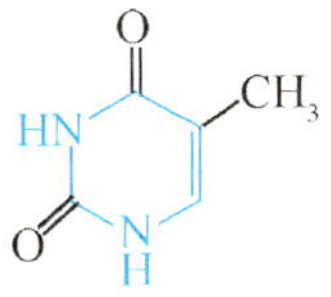
胸腺嘧啶

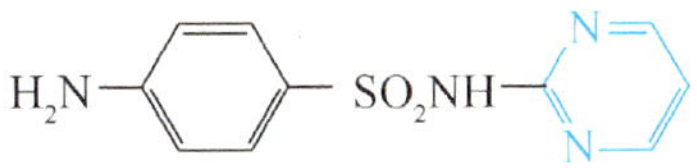
磺胺嘧啶

链接

5- 氟尿嘧啶

5- 氟尿嘧啶为嘧啶类的氟代物，属于抗代谢抗肿瘤药，因为其结构类似于尿嘧啶，在癌细胞内，能使胸腺嘧啶核苷酸合成酶错误地与其生成的 5- 氟尿嘧啶脱氧核苷酸结合，而不与正常的尿嘧啶脱氧核苷酸结合，因此使癌细胞不能合成其 DNA 合成所需的胸腺嘧啶脱氧核苷酸，从而达到抗癌的作用。5- 氟尿嘧啶在临床上用于治疗结肠癌、直肠癌、胃癌、乳腺癌、卵巢癌、绒毛膜上皮癌、恶性葡萄胎、头颈部鳞癌、皮肤癌、肝癌、膀胱癌等。

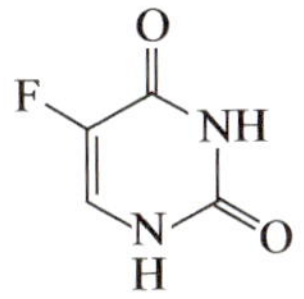
5-氟尿嘧啶

（六）嘌呤

嘌呤（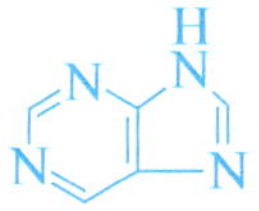）为无色晶体，熔点 216 ～ 217℃，易溶于水及乙醇，可与强酸或强碱成盐。嘌呤本身并不存在于自然界，但它的衍生物广泛存在于动植物体中。例如，腺嘌呤和鸟嘌呤为核酸的碱基，黄嘌呤和尿酸存在于哺乳动物的尿和血液中。

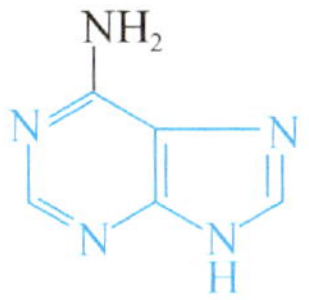
腺嘌呤

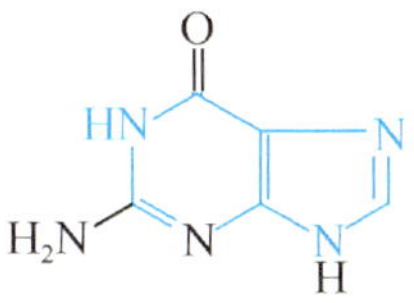
鸟嘌呤

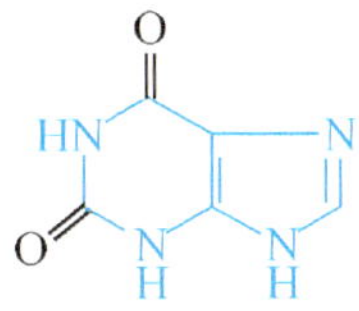
黄嘌呤

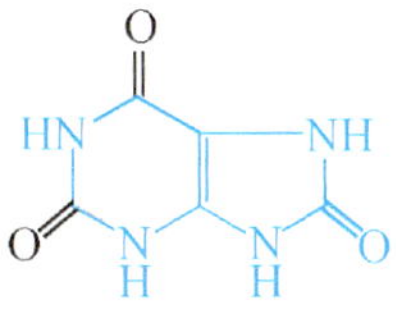
尿酸

尿酸为白色结晶，难溶于水，有弱酸性，是哺乳动物体内嘌呤衍生物的代谢产物，人尿中仅含有少量。在嘌呤代谢发生障碍时，血和尿中尿酸增加，严重时形成尿结石；如尿酸沉积在软骨、关节和脏器等处，则易导致痛风。

（七）呋喃

呋喃（）是无色易挥发液体，存在于松木焦油中，沸点 31.4℃，难溶于水，易溶于乙醇、乙醚等有机溶剂。呋喃的一种重要衍生物是 2- 呋喃甲醛，俗称糠醛。用稀酸处理米糠、玉米芯等，其中所含的戊多糖水解为戊糖，戊糖在酸的作用下进一步水解，失水，生成糠醛。

呋喃蒸气遇盐酸浸泡过的松木片反应显绿色，用于鉴定呋喃及其低级同系物。

作为药物的呋喃衍生物有呋喃西林（消毒防腐）、呋喃唑酮或称痢特灵（治肠炎）、呋喃妥因（治膀胱炎、肾盂肾炎）和呋喃丙胺（治血吸虫病）等。

案例 7-2

呋喃西林

呋喃西林为黄色结晶性粉末，无臭，味初淡，但有微苦的余味，日光下色渐深。临床上常用 0.02% 溶液剂或 0.2% 软膏剂进行外用消毒。

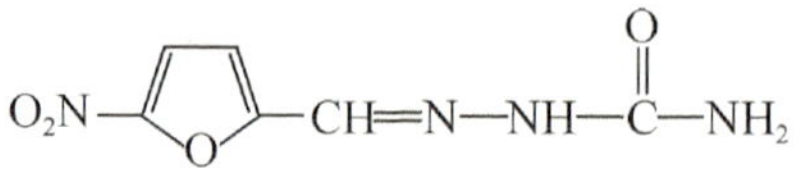

呋喃西林

思考与讨论： 1. 呋喃西林分子中有哪些官能团？杂环的名称是什么？

2. 用化学方法如何区别呋喃西林和甲硝唑？

第 2 节　生　物　碱

一、生物碱的概念

生物碱是一类存在于自然界中，有明显的生理活性的含氮碱性有机化合物。这类化合物主要是从植物中提取的，所以又称为植物碱，生物碱多数是根据它的植物来源而命名。大多数生物碱含有氮杂环，也有少数非杂环的生物碱。

二、生物碱的理化性质

（一）物理性质

绝大多数生物碱是无色或白色的结晶性固体，只有少数是液体，一般无色，味苦。多数不溶或难溶于水，易溶于有机溶剂，多数含有不对称碳原子，因而呈旋光性。

（二）化学性质

1. 碱性　大多数的生物碱有碱性，能与酸成盐而溶解，遇强碱，生物碱则从它的盐中游离出来，利用这一性质可提取或精制生物碱。

$$\underset{(难溶于水)}{生物碱} \underset{OH^-}{\overset{H^+}{\rightleftharpoons}} \underset{(易溶于水)}{生物碱盐}$$

2. 沉淀反应　大多数生物碱能与一些试剂（指生物碱沉淀剂）如碘化汞钾、碘化铋钾等作用生成难溶性的沉淀。

3. 显色反应　生物碱大多能与浓硫酸、浓硝酸、甲醛等试剂发生颜色反应，可以利用这个性质检验生物碱。

三、重要的生物碱类化合物

（一）烟碱

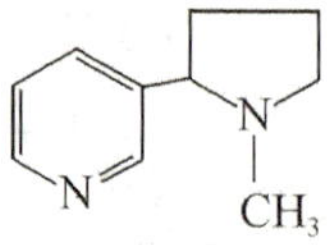

烟碱

烟碱又称尼古丁，是烟草中含氮生物碱的主要成分。烟碱属于吡啶类生物碱，为无色到微黄色油状液体，露置空气中渐变棕色，味辛辣，易溶于水和乙醇等。烟碱毒性很强，少量能刺激中枢神经，增高血压；大量则抑制中枢神经系统，使心脏停搏导致死亡。

（二）莨菪碱

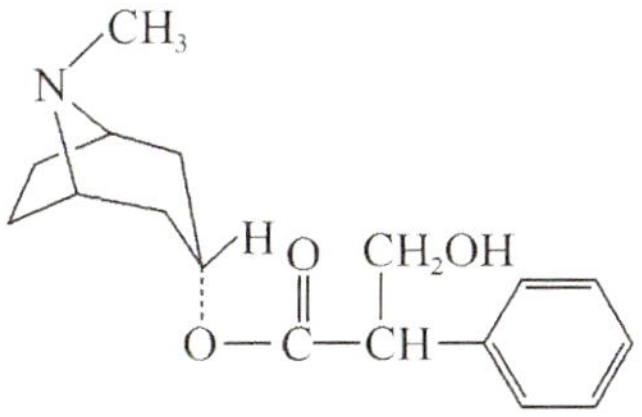

莨菪碱

莨菪碱存在于颠茄、莨菪和洋金花等茄科植物中，为白色晶体，味苦。莨菪碱在碱性或加热条件下易消旋，其外消旋体即阿托品，为抗胆碱药。临床上硫酸阿托品用于治疗平滑肌痉挛及胃、十二指肠溃疡等，为急性有机磷中毒的特效解毒药。

（三）麻黄碱

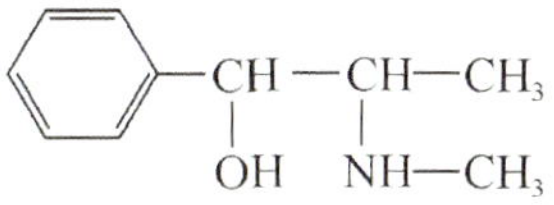

麻黄碱

麻黄碱是从麻黄中提取的生物碱，也可人工合成。麻黄碱是无色晶体，味苦，易溶于水。麻黄碱属于仲胺，具碱性，能与酸成盐，临床上用的是它的盐酸盐。麻黄碱具有平喘、止咳、发汗等作用。

（四）吗啡、可待因及海洛因

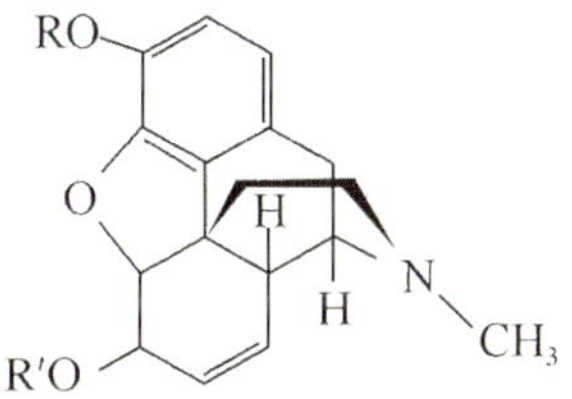

吗啡　R=R′=H

可待因　R=CH_3　R′=H

海洛因　R=R′=$CH_3-\overset{\displaystyle O}{\overset{\|}{C}}-$

吗啡从阿片中提取而得，为白色晶体，熔点 254 ～ 256℃，味苦，微溶于水。吗啡分子中含有酚羟基，易氧化变质；含有叔胺结构，具有碱性，能与酸成盐，临床常用其盐酸盐。吗啡是强效镇痛药，适用于其他镇痛药无效的急性锐痛，如严重创伤和烧伤，也用于缓解癌症疼痛。使用吗啡可成瘾，需慎用。

可待因的镇痛作用比吗啡弱，也能成瘾，临床用作镇咳药。

海洛因是吗啡的乙酰化产物，极易成瘾，从不作为药用，是危害人类健康的毒品之一。

（五）小檗碱

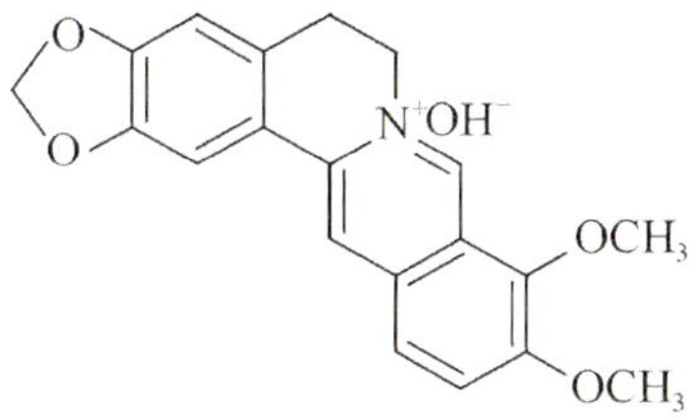

小檗碱又称黄连素，从黄连、黄柏和三棵针等植物中提取而得，也可人工合成。小檗碱为黄色结晶，熔点 145℃，味极苦，能溶于水；具有抗菌、消炎作用。临床上使用的是其盐酸盐，用于治疗肠道感染和细菌性痢疾等。

链 接

生物碱与中药

中药是我国中医对传统药材的称谓，具有悠久的历史。中药能够治病，如麻黄发汗解表、平喘止咳；防己祛风去湿；黄连清热去火，抗菌消炎，往往与其含有的中药成分——生物碱相关联。

生物碱分布于双子叶植物中，尤其是豆科、茄科、毛茛科，罂粟科、防己科、马钱子科、茜草科等植物中，如槟榔子含有槟榔碱，烟叶含有烟碱，罂粟果实含有吗啡，金鸡纳树的树皮含有奎宁。如氯奎是通过对在金鸡纳树皮中提取的有效药物奎宁进行改造而研制出来，并曾经成为治疗疟疾的特效药。从麻黄中提取的麻黄碱，具有平喘、止咳、发汗等作用。

值得注意的是，部分毒品也是生物碱类化合物，如鸦片、吗啡、古柯、可卡因、可待因等，由于毒品对人中枢神经可起到抑制、兴奋或致幻等作用，造成吸食者易上瘾，精神障碍、思维迟钝，免疫系统遭到破坏等症状。

自测题

一、回顾与总结

项目	内容
杂环化合物	一类含 ________ 化合物，分为单杂环和稠杂环两大类。常见杂原子有 ________、________、________ 等
生物碱	一类有明显 ________ 的含 ________ 性化合物
重要的杂环化合物	呋喃 ________、噻吩 ________、吡咯 ________、吡啶 ________、咪唑 ________、噻唑 ________、吡啶 ________、α-吡喃 ________、γ-嘧啶 ________、喹啉 ________、吲哚 ________、嘌呤 ________ 等
生物碱性质	碱性：能与 ________ 成盐而溶解，遇强碱，生物碱从盐中游离出来。 沉淀反应：与 ________、________ 等作用生成难溶的沉淀。 显色反应：与 ________、________、________ 等试剂发生显色反应
常见的生物碱	例如烟碱、________、________、________、________ 等。

二、复习与提高

1. 简答题

（1）举几个含有杂环化合物的药物例子，写出它们在医学中的作用。

（2）举几个常见的生物碱药物例子，说明它们的生理作用和功效。

（3）根据什么原理提纯生物碱？

（4）青蒿素是从青蒿中提取出来的，根据生物碱的定义，判断青蒿素是否为生物碱？

2. 写出下列化合物中的杂环名称

（1）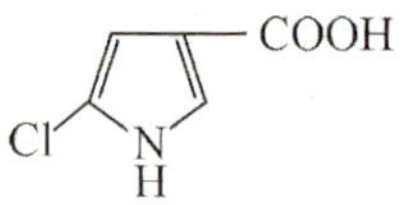

（2）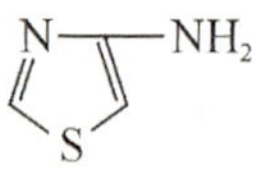

（3）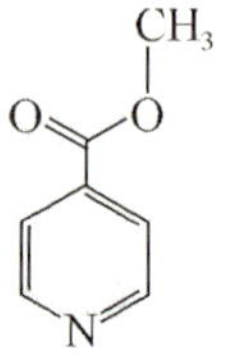

（4）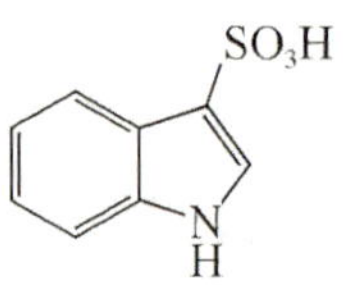

（5）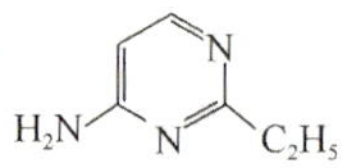

（6）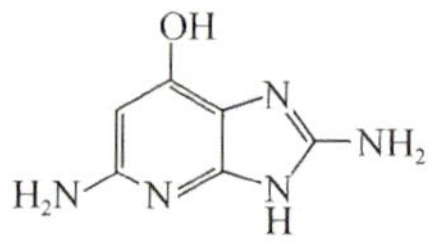

（7）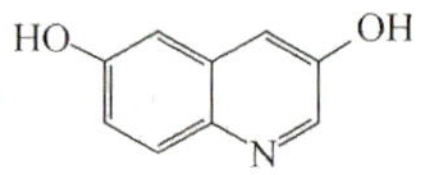

（8）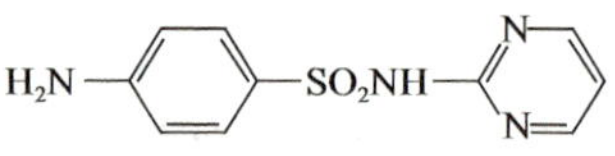

三、探索与进步

编制手抄报，主要栏目设置如下。

1. 吸烟有害身体健康栏目，宣传尼古丁对身体的危害。

建议写作提纲如下：

（1）尼古丁分子结构中含有的特殊原子是什么？具有什么样的化学性质？

（2）尼古丁分子对人体有怎样的作用？

（3）尼古丁的主要危害有哪些？

（4）应采取怎样的措施减轻尼古丁的危害？

2. 中药栏目，宣传中药知识。建议写作提纲如下：

（1）黄连、石斛、百合等中药中含有哪些生物碱？

（2）这些生物碱的结构、性质和药理作用有哪些？

3. 青霉素栏目。建议提纲如下：

（1）青霉素简介（发现历史、化学结构，药理作用等）。

（2）我国青霉素化工现状和发展史。

4. 毒品栏目，介绍毒品常识。建议提纲如下：

（1）根据生物碱的定义，麻醉药品和精神药品是否是生物碱？

（2）查阅资料，试述摇头丸、海洛因等毒品的主要成分是什么。

（3）为什么倡导珍爱生命，远离毒品？

任务完成形式：以全班为单位，由宣传委员、学习委员、课代表将上述栏目分配到学习小组；学习小组组长组织本组成员以分工合作形式开展收集素材，编撰栏目，完成上述任务；学习委员等将各组完成的任务制成手抄报。全班开展一次汇报演讲。

第 8 章

营养和生命类有机化合物

油脂、糖类、蛋白质、水、无机盐和维生素是维持人的生命的六大营养素，其中油脂、糖类、蛋白质又被称为三大能量营养素，除了为人体提供能量之外，还是机体构成成分、组织修复以及生理调节功能的化学物质；核苷酸是遗传的物质基础。本章主要讨论油脂、糖类、蛋白质、核苷酸的结构和化学性质。

第 1 节　油脂类有机化合物

油脂是动植物体的重要组成成分，机体细胞膜、神经组织、激素的构成都离不开油脂。油脂是油和脂肪的总称，广泛存在于动植物体中。在室温下植物油脂通常呈液态，称为**油**，如花生油、芝麻油、菜籽油、豆油等植物油脂；动物油脂通常呈固态，称为**脂肪**，如猪脂、牛脂、羊脂等动物油脂。油脂在化学成分上都是高级脂肪酸与甘油所生成的酯，所以油脂属于酯类。

案例 8-1

脂 肪 乳 剂

张某患癌症后接受放疗，身体逐渐消瘦。入院后遵医嘱静脉注射脂肪乳剂 500mL，连续注射 1 周后，患者体重逐渐恢复。

思考与讨论： 1. 什么是脂肪？写出脂肪的结构通式。

2. 什么是乳化剂？它的乳化原理是什么？人体脂肪消化的乳化剂是什么？

一、油脂的组成和结构

自然界中的油脂是多种物质的混合物，其主要成分是 1 分子的甘油与 3 分子的高级脂肪酸脱水形成的**甘油三酯**。油脂的结构通式如下：

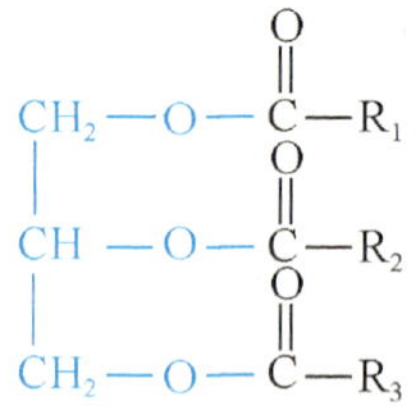

甘油部分　脂肪酸部分

结构式中，R_1、R_2、R_3 代表脂肪酸的烃基。如果 R_1、R_2、R_3 相同，这样的油脂称为**单甘油酯**；如果 R_1、R_2、R_3 不相同，就称为**混甘油酯**。天然油脂大多是混甘油酯的混合物。

组成油脂的脂肪酸的种类较多，大多数是含偶数碳原子的直链高级脂肪酸，有饱和的，也有不饱和的。其中以含十六个碳原子和十八个碳原子的高级脂肪酸最为常见。

饱和脂肪酸：软脂酸（十六酸） $C_{15}H_{31}COOH$
硬脂酸（十八酸） $C_{17}H_{35}COOH$
不饱和脂肪酸：油酸（9- 十八碳烯酸） $C_{17}H_{33}COOH$
亚油酸（9，12- 十八碳二烯酸） $C_{17}H_{31}COOH$
亚麻酸（9，12，15- 十八碳三烯酸） $C_{17}H_{29}COOH$
花生四烯酸（5，8，11，14- 二十碳四烯酸） $C_{19}H_{31}COOH$

形成油脂的脂肪酸的饱和程度对油脂的熔点有着重要影响。由饱和的硬脂酸或软脂酸生成的甘油酯熔点较高，常温下一般呈固态，而由不饱和的脂肪酸生成的甘油酯熔点较低，常温下则呈液态。由于各类油脂中所含的饱和脂肪酸和不饱和脂肪酸的相对量不同，因此，不同油脂具有不同的熔点。

多数高级脂肪酸在人体内都能合成，亚油酸、亚麻酸、花生四烯酸等在体内不能合成或合成太少，它们又是维持正常生命活动必不可少的，因此必须由食物来供给，称为**必需脂肪酸**。例如，花生四烯酸是合成体内重要活性物质前列腺素的原料，人体必须从食物中摄取。

链接

二十碳五烯酸和二十二碳六烯酸

从海洋鱼类及甲壳类动物体内的油脂中分离出二十碳五烯酸（EPA）和二十二碳六烯酸（DHA），具有降低血脂、防治动脉粥样硬化、防治血栓形成等作用，可防治心脑血管疾病，也是大脑所需要的营养物质，被誉为“脑黄金”。

DHA 除了能阻止胆固醇在血管壁上的沉积、预防或减轻动脉粥样硬化和冠心病的发生外，更重要的是，DHA 对大脑细胞有着极其重要的作用。它占了人脑脂肪的 10%，对脑神经传导和突触的生长发育极为有利。核桃油里面含有大量的不饱和脂肪酸，可以在人体内衍生为 DHA，人们可适量食用。

二、物理性质

油脂的密度比水小，为 0.90 ～ 0.95g/cm^3，难溶于水，易溶于有机溶剂。根据这一性质，工业上常用有机溶剂来提取植物种子里的油。油脂本身也是一种较好的溶剂。因天然油脂是混合物，所以无固定的熔点和沸点。纯净的油脂是无色、无味的，但一般天然油脂中因溶有色素和维生素等而有颜色和气味。

油脂可以发生乳化现象。油脂比水轻，又难溶于水，与水混合则浮于水面上形成两层。若用力振荡油和水的混合体系，油脂则以小油滴形态分散于水中形成一种不稳定的乳浊液，放置后，小油滴相互碰撞又合并成大油滴，最后又分为油脂和水两层。要使油脂分散在水中得到较稳定的乳浊液，必须加入乳化剂（如肥皂、洗涤剂、胆汁酸盐等）。

观察图 8-1，乳化剂分子具有亲水基和亲油基两部分。例如，肥皂（R—COONa）分子中的“R—”为亲油基，“—COONa”为亲水基，观察上述结构得出，在油和水的混合体系中加入乳化剂时，其亲油基伸向油中，亲水基伸向水中，使油脂小液滴表面形成了一层乳化剂分子的保护膜，防止小油滴相互碰撞而合并，从而形成比较稳定的乳浊液。利用乳化剂使油脂形成比较稳定的乳浊液称为**油脂的乳化**。

油脂在小肠内，经胆汁酸盐的乳化，分散成小油滴，从而增大了与脂肪酶的接触面积，有利于油脂的水解、消化和吸收，因此油脂的乳化具有重要的生理意义。

肥皂的去污原理与乳化剂作用相似，主要是高级脂肪酸钠盐的作用。在洗涤过程中，污垢中的油脂跟肥皂接触后，高级脂肪酸钠（R—COONa）分子中的亲油基“—R”就插入油滴内，而易溶于水的亲水基“—COONa”部分伸在油滴外面，插入水中。这样油滴就被肥皂分子包围起来，—COO$^-$ 位于颗粒表面，再经过反复摩擦、振动，大的油滴分散成小的油珠，最后脱离被洗的纤维织品而分散到水中形成乳浊液，从而达到去污的目的。

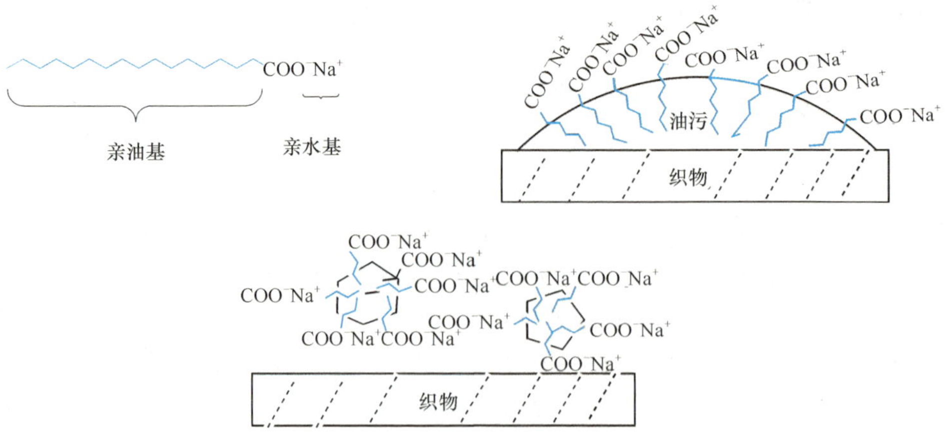

图 8-1　乳化剂与油脂的乳化

三、化学性质

油脂是具有复合官能团的化合物。首先，油脂是酯类，因此有酯的化学性质，如在碱性条件下发生水解反应；其次，油脂中的不饱和脂肪酸包含双键等官能团，因此具有不饱和烃的化学性质，如加成反应等。

1. 油脂的水解　油脂和酯一样，在酸、碱或酶的作用下可以发生水解反应，生成甘油和相应的高级脂肪酸。例如，甘油三硬脂酸酯在酸存在的条件下水解可生成 1 分子甘油和 3 分子硬脂酸。如果油脂在碱存在的条件下水解，生成的高级脂肪酸又与碱反应生成高级脂肪酸盐。例如，甘油三硬脂酸酯在氢氧化钠溶液中水解，生成硬脂酸钠和甘油。

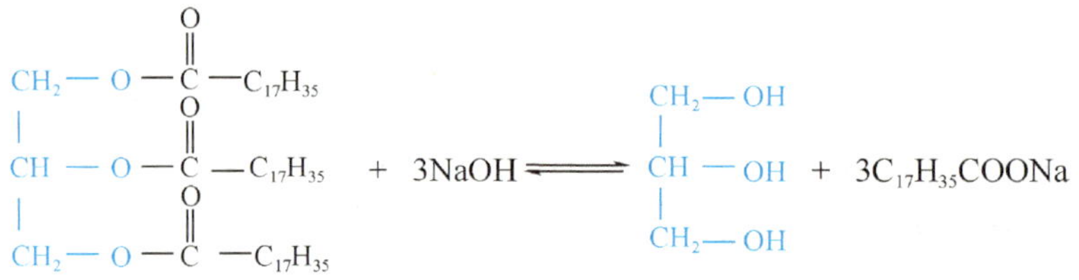

甘油三硬脂酸酯　　　　甘油　　　　硬脂酸钠

硬脂酸钠是肥皂的有效成分，工业上利用这一反应原理来制肥皂。所以油脂在碱性条件下的水解反应又称为**皂化反应**（彩图 8-1）。高级脂肪酸盐通常称为肥皂，由高级脂肪酸钠盐组成的肥皂，称为钠肥皂，又称**硬肥皂**，就是日常生活中用的普通肥皂。由高级脂肪酸钾盐组成的肥皂，称为钾肥皂，又称**软肥皂**，由于软肥皂对人体皮肤、黏膜刺激性小，医药上常用作灌肠剂或乳化剂。

2. 油脂的氢化　含有不饱和脂肪酸成分的油脂，其分子中含有双键，所以能在一定条件下与氢气发生加成反应。例如，甘油三油酸酯通过加氢变成甘油三硬脂酸酯。化学反应方程式为

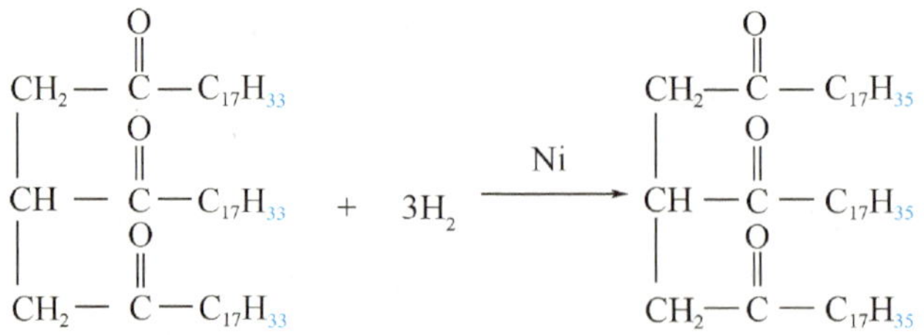

甘油三油酸酯　　　　甘油三硬脂酸酯

液态油中的不饱和脂肪酸通过加氢变饱和脂肪酸提高了饱和度，可使液态的油变成固态的脂肪。液态油通过加氢变成固态脂肪的过程称为**油脂的氢化**，又称**油脂的硬化**。通过加氢而得到的固态油脂，称为**硬化油**。硬化油不易被空气氧化变质，便于运输和保存，可用于工业制造肥皂的原料。

3. 油脂的酸败　油脂放置过久易被空气中氧气氧化，逐渐变质而产生难闻的气味，把这种变化称为**油脂的酸败**。酸败的原因是油脂在光、热、水、氧气、微生物等因素的作用下，发生了水解反应、氧化反应等，生成了有挥发性且有难闻气味的低级醛、酮、脂肪酸的混合物。油脂酸败后产生对人体健康有害的物质因而不能食用。为防止油脂的酸败，应将油脂保存在密闭容器中，而且要避光、低温存放。

四、油脂的意义及医药应用

1. 机体能量的重要来源　油脂是动物体内储存和供给能量的重要物质之一。人体所需总热量的 20% ～ 30% 由脂肪氧化来提供，尤其在饥饿或禁食时，脂肪就成为机体所需能量的主要来源。

2. 生物膜的组成部分　脂蛋白是构成生物膜的成分，对维持细胞正常功能起重要作用。

3. 保持体温、保护脏器　脂肪不易导热，分布于皮下的脂肪可以防止热量散失而保持体温。分布于脏器周围的脂肪可对撞击起到缓冲作用而保护内脏。

4. 油脂能促进脂溶性维生素的吸收、代谢，并与多种激素的生成以及神经介质的传递等有密切关系。

油脂还广泛应用于制药工业中，如麻油可用作膏药的基质原料，且麻油药性清凉，有消炎、镇痛等作用。蓖麻油一般用作导泻剂。

第 2 节　类　　脂

类脂是存在于生物体内、性质类似于油脂的一类化合物。重要的类脂有**磷脂**和**甾醇**。

一、磷脂的结构特点

磷脂广泛存在于动植物组织中，主要存于脑、神经组织、骨髓、心、肝、肾等器官中，在蛋黄、植物的种子及胚芽中，磷脂的含量也很丰富。

磷脂是含磷的脂肪酸甘油酯，结构和性质都与油脂相似。磷脂完全水解后可以生成甘油、脂肪酸、磷酸、含氮有机碱四种物质。根据含氮有机碱的不同，磷脂分为**卵磷脂**（磷脂酰胆碱）和**脑磷脂**（磷脂酰胆胺）。

（一）卵磷脂

卵磷脂因最初从蛋黄中发现，且含量丰富而得名。其结构式如下：

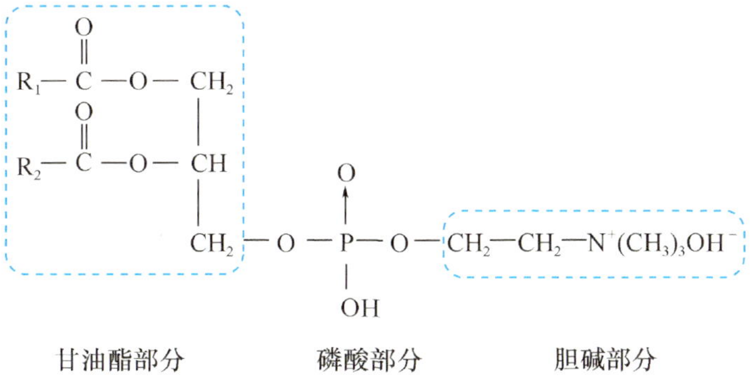

1 分子卵磷脂完全水解后可以生成 1 分子甘油、2 分子脂肪酸、1 分子磷酸和 1 分子胆碱。

卵磷脂与脂肪的吸收和代谢有密切的关系，具有抗脂肪肝的作用。

（二）脑磷脂

脑磷脂因在脑组织中含量较多而得名，并与卵磷脂共存于动物的组织中。结构式如下：

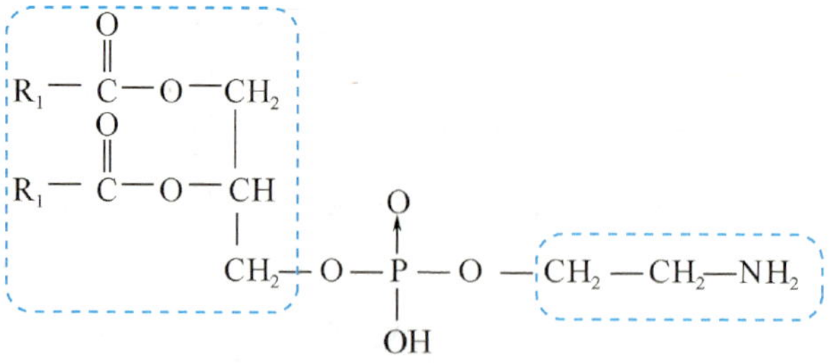

1 分子脑磷脂完全水解后可以生成 1 分子甘油、2 分子脂肪酸、1 分子磷酸和 1 分子胆胺。

脑磷脂存在于血小板中，与血液的凝固有关，其中能促进血液凝固的凝血激酶就是由脑磷脂和蛋白质组成的。

二、甾醇的结构特点

甾醇广泛存在于动植物的组织中，其在结构上都含有一个**环戊烷多氢菲**的骨架。C_3 上连有羟基。因此**甾醇**是一类含有一个环戊烷多氢菲骨架、结构复杂的脂环醇。环戊烷多氢菲及甾醇的基本结构如下：

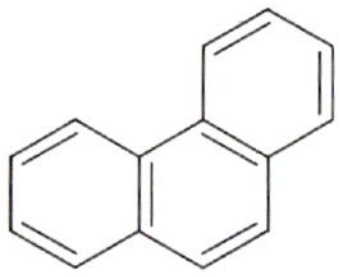

菲

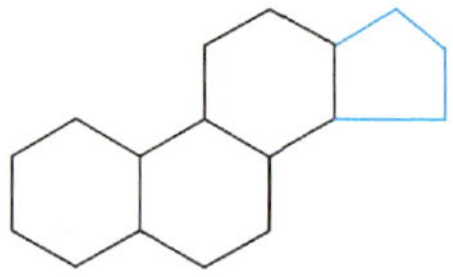

环戊烷多氢菲

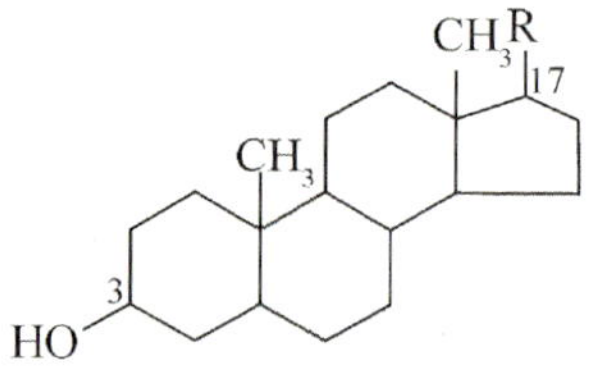

甾醇的基本结构

甾醇的“甾”上的三条折线表示甾醇上的两个甲基和一个烃基，“田”则形象地表示了环戊烷多氢菲的结构。各种甾醇在结构上的差别主要是 C_{17} 上连接的烃基（—R）不同，以及环上的双键数目和位置不同。其中最重要的甾醇是**胆甾醇**，又称**胆固醇**。

三、常见的类脂

（一）胆甾醇

胆甾醇是一种无色或略带黄色的蜡状固体，难溶于水，易溶于热乙醇、乙醚和氯仿等有机溶剂。胆甾醇常与油脂共存但不能皂化。胆甾醇在体内常与脂肪酸结合成胆甾醇酯，两者共存于血液中。在人体中，当胆甾醇代谢发生障碍时，血液中的胆甾醇含量就会增加，胆甾醇和胆甾醇酯沉积于血管壁是造成动脉硬化的原因之一。

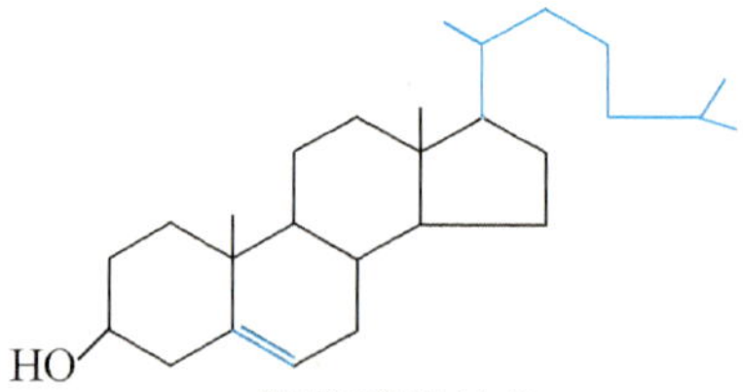

胆甾醇的结构

链接

血脂与动脉粥样硬化

血脂包括甘油三酯、磷脂、胆甾醇和胆甾醇酯以及游离脂肪酸等。血脂代谢异常可使机体内血脂含量过高。血脂长期超标，将会逐渐沉积于血管壁上，引起不同程度的血管阻塞，从而导致局部组织缺血，严重的甚至会引起脑中风、冠心病等。因此，血脂代谢异常是导致动脉粥样硬化的重要因素。

（二）7- 去氢胆甾醇和麦角甾醇

7- 去氢胆甾醇是动物甾醇，与胆固醇在结构上有一定的差异。在结肠黏膜细胞内，胆固醇经酶催化氧化成 7- 去氢胆甾醇；麦角甾醇是植物甾醇，存在于酵母和某些植物当中。

甾醇类中的 7- 去氢胆甾醇和麦角甾醇等在阳光作用下可转变成各种**维生素 D**。

胆甾醇在体内还可以转变成多种重要的物质，如胆汁酸（如胆酸）、肾上腺皮质激素（如氢化可的松）、性激素（如睾酮、黄体酮）等，它们都是具有重要生理功能的物质。

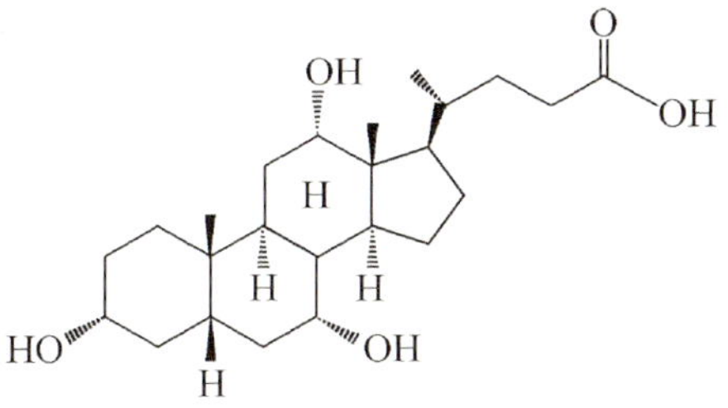

胆酸(其盐是体内乳化剂)

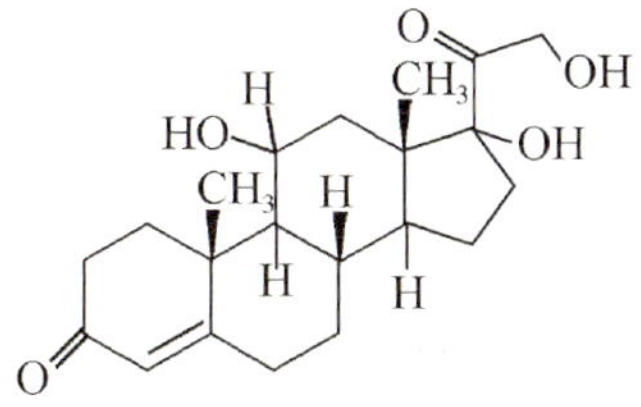

氢化可的松(抗炎、抗过敏药物)

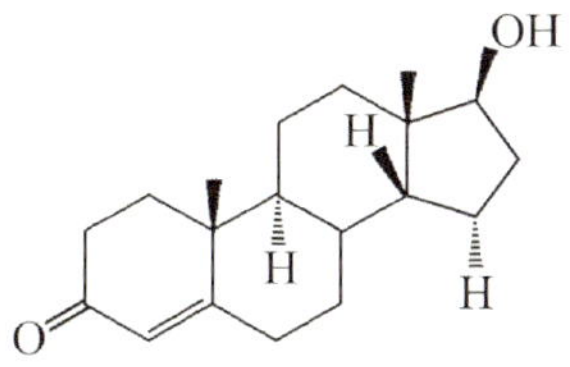

睾酮(雄性激素)

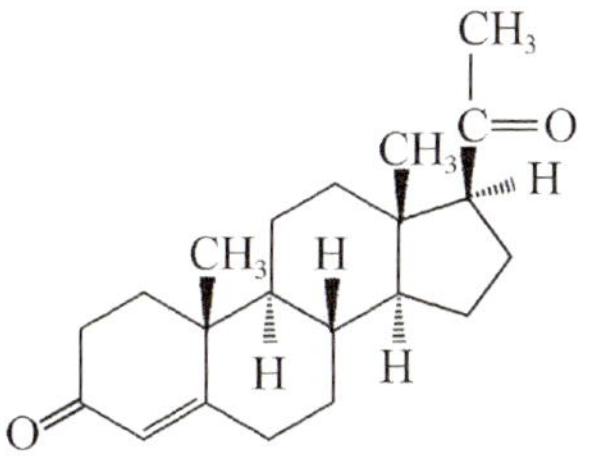

黄体酮(雌性激素)

第 3 节　糖类有机化合物

糖类是广泛存在于自然界中的一类重要有机化合物，也是人类生命活动必需的营养物质之一。生物体内都含有糖类，例如，人体血液中葡萄糖，哺乳动物乳汁中乳糖，肝和肌肉中糖原，植物细胞壁内纤维素，粮食作物中淀粉都属于糖类有机化合物。此外，许多糖类化合物还具有特殊的生理功能，如肝素具有抗凝血作用。

案例 8-2

张大爷自述最近口渴多饮，吃得多，尿得多，身体却越来越瘦，四肢乏力。他的空腹血糖浓度为 16.7mmol/L，被诊断为糖尿病，医生给他开了一些治疗药并叮嘱平时要注意饮食，少吃含糖高的食物。张大爷嘀咕，他很少吃糖，基本上一日三餐都是大米饭，每餐还能吃两大碗呢，怎么就会得糖尿病呢？

思考与讨论：1. 什么是血糖、糖类化合物？常见的糖有哪些？淀粉是糖类么？

2. 糖的结构是怎么样的？有哪些化学性质？

糖类化合物最早被称为“碳水化合物”，这是因为糖类化合物由碳、氢、氧三种元素组成，并且大多数糖类化合物中氢原子、氧原子的个数比为 2 ∶ 1，恰如水的组成，可用通式 $C_n(H_2O)_m$ 表示。然而，随着科学的发展，发现鼠李糖（$C_6H_{12}O_5$）、脱氧核糖（$C_5H_{10}O_4$）等糖类化合物中氢、氧个数之比不是 2 ∶ 1，而有些化合物如甲醛（CH_2O）、乙酸（$C_2H_4O_2$）等又符合 $C_n(H_2O)_m$ 通式，且不属于糖类，因此碳水化合物这个名称并不恰当，但这个名称沿用已久，有些书上仍在应用。

从化学结构上看，**糖类**是多羟基醛、多羟基酮或它们的脱水缩合物。根据水解情况，糖类一般分为单糖、低聚糖和多糖。

不能水解的糖称为单糖，如葡萄糖、果糖；水解后生成 2 ～ 10 个单糖分子的糖称为低聚糖，根据单糖数目，又可分为双糖、三糖等，其中最重要的是双糖，如蔗糖、麦芽糖；水解后能成 10 个以上单糖分子的糖称为多糖，如淀粉、糖原、纤维素。

一、单　　糖

单糖一般含有 3 ～ 6 个碳原子，按分子中所含碳原子数目可分为丙糖、丁糖、戊糖和己糖；从结构上可分为醛糖和酮糖，多羟基醛称为**醛糖**，多羟基酮称为**酮糖**。与医药关系密切的单糖有葡萄糖、果糖、核糖、脱氧核糖、半乳糖和氨基糖等。其中具有代表性的是葡萄糖和果糖。

（一）单糖的结构

1. 葡萄糖的结构

（1）开链式结构：葡萄糖的分子式为 $C_6H_{12}O_6$，属**己醛糖**，为直链的五羟基己醛，**其中 2，3，4，5 号碳原子是手性碳原子。手性碳原子中与羟甲基（—CH_2OH）相连的手性碳原子（即 C_5）的羟基在右边的，属于 D- 型，在左边的，属于 L- 型。天然存在的葡萄糖是 D- 葡萄糖**，其结构式为

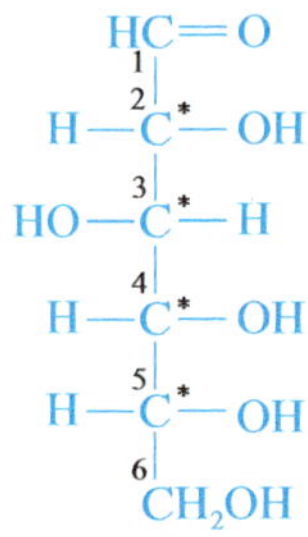

D-葡萄糖

（2）氧环式结构：葡萄糖分子中既含有醛基，又含有羟基。C_5 上的羟基与 C_1 的醛基之间可发生加成反应，生成环状的半缩醛，产生的羟基被称为**苷羟基**。葡萄糖的环状结构是由 1 个氧和 5 个碳形成的六元环，与含氧六元杂环吡喃相似，因此称为**吡喃型葡萄糖**。

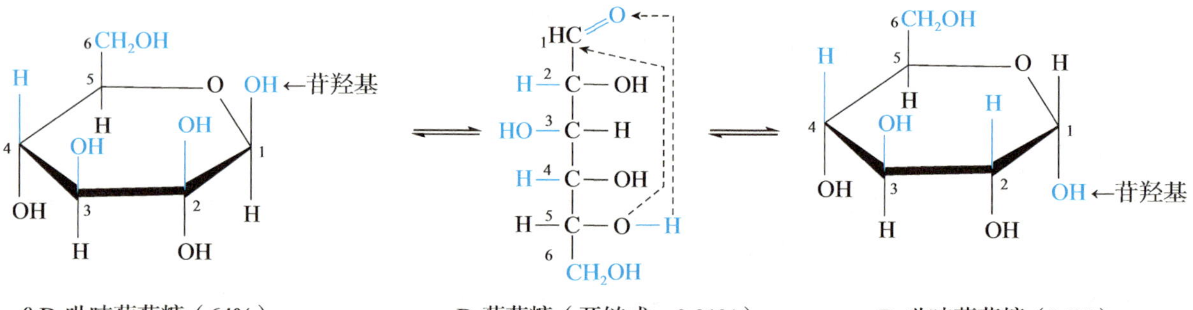

β-D-吡喃葡萄糖（64%）　　D-葡萄糖（开链式，0.01%）　　*α*-D-吡喃葡萄糖（36%）

上图中的吡喃葡萄糖结构，是把吡喃环（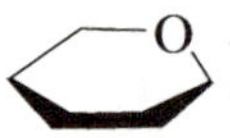）当做平面，把连在环上面的基团写在环的上面或下面，以表示其空间位置，这样的环状结构式叫做**哈沃斯投影式**（Haworth projection）。

开链式葡萄糖转化为吡喃葡萄糖时，通常将开链式结构中的左边原子、—CH_2OH（即 C_6）写在吡喃环的上侧，苷羟基与 C_6 的羟甲基（—CH_2OH）同侧的，即在吡喃环上面的称为 *β* 型葡萄糖，约占总含量的 64%，是葡萄糖的主要构型；苷羟基与 C_6 的羟甲基（—CH_2OH）异侧的，即在吡喃环下面的，称为 **α 型葡萄糖，约占总含量的 36%，开链式结构仅占约 0.01%**。这两种异构体在溶液中可以通过开链式结构互相转换，形成一个平衡体系。

2. 果糖的结构

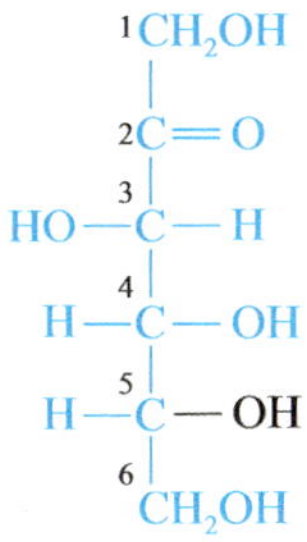

（1）开链式结构：果糖的分子式为 $C_6H_{12}O_6$，是己酮糖，与葡萄糖互为同分异构体，其开链式分子中 C_2 与氧结合为酮基，其余 5 个碳原子上各连有 1 个羟基，除 C_1 外，C_3、C_4、C_5 上羟基的空间位置与葡萄糖相同。天然果糖均是 D- 果糖。

（2）氧环式结构：由于果糖分子中与酮基相邻的碳原子上都有羟基，酮基的活泼性提高，可分别与 C_5 或 C_6 上的羟基作用生成环状半缩酮。果糖以游离态存在时，主要以六元环（吡喃型）形式存在；当果糖以结合态存在时，则以五元环（呋喃型）的形式存在。与葡萄糖相似，氧环式果糖的结构也有 *α* 型和 *β* 型两种。

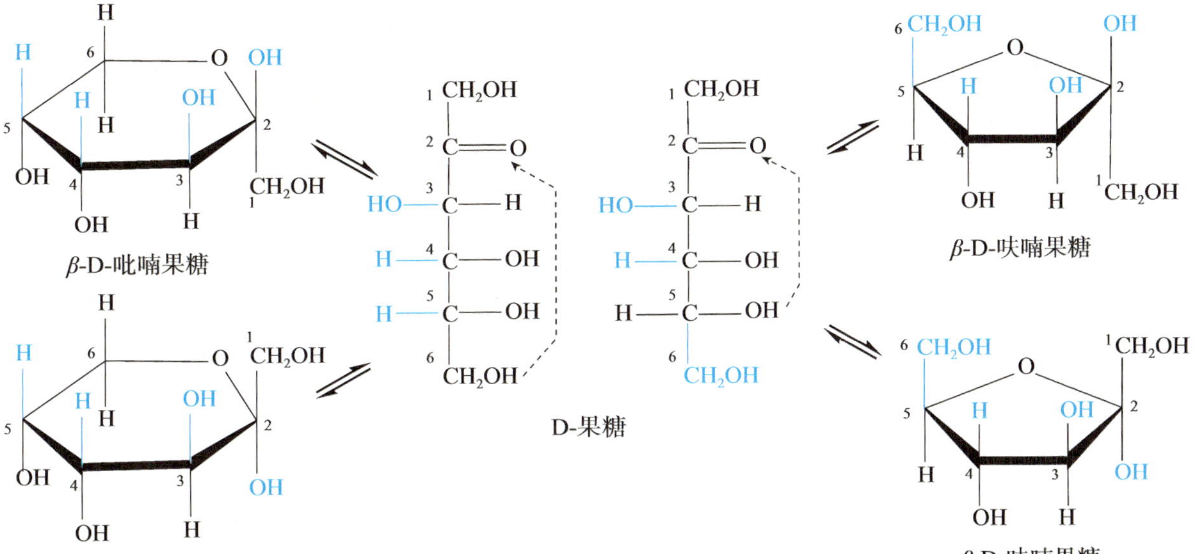

β-D-吡喃果糖　*α*-D-吡喃果糖　D-果糖　*β*-D-呋喃果糖　*β*-D-呋喃果糖

3. 核糖和脱氧核糖的结构　核糖的分子式为 $C_5H_{10}O_5$，脱氧核糖的分子式为 $C_5H_{10}O_4$，它们都是戊醛糖。在结构上，核糖的 C_2 上有 1 个羟基，脱氧核糖的 C_2 上则没有羟基，只有 2 个氢原子，即脱氧核糖可以看作是核糖脱去 C_2 上的羟基氧原子而成的。

1）开链式结构

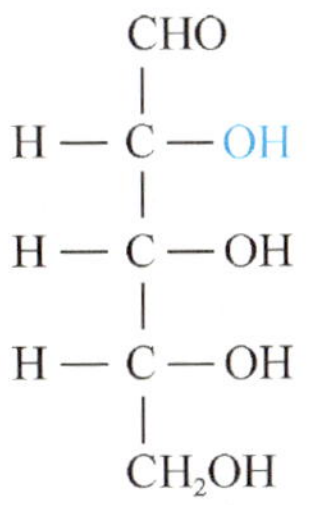

核糖

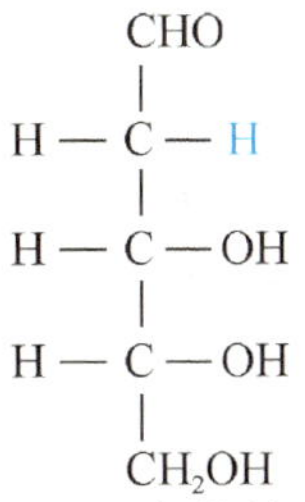

脱氧核糖

2）氧环式结构：核糖的哈沃斯投影式，表示如下：

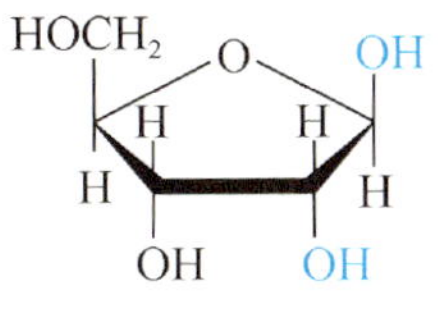

β-呋喃核糖

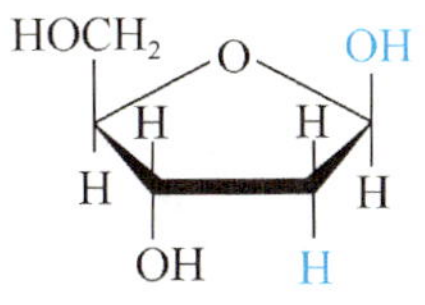

β-呋喃脱氧核糖

（二）物理性质

单糖都是无色结晶体，具有吸湿性，易溶于水，难溶于乙醇等有机溶剂。单糖味甘，不同的单糖甜度不同，单糖（除丙酮糖外）都具有旋光性，溶于水时出现变旋现象。

（三）化学性质

单糖分子中含有羟基和醛基或者酮基，是复合官能团的化合物，其化学性质由羟基、醛基决定。由于多羟基酮的酮基受到羟基的影响，其性质与多羟基醛相似。

1. 氧化反应

（1）银镜反应：托伦试剂是硝酸银与适量的氨水配成的溶液，其主要成分银氨配合物 $[Ag(NH_3)_2OH]$ 具有弱氧化性，能被单糖还原生成单质银，产生银镜现象（彩图 4-8）。因此该反应称为银镜反应。其化学反应方程式为

$$CH_2OH(CHOH)_4CHO + 2Ag(NH_3)_2OH \xrightarrow{水浴} CH_2OH(CHOH)_4COONH_4 + 2Ag\downarrow + 3NH_3\uparrow + H_2O$$

（2）与班氏试剂（又称本尼迪克特试剂）反应：班氏试剂是硫酸铜、碳酸钠和柠檬酸钠配制而成的碱性溶液，其主要成分是铜离子和柠檬酸根离子形成的配合物，能被单糖还原成砖红色的氧化亚铜（Cu_2O）沉淀（彩图 4-8）。在临床上，常用这一反应来检验糖尿病患者尿中是否有葡萄糖。其化学反应方程式为

$$2CH_2OH(CHOH)_4CHO + 3Cu(OH)_2 \longrightarrow [CH_2OH(CHOH)_4COO]_2Cu + Cu_2O\downarrow + 3H_2O$$

凡能被托伦试剂、班氏试剂氧化的糖称为还原性糖，反之称为非原还性糖，单糖都是还原性糖。

2. 成苷反应 单糖环状结构的苷羟基较活泼，能够与另一含羟基的化合物（如醇和酚等）脱去一分子的水生成糖苷（简称苷），此反应称为**成苷反应**。例如，葡萄糖与甲醇在干燥的 HCl 气体的催化作用下，脱去一分子的水，生成葡萄糖甲苷。

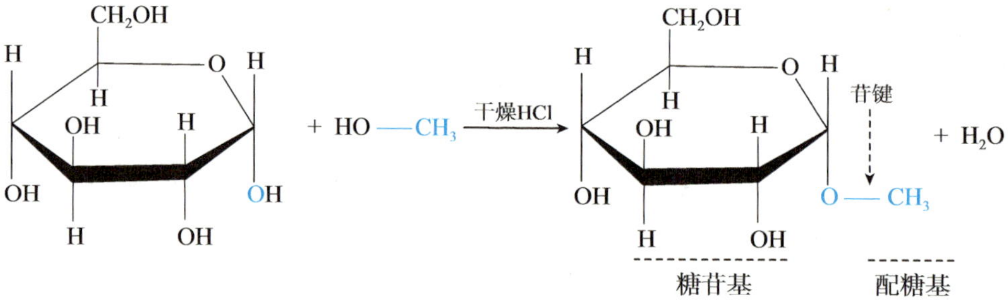

糖苷是由糖和非糖部分通过苷键连接而成的一类化合物，相当于缩醛。糖的部分称为糖苷基，非糖部分称为配糖基，糖苷基和配糖基之间由氧原子连接而成的键称为**糖苷键（或苷键）**。糖苷不具有还原性。

糖苷广泛存在于植物体中，且大多数具有生物活性，是许多中草药的有效成分之一。皂苷是一类特殊的糖苷，人参、远志、桔梗、甘草、知母和柴胡等中草药的主要有效成分都含有皂苷。

3. 成酯反应 单糖分子中的羟基能与酸发生反应生成酯，人体内的葡萄糖在酶的作用下，分子中 C_1、C_6 上的羟基可以分别或同时与磷酸发生酯化反应，生成葡萄糖 -1- 磷酸酯、葡萄糖 -6- 磷酸酯和葡萄糖 -1, 6- 二磷酸酯，在生物化学中，它们常被称为 1- 磷酸葡萄糖，6- 磷酸葡萄糖，和 1, 6- 二磷酸葡萄糖。

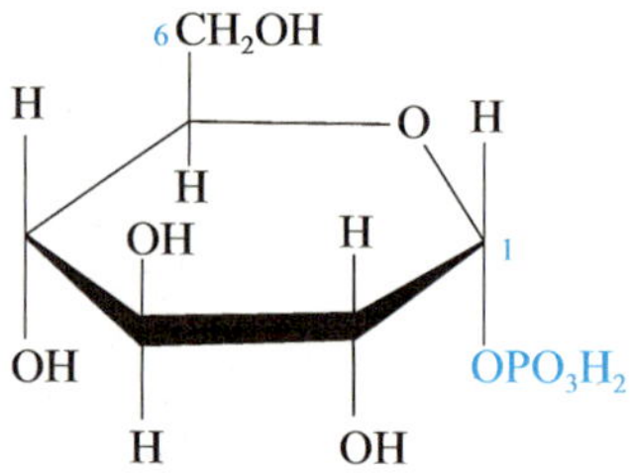

葡萄糖-1-磷酸酯
（1-磷酸葡萄糖）

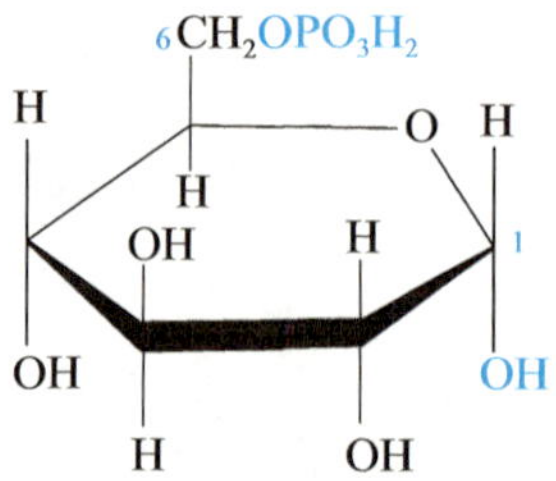

葡萄糖-6-磷酸酯
（6-磷酸葡萄糖）

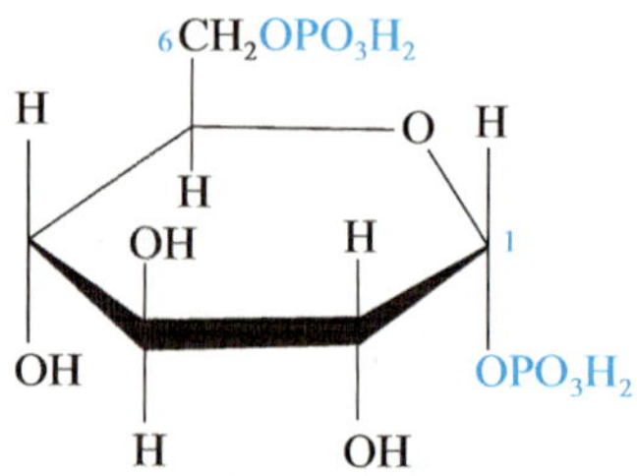

葡萄糖-1, 6-二磷酸酯
（1, 6-二磷酸葡萄糖）

在人体中的化学反应中，单糖的磷酸酯是体内许多代谢过程的中间产物，在生命过程中具有非常重要的意义。

（四）医学中常用的单糖

1. 葡萄糖　葡萄糖是自然界分布最广的单糖，它是无色或白色结晶粉末，有甜味。工业上用水解淀粉的方法来制取葡萄糖。

葡萄糖是人类重要的营养物质，是人体所需能量的主要来源。人类脑的功能完全依赖于葡萄糖分解过程产生的能量，在单位时间内需要恒定的葡萄糖供给，因此膳食中必须及时供给易分解成葡萄糖的糖类化合物。在医药上葡萄糖作为营养剂，50g/L（5%）的葡萄糖溶液是临床输液时常用的等渗溶液，并有强心、利尿和解毒作用。在制药、食品工业中，葡萄糖是重要原料。

人体血液中的葡萄糖称为血糖，正常人空腹时血糖的含量为3.9～6.1mmol/L；尿液中的葡萄糖称尿糖，糖尿病患者的尿糖含量随病情的轻重而不同。

2. 果糖　果糖是无色结晶，味很甜，易溶于水，可溶于乙醇和乙醚，熔点为104℃。其水溶液具有旋光性，并且是左旋体，因此又称为左旋糖。

果糖是天然糖中最甜的糖，甜度为蔗糖的1.3～1.8倍。果糖常以游离态存在于蜂蜜和水果汁中，以结合态存在于蔗糖中。

果糖在体内能与磷酸作用生成磷酸酯，作为体内代谢的重要中间产物1，6-二磷酸果糖是高能营养性药物，有增强细胞活力和保护细胞的功能，可作为心肌梗死及各类休克的辅助药物。

3. 核糖和脱氧核糖　核糖是核糖核酸（RNA）的重要组成部分。脱氧核糖是脱氧核糖核酸（DNA）的重要组成部分。RNA参与蛋白质和酶的生物合成，DNA是传送遗传密码的要素，它们是人类生命活动中非常重要的物质。

二、双　　糖

双糖是由两个单糖分子脱水缩合而成。常见的双糖有蔗糖、麦芽糖和乳糖，它们的分子式均为$C_{12}H_{22}O_{11}$，互为同分异构体。

（一）蔗糖

1. 蔗糖的结构特征　日常生活中食用的红糖、白糖、冰糖等主要成分是蔗糖，可以从甘蔗和甜菜中提取。蔗糖是由1分子*α*-吡喃葡萄糖C_1的羟基与1分子*β*-呋喃果糖C_2上的羟基脱去1分子水缩合而成的糖苷。蔗糖的哈沃斯投影式为

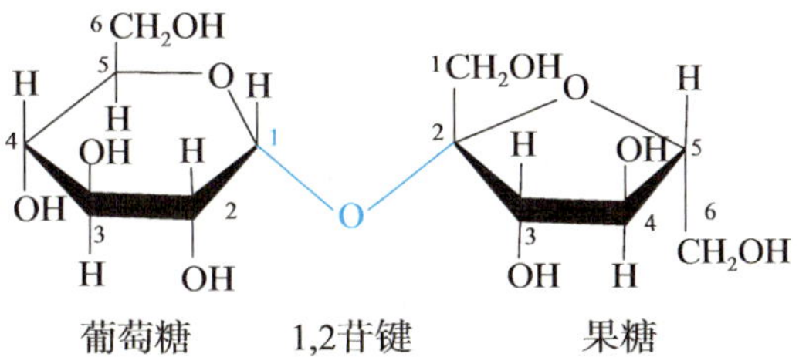

蔗糖分子结构

2. 蔗糖的性质　纯净的蔗糖是白色晶体，熔点为186℃，味甜，甜度仅次于果糖，易溶于水而难溶于乙醇。

由于蔗糖分子中没有**苷羟基**，无还原性，属于非还原性双糖，不能与托伦试剂、班氏试剂等弱氧化剂发生氧化反应，也不能发生成苷反应。在酸或酶的作用下，水解生成葡萄糖和果糖。

蔗糖水解后生成的等量的葡萄糖与果糖的混合物称为转化糖。转化糖因为含有果糖，所以甜度比蔗糖大。**蔗糖**富有营养，主要供食用。

案例 8-3

蔗糖由于具有极大的吸湿性和溶解性，因此能形成高度浓缩的高渗透压溶液，对微生物有抑制作用，利用此性质，食品工业将蔗糖大规模用于果脯、果酱的生产，医药将其用作防腐剂和抗氧剂。

思考与讨论： 1. 市场上常见的白糖、黑糖、红糖、冰糖等糖特征的异同点。

2. 为什么果脯等不容易腐坏？

（二）麦芽糖

麦芽糖在自然界以游离态存在的很少，主要存在于发芽的谷粒尤其是麦芽中，因此得名。淀粉可在淀粉酶的作用下水解生成麦芽糖。

1. 麦芽糖的结构特征 麦芽糖是由 2 分子葡萄糖脱去 1 分子水缩合而成的，2 个葡萄糖分子之间通过 α-1，4 苷键相结合。麦芽糖的哈沃斯投影式为

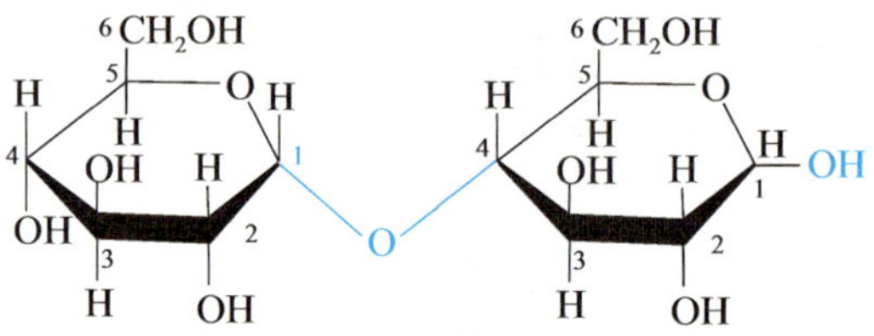

α-葡萄糖 α-1,4苷键 α或β-葡萄糖

麦芽糖分子结构

2. 麦芽糖的性质 麦芽糖为白色晶体，易溶于水，有甜味，甜度约为蔗糖的 70%，是饴糖的主要成分，有营养价值，可用作糖果以及细菌的培养基。

麦芽糖分子中有一个苷羟基，具有还原性，是**还原性双糖**，它能与托伦试剂、班氏试剂作用，也能发生成苷反应和成酯反应。

麦芽糖是淀粉水解的中间产物。在酸或酶的作用下，1 分子麦芽糖能水解生成 2 分子葡萄糖。

$$\text{麦芽糖} + H_2O \xrightarrow{H^+\text{或酶}} \text{葡萄糖} + \text{葡萄糖}$$

（三）乳糖

乳糖存在于哺乳动物的乳汁中而得名，牛乳中含 40 ~ 50g/L，人乳中含 60 ~ 70 g/L。乳糖是奶酪工业的副产品。

1. 乳糖的结构特征 乳糖分子是由 1 分子 β- 半乳糖 C_1 上的羟基与另一分子 α- 吡喃葡萄糖 C_4 上的羟基脱去 1 分子水缩合而成的。乳糖的哈沃斯投影式为：

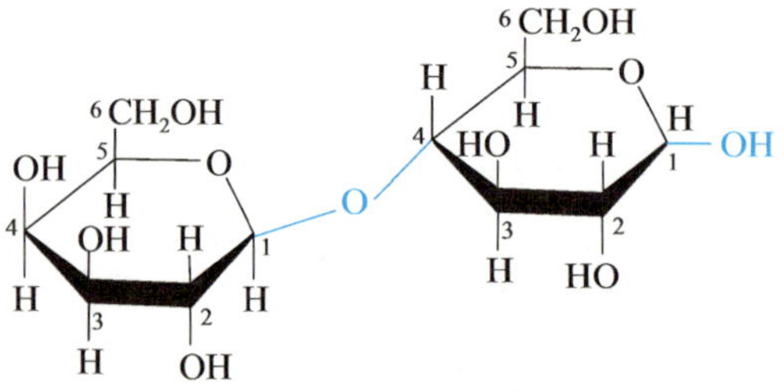

β-半乳糖 β-1,4苷键 α或β-葡萄糖

乳糖的分子结构式

2. 乳糖的性质 乳糖是白色粉末，有甜味但甜度较小，在水中溶解度小，吸湿性小，医药上常用作散剂、片剂的填充剂。

乳糖分子中有一个游离的苷羟基，因此具有还原性，能与托伦试剂、班氏试剂作用，也能发生

成苷反应和成酯反应。

在酸或酶的作用下，乳糖能水解生成 1 分子 β- 半乳糖和 1 分子葡萄糖。

$$\text{乳糖} + H_2O \xrightarrow{H^+\text{或酶}} \text{半乳糖} + \text{葡萄糖}$$

三、多　糖

多糖是由多个单糖分子间脱水缩合，通过苷键连接而成的天然高分子化合物。可用通式（$C_6H_{10}O_5$）$_n$ 来表示，它们不是纯净物，而是混合物。多糖广泛存在于动植物体内，与人类关系最密切的多糖有淀粉、糖原和纤维素等。还有一些多糖如黏多糖、血型物质等，具有复杂多样的生理功能，在生物体内起着重要的作用。

根据组成多糖的单元是否相同，可将多糖分为**匀多糖**和**杂多糖**。匀多糖是由相同的单糖脱水缩合而成的多糖，如淀粉、糖原、纤维素等。**杂多糖**是指由不同的单糖脱水缩合而成的多糖，如硫酸软骨素、肝素、α- 球蛋白等。

多糖没有甜味，大多数不溶于水，少数溶于水而形成胶体溶液。因多糖分子中的苷羟基几乎被结合成氧苷键，所以多糖无还原性，属于非还原性糖，不能与班氏试剂、托伦试剂等弱氧化剂发生氧化反应。在酸或酶的作用下，多糖能够水解，最终产物为单糖。生活中和医药卫生领域中常见的多糖如下。

（一）淀粉

淀粉是绿色植物光合作用的主要产物，是植物储存营养物质的一种形式。它广泛存在于植物的种子和块茎中，如大米中淀粉的含量约为 80%，小麦中淀粉含量约为 70%，是人类最主要的食物。

组成淀粉的基本单元是 α- 葡萄糖。天然淀粉是无色无味的白色粉状物，根据结构不同，淀粉可分为直链淀粉和支链淀粉。图 8-2 和图 8-3 分别为直链淀粉和支链淀粉的结构。淀粉中直链淀粉约占 20%，支链淀粉约占 80%。直链淀粉存在于淀粉的内层，一般由数百到数千个 α- 葡萄糖单元组成，葡萄糖单元之间是 α-1，4 苷键，在热水中有一定的溶解度，不成糊状，所以又称可溶性淀粉。支链淀粉存在于淀粉外层，组成淀粉的皮质，一般由数千到数万个 α- 葡萄糖单元组成，链中的葡萄糖单元之间是以 α-1，4 苷键结合，链与链之间是以 α-1，6 苷键相连接，在热水中膨胀而成糊状。糯米之所以黏性较强，就是因为含支链淀粉较多。

图 8-2　直链淀粉结构

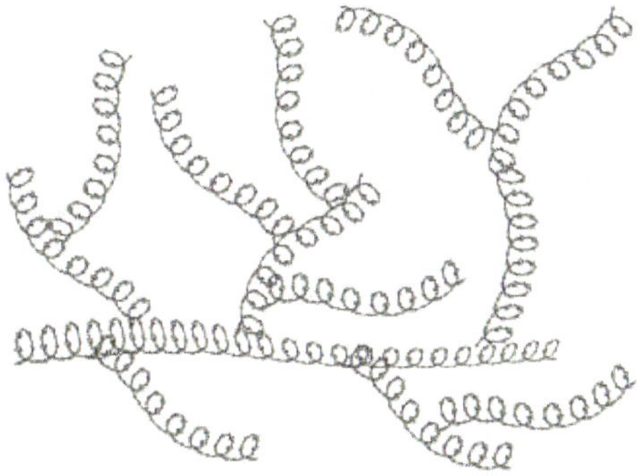

图 8-3　支链淀粉结构

直链淀粉遇碘作用显深蓝色，这个反应十分灵敏，加热蓝色即消失，冷却后又复现蓝色。支链淀粉与碘作用显蓝紫色。

淀粉在酸或酶的作用下，通过一系列水解，最后得到葡萄糖。

$$\underset{\text{淀粉}}{(C_6H_{10}O_5)_n} \xrightarrow{\text{水}} \underset{\text{糊精}}{(C_6H_{10}O_5)_m} \xrightarrow{\text{水}} \underset{\text{麦芽糖}}{C_{12}H_{22}O_{11}} \xrightarrow{\text{水}} \underset{\text{葡萄糖}}{C_6H_{12}O_6}$$

淀粉是发酵工业、制药工业的重要原料，在药物制剂中用作赋形剂。

（二）糖原

糖原是人和动物体内储存葡萄糖的一种多糖，又称**肝糖或动物淀粉**，属匀多糖。存在于肝脏中的糖原称肝糖原，存在于肌肉中的糖原称肌糖原。

糖原的组成单元是 α- 葡萄糖，结构与支链淀粉相似，但支链更多、更稠密、相对分子质量更大，各支链点之间的间隔大约是 5 个或 6 个葡萄糖单元。

糖原是无定形粉末，不溶于冷水，溶于热水成透明胶体溶液，与碘作用显红棕色。糖原水解的最终产物是 α- 葡萄糖。

糖原在体内的储存对维持人体血糖浓度的相对稳定性具有重要的调节作用。当血糖浓度升高时，多余的葡萄糖就聚合成糖原储存于肝内；当血糖浓度降低时，肝糖原就分解成葡萄糖进入血液，以保持血糖浓度正常。肌糖原是肌肉收缩和运动所需的主要能源。

（三）非淀粉多糖

非淀粉多糖又称不可利用多糖，是不能被人体消化吸收的糖类，包括纤维素、半纤维素、果胶等。非淀粉多糖的结构与直链淀粉相似。

纤维素是自然界分布最广的多糖，其组成单元是 β- 葡萄糖，即葡萄糖以 β-1，4 糖苷键结合。它是构成植物细胞壁的基础物质。木材中含纤维素 50% ～ 70%，棉花是含纤维素最多的物质，含量高达 98%。

纯粹的纤维素是白色的固体，不溶于水，较难水解。在高温下和无机酸共热，方能水解成葡萄糖。食草动物依靠消化道内微生物分泌的纤维素水解酶能把纤维素水解成葡萄糖，所以食草动物可以草为食，而人没有这种功能，因此纤维素不能直接被人消化利用。

链 接

膳食纤维可分为可溶性膳食纤维和不溶性膳食纤维。可溶性膳食纤维包括果胶、树胶、黏质和少量半纤维素，可吸水膨胀，并能被肠道微生物分解；它具有吸水、黏滞作用和结合胆汁酸作用，具有防止胆结石形成、预防结肠癌、防止能量过剩和肥胖等作用。不溶性膳食纤维主要包括纤维素、大部分半纤维素和木质素，不溶于水，也不能被肠道微生物分解。木质素具有较强结合胆汁酸的作用，并将其排出体外，因此有降血脂的作用。多吃蔬菜、水果以保持摄入一定量的膳食纤维对人类健康是有益的。

果胶是聚半乳糖醛酸，组成和结构较复杂。苹果、柑橘、柠檬、柚子等果皮中果胶约含 30%，是果胶的最丰富来源。饮食中摄入果胶，可促进粪便中脂肪、中性类固醇及胆汁的排泄。增加中性类固醇的排泄，有利于降低与性激素有关癌症的发病率。

在药物制剂中，纤维素经处理后可用作片剂的黏合剂、填充剂、崩解剂、润滑剂和良好的赋形剂。

第 4 节　生命的物质基础——蛋白质

蛋白质广泛存在于生物体内，是一切细胞的重要组成成分，动物的肌肉、皮肤、发、毛、蹄、角等的主要成分都是蛋白质，约占人体除水外剩余质量的一半。人体一切重要的生命现象和生理功能，都与蛋白质密切相关，如在生物新陈代谢中起催化作用的酶，起调节作用的激素，运输氧气的血红蛋白，以及引起疾病的细菌、病毒，抵抗疾病的抗体等，都含有蛋白质。机体的运动、消化、生长、遗传和繁殖等都与蛋白质、核酸密切相关。蛋白质和核酸被称为生命的物质基础。

一、氨 基 酸

案例 8-4

催 产 素

临床上使用的催产素是一种多肽。1953 年，美国生化学家文维尼奥第一次人工合成了它，并凭此获得 1955 年的诺贝尔化学奖。催产素的氨基酸组成及排列顺序可缩写为

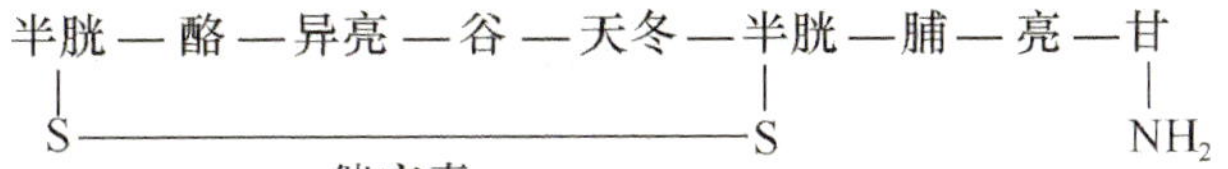

催产素

催产素是一种男性和女性都会分泌的激素。当一个人的催产素水平升高时，即便是对完全陌生的人也会变得更加慷慨，更加有爱心，因此催产素被戏称为“爱情激素”或“道德分子”。

思考与讨论： 1. 什么是氨基酸？氨基酸的结构是怎样的？

2. 催产素是由多少个氨基酸，通过何种化学键形成的？其中有多少个肽键？

氨基酸在自然界主要以多肽或蛋白质的形式存在于动植物体内，游离态的氨基酸在自然界存在很少。氨基酸是构成蛋白质的基本单位。

（一）氨基酸的结构特征

阅读表 8-1，观察氨基酸的结构，填写表 8-2。

表 8-1　重要的 α- 氨基酸

名称	结构式	字母代号	等电点
甘氨酸（α- 氨基乙酸）	$\underset{NH_2}{\underset{\vert}{CH_2}}-COOH$	G	5.97
丙氨酸（α- 氨基丙酸）	$CH_3-\underset{NH_2}{\underset{\vert}{CH}}-COOH$	A	6.00
*缬氨酸（α- 氨基异戊酸）	$CH_3-\underset{CH_3}{\underset{\vert}{CH}}-\underset{NH_2}{\underset{\vert}{CH}}-COOH$	V	5.96
*亮氨酸（α- 氨基异己酸）	$CH_3-\underset{CH_3}{\underset{\vert}{CH}}CH_2-\underset{NH_2}{\underset{\vert}{CH}}-COOH$	L	6.02
*异亮氨酸（β- 甲基 -α- 氨基戊酸）	$CH_3CH_2\underset{CH_3}{\underset{\vert}{CH}}\underset{NH_2}{\underset{\vert}{CH}}-COOH$	I	5.98
*苏氨酸（β- 羟基 -α- 氨基丁酸）	$CH_3\underset{OH}{\underset{\vert}{CH}}-\underset{NH_2}{\underset{\vert}{CH}}-COOH$	T	6.53
*蛋氨酸（γ- 甲硫基 -α- 氨基丁酸）（甲硫氨酸）	$CH_3-S-CH_2CH_2\underset{NH_2}{\underset{\vert}{CH}}-COOH$	M	5.74
半胱氨酸（β- 巯基 -α- 氨基丙酸）	$\underset{SH}{\underset{\vert}{CH_2}}-\underset{NH_2}{\underset{\vert}{CH}}-COOH$	C	5.07
谷氨酸（α- 氨基戊二酸）	$HOOC-CH_2-CH_2\underset{NH_2}{\underset{\vert}{CH}}-COOH$	E	3.22
*赖氨酸（α，ε - 二氨基己酸）	$\underset{NH_2}{\underset{\vert}{CH_2}}-(CH_2)_3-\underset{NH_2}{\underset{\vert}{CH}}-COOH$	K	9.74

续表

名称	结构式	字母代号	等电点
精氨酸（δ-胍基-α-氨基戊酸）	$NH_2-C(=NH)-NH-(CH_2)_3-CH(NH_2)-COOH$	R	10.76
*苯丙氨酸（β-苯基-α-氨基丙酸）	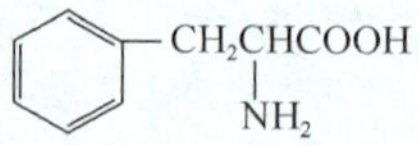	F	5.48
酪氨酸（β-对羟苯基-α-氨基丙酸）	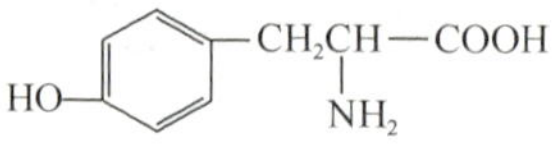	Y	5.66
脯氨酸（α-羧基四氢吡咯）	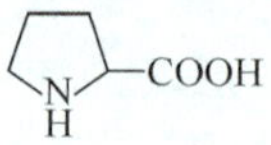	P	6.30
*色氨酸（β-3-吲哚-α-氨基丙酸）	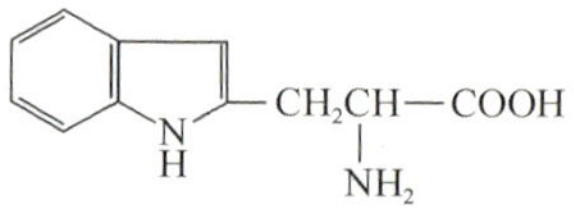	W	5.89

注：表中标有 * 号的为必需氨基酸，即在人体内不能合成，必须由食物供给的氨基酸。

表 8-2　氨基酸的结构特征

	甘氨酸	丙氨酸	缬氨酸
结构式			
共同结构			
不同基团			
推断结构通式			

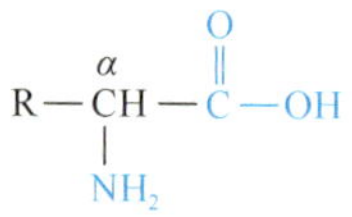

图 8-4　氨基酸的结构通式

氨基酸是一类既含有羧基又含有氨基的有机化合物。氨基酸的官能团包括羧基（—COOH）和氨基（$-NH_2$），羧基是酸性基团，氨基是碱性基团。氨基连在 α 碳上的为 α-氨基酸。天然氨基酸均为 α-氨基酸。α-氨基酸的结构通式如图 8-4 所示。

（二）常见氨基酸

已经发现的天然氨基酸有三百多种，其中人体所需的氨基酸约有 22 种。表 8-1 中列出的氨基酸是一些重要的 α-氨基酸。

链 接

必需氨基酸的来源

构成蛋白质的氨基酸有 20 多种，其中有 8 种（缬氨酸、赖氨酸、蛋氨酸、亮氨酸、异亮氨酸、苏氨酸、苯丙氨酸和色氨酸）是人体不能合成的，需要从食物中摄取，称为必需氨基酸。通常，谷类食品比较缺乏赖氨酸，色氨酸较多；而豆类食品富含赖氨酸，色氨酸较少。两种食品混食，可以相互取长补短，满足人类需要。

（三）氨基酸的分类

（1）根据分子中烃基的不同，把氨基酸分为脂肪族氨基酸、芳香族氨基酸和杂环氨基酸。

（2）根据分子中所含的羧基和氨基的相对数目，把氨基酸分为中性氨基酸（一羧基一氨基）、酸性氨基酸（二羧基一氨基）、碱性氨基酸（一羧基二氨基）。

（四）氨基酸的命名

氨基酸的命名，通常按其来源或性质采用俗名。例如，天门冬氨酸最初是从植物天门冬的幼苗中发现而得名，甘氨酸因具有甜味而得名。

氨基酸的系统命名法与羟基酸相同，即以羧酸为母体，氨基当作取代基来命名，称为“氨基某酸”，氨基的位置习惯用希腊字母来标明。例如：

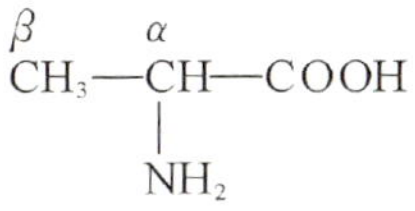

α-氨基丙酸

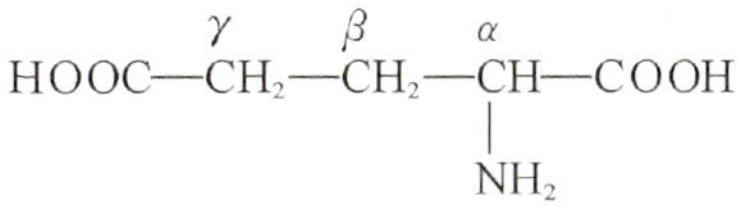

α-氨基戊二酸

（五）氨基酸的性质

1. 物理性质　氨基酸都是无色晶体，熔点较高，约在 230℃以上，大多没有确切的熔点，熔融时分解并放出 CO_2。氨基酸大多能溶于强酸和强碱溶液中，除胱氨酸、酪氨酸外，均溶于水；除脯氨酸和羟脯氨酸外，均难溶于乙醇和乙醚。各种 α- 氨基酸的钠盐、钙盐都溶于水。谷氨酸的钠盐因有鲜味，用作味精的主要成分。

2. 化学性质　氨基酸分子是有复合官能团的化合物，其分子中的官能团是氨基（$—NH_2$）和羧基（—COOH），因此，其化学性质主要由这两个基团决定。

（1）两性电离和等电点：氨基酸分子中含有酸性的羧基和碱性的氨基，是两性化合物。氨基酸是两性电解质，溶于水时羧基给出质子形成阴离子即酸式电离，氨基接受质子形成阳离子即碱式电离。所以氨基酸既能跟酸反应，又能跟碱反应，生成盐。例如：

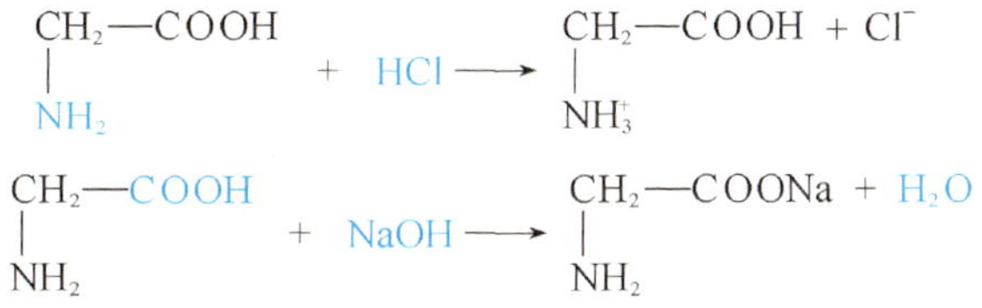

氨基酸分子内的氨基与羧基之间也可相互作用，氨基能接受由羧基上电离出的氢离子，成为两性离子（内盐）。

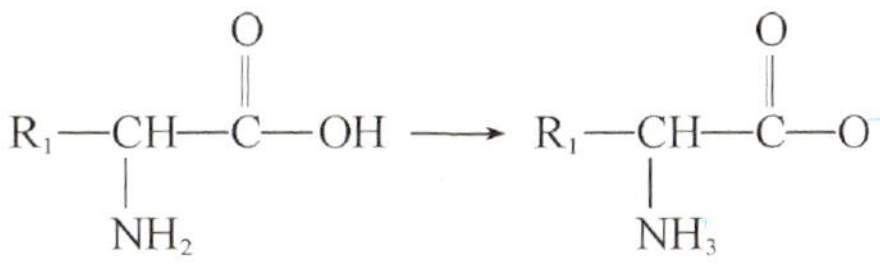

两性离子（分子内盐）

这种内盐形态的离子同时带有正电荷与负电荷，称为**两性离子**。

氨基酸在溶液中所带电荷，由溶液的 pH 来决定。在某一特定 pH 时，氨基酸主要以两性离子的形式存在，其所带正、负电荷相等，处于等电状态，这个 pH 被称为该氨基酸的**等电点**，用 pI 表示。pI 是氨基酸的重要常数之一，在等电点时氨基酸溶解度最小，可以利用调节等电点的方法纯化氨基酸混合物。

氨基酸在酸碱性溶液中的变化，可表示如下：

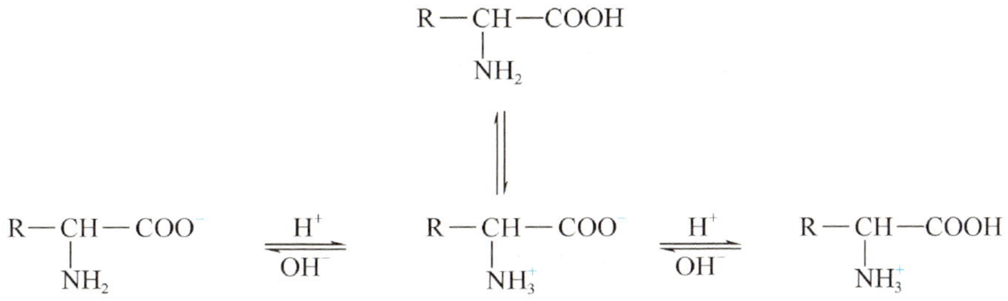

阴离子　　　　两性离子　　　　阳离子

溶液pH＞pI　　　　溶液pH=pI　　　　溶液pH＜pI

（2）成肽反应：两个 α- 氨基酸分子，在酸或酶存在的条件下，受热脱水生成二肽。例如：

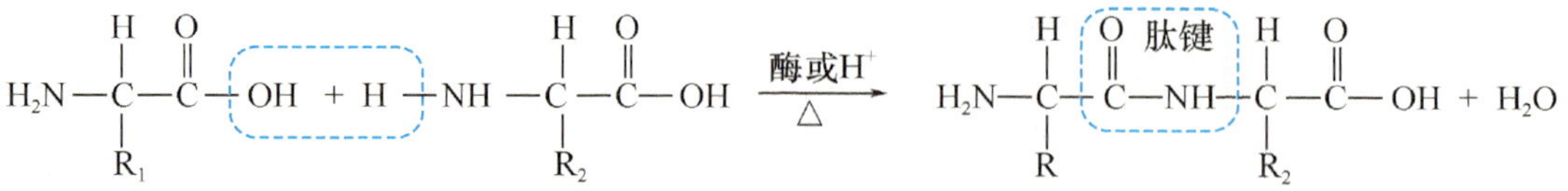

二肽分子中的酰胺键（）结构，称为肽键。二肽分子中的末端还可以再和另一个氨基酸分子继续脱水以肽键结合，生成三肽。以此类推，可以生成四肽、五肽……，不同的氨基酸分子通过多个肽键连接起来，形成多肽。例如：

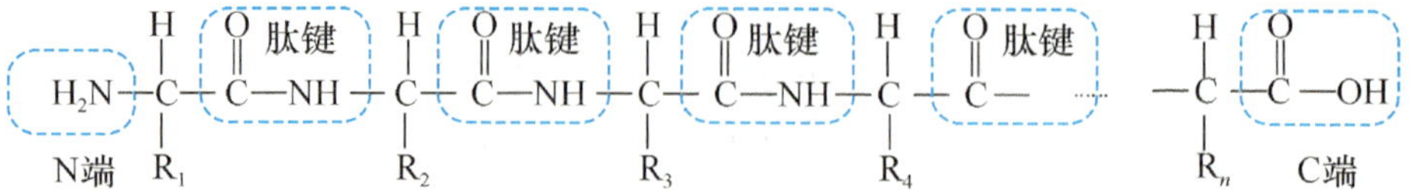

多肽

所以肽是由两个或两个以上氨基酸分子脱水后以肽键连接的化合物。肽链中每个氨基酸单位通常称作**氨基酸残基**。肽链中具有游离氨基的一端，称作 **N 端**，通常写在左边；具有游离羧基的一端，称作 **C 端**，通常写在右边。多种氨基酸分子按不同的顺序以肽键相互结合，可以形成千上万种具有不同理化性质和生物活性的多肽链。相对分子质量在 10 000 以上的，并具有一定空间结构的多肽，称为**蛋白质**。

（3）茚三酮反应：α- 氨基酸与茚三酮水溶液一起加热，能生成蓝紫色的化合物。这个反应非常灵敏，是鉴别 α- 氨基酸常用的方法之一。

二、蛋 白 质

蛋白质占人体质量的 16.3%。人体内蛋白质的种类很多，性质、功能各异，但都是由 20 多种氨基酸按不同比例组合而成的，并在体内不断进行代谢与更新。

案例 8-5

豆 制 品

中国是豆类食品发明最早、流传最久的国家。中国的传统豆制品，丰富多彩。豆浆、豆腐等都是由大豆（俗称黄豆）加工而成的豆制食品，属于优质蛋白。由于其营养丰富、物美价廉，深受人们的喜爱，大豆中的蛋白质含量很高，占 35% ～ 40%。中国营养学会建议：成人每天摄入蛋白质 70 ～ 90g，相当于 3100mL 的豆浆。不同的食用方法对蛋白质的吸收差异很大，其中将黄豆做成豆腐或豆浆食用，其消化率可达 90% 以上！豆浆不仅营养丰富，而且还有清肺化痰、降血压、降血脂的药用价值。研究表明：糖尿病病人每天饮一杯淡豆浆，可以控制血糖升高。

思考与讨论：1. 大豆制作成豆浆、豆腐等过程是利用了蛋白质的哪些性质？

2. 调查某一家庭日常三餐中蛋白质的摄入情况，并提出合理膳食建议。

（一）蛋白质的元素组成

蛋白质虽然种类繁多，结构复杂，但其组成元素并不多，由 α- 氨基酸的组成元素可知，组成蛋白质的主要元素是 C、H、O、N 四种元素，多数蛋白质含 S 元素，其近似含量见表 8-3。有些蛋白质还含有 P、Fe、Mn、Zn、Ca、Cu、Mg 等元素。

表 8-3　蛋白质组成元素的近似含量

蛋白质中存在的元素	近似含量 /%	蛋白质中存在的元素	近似含量 /%
C	50	多数含 S	0 ～ 3
H	7	一些含 P	0 ～ 3

续表

蛋白质中存在的元素	近似含量 /%	蛋白质中存在的元素	近似含量 /%
O	23	少数含 Fe、Mn、Zn、Ca、Cu、Mg	微量
N	16		

生物体中的 N 元素几乎都存在于蛋白质中，称为蛋白氮，且含量近似恒定，即 100g 蛋白质含有 16g N，1g N 存在于 6.25g 蛋白质中，这个 6.25 称为**蛋白质系数**，化学分析中可测定生物体中的 N 含量来计算蛋白质的含量。

案例 8-6

三聚氰胺与毒奶粉事件

三聚氰胺是一种低毒的化工原料，分子式为 $C_3N_6H_6$，三聚氰胺分子中含氮量高达 66.6%。动物实验结果表明，其在动物体内代谢影响泌尿系统，长期饮用会造成婴幼儿肾结石。

思考与讨论：为什么在奶粉中添加三聚氰胺可以提高蛋白质检测数值？

（二）蛋白质的结构

任何一种蛋白质分子在天然状态下均具有独特而稳定的结构，这是蛋白质分子结构中最显著的特征。各种蛋白质的特殊功能和活性不仅取决于多肽链的氨基酸的种类、数目和排列顺序，还与其特定的空间结构密切相关。蛋白质结构的复杂性难以想象，目前都通过模型方式来认识。

1. 一级结构　蛋白质的一级结构又称基本结构。它是指蛋白质分子中 *α*- 氨基酸的连接顺序。不同的蛋白质其一级结构是不同的，它是决定蛋白质特异性的主要原因。肽键在多肽链中是连接 *α*-氨基酸残基的主要化学键，因此在蛋白质结构中称为主键。

2. 空间结构　空间结构决定蛋白质特有的生物学活性。蛋白质的空间结构包括二级结构、三级结构和四级结构。蛋白质各级结构的形态和关系如图 8-5 所示。蛋白质分子中的多肽链一般不是全部以松散的线状存在，而是部分卷曲盘旋或折叠，或整条多肽链卷曲成螺旋状，蛋白质分子的这种螺旋结构或者折叠结构称为蛋白质的二级结构。氢键在维持蛋白质的二级结构中起重要作用。此外，蛋白质分子还依靠离子键、二硫键（—S—S—）、酯键（$\overset{\displaystyle O}{\overset{\|}{—C—O—}}$）、氢键、静电引力、范德瓦耳

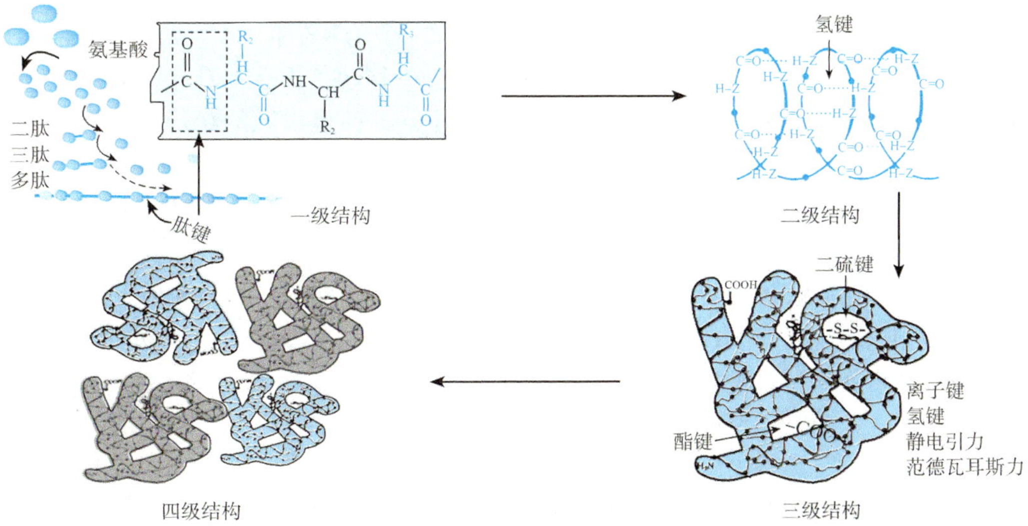

图 8-5　蛋白质各级结构的形态和关系

斯等作用力以一定的方式进一步折叠、扭曲，形成更复杂的三级结构。四级结构指 2 个及以上的三级结构（又称亚基）的缔合体。

（三）蛋白质的性质

蛋白质的多肽链是多个氨基酸脱水形成的，在多肽链的两端还存在着自由的氨基和羧基，而且链中也有酸性或碱性基团。因此蛋白质和氨基酸一样，也是两性物质，既能和酸反应，又能和碱反应。除此之外，还具有自身的特性。

1. 蛋白质的两性电离、等电点 在强酸性溶液中蛋白质分子以阳离子形式存在，在强碱性溶液中以阴离子形式存在，只有在适宜的 pH 时，蛋白质分子才以两性离子的形式存在（分子中正负电荷相等），在电场中既不向正极移动，也不向负极移动，这时溶液的 pH 称为该蛋白质的等电点。

不同的蛋白质等电点不同，许多蛋白质的等电点接近于 5，人体中几种蛋白质的等电点见表 8-4，它们一般与体液中的 K^+、Na^+、Ca^{2+}、Mg^{2+} 等离子结合成盐。在等电点时，蛋白质的黏度、渗透压等最小，分子呈电中性，因此，易沉淀析出，溶解度最小。

表 8-4　10 种蛋白质的等电点

蛋白质名称	等电点（pI）	蛋白质名称	等电点（pI）
尿酶	5.0	血清蛋白	4.7
胃蛋白酶	1.0	血清球蛋白	5.4
酪蛋白	4.6	鱼精蛋白	12.0
胰岛素	5.3	血红蛋白	6.7
卵清蛋白	4.6	肌球蛋白	7.0

例如，以 $H_2N—P—COOH$ 代表蛋白质分子，蛋白质在不同酸碱条件下的电离情况如下：

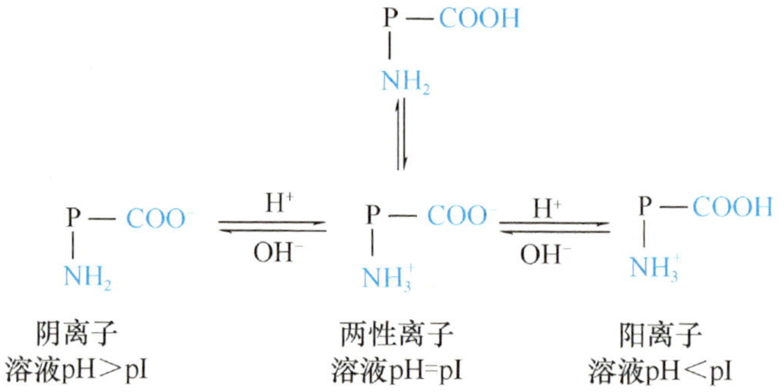

血清中各种蛋白质的等电点（pI）大多小于 7.0，将蛋白质置于 pH=8.6 的缓冲溶液中，它们都电离成阴离子，置于电场的负极端，在电场中均向正极移动。由于血清中各种蛋白质的等电点不同，在同一 pH 溶液中它们所带的电荷量不同；另外，各种蛋白质的相对分子质量、分子形状也有差异，因此，在同一电场中泳动的速度不同。蛋白质相对分子质量小带电多者，泳动速度快；相对分子质量大而带电少者，泳动速度较慢。目前在临床诊断上已广泛应用电泳法分离血清中的蛋白质。

2. 蛋白质的盐析 同胶体溶液相似，因为蛋白质分子带有相同电荷而且分子表面有一层水化膜，所以蛋白质溶液相对稳定。向蛋白质溶液加电解质[如加（NH_4）$_2SO_4$、Na_2SO_4]到一定浓度时，蛋白质沉淀析出，这个作用称为**盐析**。盐析作用是由于加入的盐类离子强烈地水化，使蛋白质的水化膜遭到破坏；同时，盐类带相反电荷的离子对蛋白质的电荷也会产生吸附放电，从而降低蛋白质溶液的稳定性，使蛋白质沉淀析出。

这样析出的蛋白质仍可溶解在水中，而不影响原来蛋白质的性质。所以盐析是一个可逆的过程。利用这个性质，可以采用多次盐析的方法来分离、提纯蛋白质。

链 接

全血的分离原理

由于不同蛋白质盐析时所需盐析浓度不同，可以用不同浓度的盐溶液，使不同的蛋白质分段析出，予以分离，这种方法称为分段盐析。例如，全血中的球蛋白在半饱和（NH_4）$_2SO_4$ 溶液中即可析出，而血浆蛋白却要在饱和（NH_4）$_2SO_4$ 溶液中才能析出。因此可以用逐渐增大盐溶液浓度的方法，使不同蛋白质从溶液中分段析出，得以分离。医学上为病人输的“成分血”即是用此法制成。

3. 蛋白质的变性　蛋白质在某些物理（如加热、高压、超声波、紫外线、X 射线）和化学因素、（如强酸、强碱、重金属盐、乙醇、苯酚等）影响下，空间结构发生改变，使其理化性质和生物活性随之改变的作用，称为**蛋白质的变性**。变性的蛋白质称为**变性蛋白质**。

蛋白质变性后，溶解度减小，容易凝固沉淀，不能重新溶解于水中；同时也失去了生理活性，例如，酶经变性后不再具有催化活性。

案例 8-7

蛋白质变性原理的应用

蛋白质的变性有许多实际应用。例如，医学上用放射性核素治疗癌症，就是利用放射线使癌细胞变性而破坏。用加热、高压，用 70% ～ 75% 乙醇，以及其他化学药品进行消毒灭菌的原理，就是受理化因素的影响后，细菌蛋白质变性凝固而死亡。在急救由重金属盐中毒者时，可先洗胃，然后让病人口服大量生蛋清或牛奶、豆浆等，使重金属盐与之结合生成不溶的变性蛋白质，以减少机体对重金属盐离子的吸收。临床检验上还利用蛋白质受热凝固沉淀的性质，来检验尿液中的蛋白质。

思考与讨论： 1. 为什么急救重金属盐中毒者时，需要病人口服大量生蛋清或牛奶、豆浆等？

2. 用加热的方法消毒利用了什么原理？

4. 蛋白质的水解　蛋白质在酸、碱溶液中加热或在酶的催化下，能水解为相对分子质量较小的肽类化合物。最终逐步水解得到各种氨基酸。

蛋白质→朊（初解蛋白质）→胨（消化蛋白质）→多肽→二肽→ *α*- 氨基酸

食物中的蛋白质在人体内各种蛋白酶的作用下水解成各种氨基酸，氨基酸被肠壁吸收进入血液，再在体内重新合成人体所需要的蛋白质。传统食品臭豆腐和豆腐乳，就是大豆蛋白在微生物作用下水解为相对分子质量较小的肽类化合物及氨基酸。

5. 显色反应

（1）缩二脲反应：蛋白质在强碱性溶液中与硫酸铜溶液作用，显紫色或紫红色。因为蛋白质分子中含有许多肽键，所以能发生缩二脲反应，并且蛋白质的含量越多，产生的颜色也越深 [彩图 8-2（a）]。医学上利用这个反应来测定血清蛋白质的总量及其中白蛋白和球蛋白的含量。

（2）黄蛋白反应：含有苯环的蛋白质遇浓硝酸立即变成黄色，再加氨水后又变为橙色的反应称为黄蛋白反应 [彩图 8-2（c）]。酪氨酸、苯丙氨酸、色氨酸是含有苯环的氨基酸，这些氨基酸和含有这些氨基酸的蛋白质都可以发生黄蛋白反应。例如，人的皮肤、指甲遇到浓硝酸会变成黄色，这就是黄蛋白反应。

（3）茚三酮反应：所有蛋白质分子中都含有 *α*- 氨基酸残基，故都可发生茚三酮反应，生成蓝紫色化合物 [彩图 8-2（b）]。利用茚三酮反应也可以鉴别蛋白质。

蛋白质是人类必需的营养物质，成年人每天要摄取 60 ～ 80g 蛋白质，才能满足生理需要，保证身体健康。肉、蛋、鱼、奶等食物富含必需氨基酸构成的蛋白质，是人体必需氨基酸的主要来源。人类从食物中摄取的蛋白质，在胃液的胃蛋白酶和胰液的胰蛋白酶作用下，经过水解生成氨基酸。氨基酸被人体吸收后，重新结合成人体所需要的各种蛋白质。人体内各种组织的蛋白质也在不断地分解，最后主要生成尿素排出体外。

第 5 节　遗传的物质基础——核酸

核酸是一种存在于生物体内的结构复杂，具有重要生理功能、酸性的高分子化合物；最初是从细胞核中分离得到的，所以称为核酸。核酸在生物体的生命过程如生长发育、繁殖、遗传和变异等过程中都起着非常重要的作用。

一、核酸的分子组成

核酸和蛋白质一样，是结构复杂的高分子化合物。较小分子的核酸如转移核糖核酸（tRNA）多由 76 ～ 84 个核苷酸组成，相对分子质量约 25 000。较大的核酸分子由几万个核苷酸组成，相对分子质量可高达数百万。核酸逐步水解，可表示如下：

核酸 ⟶ 核苷酸 ⟶
- 磷酸
- 核苷 ⟶
  - 碱基
    - 嘌呤碱
    - 嘧啶碱
  - 戊糖（核糖或脱氧核糖）

由上图可知核酸是由核苷酸构成的，核苷酸又是由核苷和磷酸组成，核苷则由碱基与戊糖组成。

形成核酸时，单核苷酸之间是以核糖或脱氧核糖的 3′ 位羟基和 5′ 位羟基通过磷酸二酯键相连接的，这就是**核酸的一级结构**。一般认为无论是 RNA 或 DNA 的分子都无支链结构。图 8-7 表示多聚脱氧核酸链的一段结构和 DNA 的结构模式，在缩写式中 A、T、C、G 代表碱基。碱基有腺嘌呤、鸟嘌呤、胞嘧啶、胸腺嘧啶。

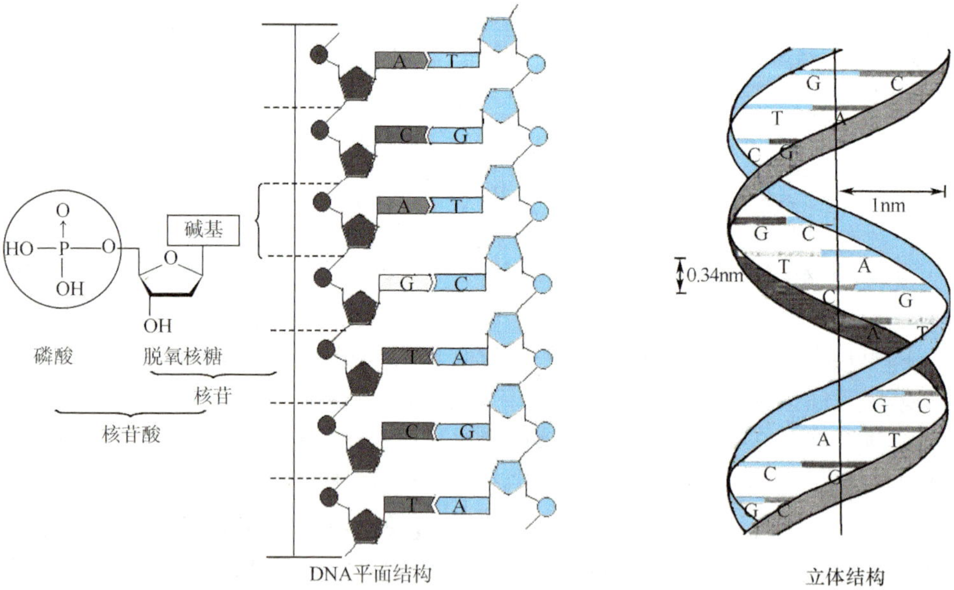

图 8-7　多聚脱氧核酸链的一段结构和 DNA 的结构模式

A. 腺嘌呤；G. 鸟嘌呤；C. 胞嘧啶；T. 胸腺嘧啶

DNA 与 RNA 的化学结构有一定的区别。DNA 是由脱氧核苷酸的单体聚合而成的聚合体，DNA 的单体称为脱氧核苷酸，每一种脱氧核苷酸由三个部分所组成：一分子含氮碱基、一分子五碳糖（脱氧核糖）和一分子磷酸根。单个的核苷酸连成一条链，两条核苷酸链按一定的顺序排列，然后再扭成“麻花”样，就构成脱氧核糖核酸（DNA）的分子结构。DNA 是遗传物质。RNA 参与遗传信息的表达过程。RNA 即核糖核酸，是由核糖核苷酸单体聚合而成的聚合体，是没有分支的长链。其单体称为核糖核苷酸。RNA 在结构上与 DNA 相似，在组成上脱氧核糖由核糖替代，4 个碱基中，胸腺嘧啶（T）由尿嘧啶（U）替代。RNA 相对分子质量比 DNA 小，但在大多数细胞中比 DNA 丰富。RNA 主要有 3 类，即信使 RNA（mRNA）、核糖体 RNA（rRNA）和转移 RNA（tRNA）。这 3 类 RNA 分子都是单链，但具有不同的相对分子质量、结构和功能。

DNA 由 A、T、C、G 4 种碱基的脱氧核糖核酸构成，RNA 由 A、U、C、G 4 种核糖核酸构成。核酸分子中的核苷酸按一定顺序排列。单体核苷酸的种类虽不多，但可因各种核苷酸的数目、比例和排列顺序的不同而构成各种不同的核酸大分子。

核酸分子中核苷酸的排列顺序是与核酸的生理功能相联系的。任何核苷酸排列顺序的改变，都将引起其生物学性质（如遗传）的变异。

二、核苷酸的分子组成

核苷酸是核苷的磷酸酯，是组成核酸的基本单位。根据所含戊糖不同，分为核糖核苷酸和脱氧核糖核苷酸。

在核苷酸的分子中，磷酸结合在戊糖的 5′ 位上，如图 8-8 所示。

1979 年，我国科学工作者成功地人工合成了由 41 个核苷酸组成的核糖核酸半分子。1981 年又人工合成了具有生物活性的酵母丙氨酸转移核糖核酸，不仅为天然核糖核酸的人工合成打开了通路，而且对进一步研究核糖核酸的结构与功能的关系，开展遗传工程以及病毒、肿瘤等的研究具有重要的意义。

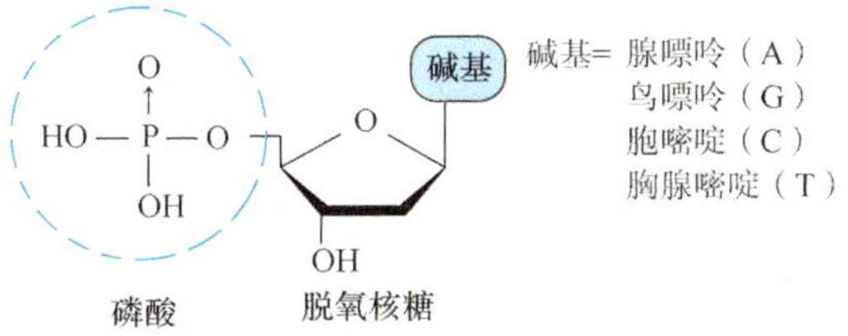

(单)脱氧核糖核苷酸分子结构

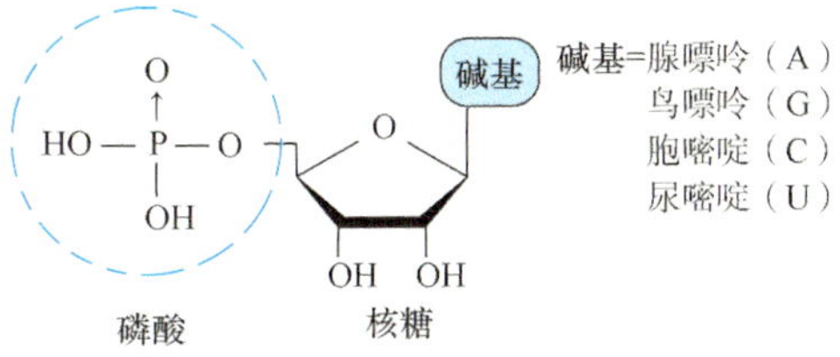

(单)核糖核苷酸分子结构

图 8-8 单脱氧核糖核苷酸和单核糖核苷酸

链接

DNA 结构的发现

1952 年，美国化学家鲍林发表了关于 DNA 三链模型的研究报告，这种模型被称为 α 螺旋。沃森与威尔金斯、富兰克林等讨论了鲍林的模型。威尔金斯出示了富兰克林在 1 年前拍下的 DNA 的 X 射线衍射照片，沃森看出了 DNA 的内部是一种螺旋形的结构，他立即产生了一种新概念：DNA 不是三链结构而应该是双链结构。他们继续循着这个思路深入探讨，极力将有关这方面的研究成果集中起来。根据各方面对 DNA 研究的信息和自己的研究和分析，沃森和克里克得出一个共识：即 DNA 是一种双链螺旋结构。沃森和克里克立即行动，马上在实验室中联手开始搭建 DNA 双螺旋模型。从 1953 年 2 月 22 日起，他们夜以继日，废寝忘食，终于在 3 月 7 日，将他们想象中的美丽无比的 DNA 模型搭建成功了。

沃森、克里克的这个模型正确地反映出 DNA 的分子结构。此后，遗传学的历史和生物学的历史都从细胞阶段进入了分子阶段。

由于沃森、克里克和威尔金斯在 DNA 分子研究方面的卓越贡献，他们获得了 1962 年的诺贝尔生理学或医学奖。

自测题

一、回顾与总结

（一）油脂的基本知识

项目	内容
概念	油脂是 ____ 和 ____ 的总称。油脂实质就是高级脂肪酸甘油 ____。类脂是存在于生物体内，____ 类似于油脂的一类化合物
组成	油脂可以看成是由 ____ 与 ____ 脱水生成的酯 重要的类脂有 ____ 脂和 ____ 磷脂是含磷的脂肪酸甘油酯。重要的磷脂有 ____ 脂和 ____ 脂 甾醇是一类含有一个 ____ 骨架结构复杂的脂环醇。重要的甾醇有 ____、____、____、____、____ 等
化学性质	磷脂由 ____、____、____、____ 4种物质组成 含氮有机碱是 ____ 的为卵磷脂；含氮有机碱是 ____ 的为脑磷脂 油脂的主要化学性质有 ____、____、____、____
油脂的乳化	甾醇的基本结构为 ____

（二）糖类的基本知识

糖类		组成与结构	还原性	水解产物
单糖	葡萄糖	多羟基 ____，分子式：____	____ 性糖，能与托伦试剂发生氧化反应，生成 ____ 银镜，与班氏试剂发生氧化反应，生成 ____ 色的 ____ 沉淀。后者常常用于血糖或者尿糖检测	不能水解
	果糖	多羟基 ____，分子式：____		
	核糖	多羟基 ____，分子式：____		
	脱氧　核糖	多羟基 ____，分子式：____		
双糖	蔗糖	1分子 ____ 糖和1分子 ____ 糖脱水而成。无 ____ 羟基	无苷羟基，属于 ____ 糖，与托伦试剂和班氏试剂作用	水解产物是 ____
	麦芽糖	由两分子的 ____ 糖（____ 键）脱水缩合而成	属于 ____ 糖，能与 ____ 试剂和 ____ 试剂发生氧化反应，分别产生 ____ 和 ____ 色的沉淀	水解产物是 ____
	乳糖	1分子的 ____ 糖和1分子的 ____ 糖（____ 键）脱水缩合而成	蔗糖、麦芽糖、乳糖的分子式是 ____。它们互为 ____ 体	水解产物是 ____
多糖	淀粉	由许多分子的 α- 葡萄糖 ____ 而成	属于 ____ 糖，不能与托伦试剂和班氏试剂作用	水解终产物是 ____
	糖原	由许多分子的 α- 葡萄糖 ____ 而成。存在于动物的 ____ 和 ____ 中	属于 ____ 糖，不能与托伦试剂和班氏试剂作用	水解终产物是 ____
	纤维素	由许多分子的 β- 葡萄糖 ____ 而成	属于 ____ 糖，不能与托伦试剂和班氏试剂作用	水解终产物是 ____

（三）氨基酸、蛋白质的基本性质

项目	内容
氨基酸的结构	氨基酸的官能团：____ 和 ____；结构通式是 ____
氨基酸的分类	酸性氨基酸：____ 主要有 ____ 碱性氨基酸：____ 主要有 ____ 中性氨基酸：____ 主要有 ____ 根据分子中烃基的不同，把氨基酸分为 ____ 氨基酸、____ 氨基酸、____ 氨基酸
氨基酸化学性质	1. 两性电离和等电点：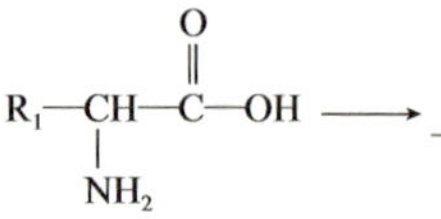 ____ 等电点：____ 2. 成肽反应：____ 肽键是指：____ 3. 茚三酮反应：氨基酸与茚三酮反应产生 ____ 色的物质

续表

项目	内容
蛋白质的组成	主要元素是 ________；蛋白质系数：________
蛋白质的结构	基本结构为一级结构：________ 主要化学键：________ 二级结构：________ 主要化学键：________ 三级结构：________ 主要化学键：________ 四级结构：________
蛋白质的理化性质	1. 蛋白质的两性电离：分子中的残基有碱性的 ______ 和酸性的 ______ 基，是产生两性电离的原因 蛋白质的等电点：________ 2. 变性：________ 3. 盐析：________ 4. 水解：________ 5. 蛋白质的显色反应： 缩二脲反应：________ 黄蛋白反应：________ 茚三酮反应：________

二、复习与提高

1. 写出下列化合物的结构式

（1）环戊烷多氢菲的结构

（2）甾醇的基本结构

（3）油脂的结构通式

（4）甘油三硬脂酸酯

（5）葡萄糖的开链式结构

（6）氨基酸的结构通式

2. 填空题

（1）人体正常生命活动所必需的三大能量物质是 ______、______、______。其中油脂是 ______ 和 ______ 的总称。常见必需脂肪酸有 ______、______________。

（2）皂化反应 ______________。

（3）油脂的氢化 ______________。

（4）油脂酸败的原因是在 ______、______、______、______、______ 等因素的作用下，发生了 ______ 反应、______ 反应等。

（5）乳化剂分子具有 ______ 和 ______ 两部分。利用 ______ 使油脂形成比较稳定的 ______ 的作用，称为油脂的乳化。

（6）各种甾醇在结构上的差别，主要是 C_{17} 上连接的 ______ 不同，以及环上的双键 ______ 和 ______ 不同。经常晒太阳，可以使皮肤中的 ______ 转化为 ______，后者具有抗佝偻病的作用。

（7）胆甾醇又名 ______，在体内常与脂肪酸结合成 ______，两者共存于血液中。在人体中，胆甾醇代谢发生障碍时，血液中的胆甾醇含量就会增加，______ 和 ______ 沉积于血管壁是造成动脉硬化的原因之一。

（8）从化学结构上糖类化合物是 ______ 或 ______ 以及它的脱水缩合物。

（9）根据水解情况，糖类化合物可分为 ______ 糖、______ 糖和 ______ 糖三类。

（10）血液中的 ______ 称为血糖，正常人的血糖含量范围为 ______mmol/L。临床上常用 ______ 试剂来检查尿液中的葡萄糖。

（11）淀粉遇碘显 ______ 色，糖原遇碘显 ______ 色。糖原分为 ______ 和 ______。

（12）常见的双糖有 ______、______ 和 ______。

（13）糖苷由 ______ 和 ______ 两部分组成。糖苷中 ______ 基与 ______ 基之间是通过 ______ 键结合的。蔗糖和多糖分子中没有苷羟基，所以它们属于 ______ 糖，不能与托伦试剂、本尼迪克特试剂作用。

（14）天然淀粉由 ______ 淀粉和 ______ 淀粉组成。淀粉在酸或酶的作用下能水解生成 ______。

（15）葡萄糖和果糖的分子式均为 ______，它们互为 ______；蔗糖、麦芽糖和乳糖三者的分子式均为 ______，它们互为 ______。

（16）班氏试剂可被单糖还原生成 ______ 色的 ______ 沉淀。在临床上，常用这一反应来检验尿糖。

（17）组成蛋白质的基本结构单位是 ______，其分子中既含有酸性的 ______ 基，又含有碱性的 ______ 基，属于 ______ 化合物。氨基酸溶于水时，能进行 ______ 电离和 ______ 电离。

（18）核酸的基本组成单位是 ______，它是由 ______ 和 ______ 通过 ______ 相连而成的化合物。

（19）脱氧核糖核酸在糖环 ______ 位置不带羟基。

（20）核酸是由 ______ 聚合而成的 ______ 化合物，是所有生物 ______ 的携带者。根据核苷酸分子中 ______ 的类型，将核酸分为 DNA（简称：______）和 RNA（简称：______）两大类。

（21）脱氧核糖核苷酸由：______ 酸、______ 糖，

________、________、________、________四种碱基构成。糖核苷酸由：________酸、________糖，________、________、________、________四种碱基构成。

3. 简答题

（1）油脂分子中有哪些官能团？它们决定了油脂的哪些性质？

（2）淀粉、纤维素和糖原是否互为同分异构体？

（3）如何检验糖尿病患者尿液中的葡萄糖？

（4）为什么医院里可以用高温蒸煮、照射紫外线、在伤口处涂抹 70% 乙醇溶液等方法来消毒杀菌？

（5）为什么生物实验室用甲醛溶液保存动物标本？

（6）误食重金属盐中毒时，应该怎样处理？

（7）说出 DNA、RNA 分步水解生成物和最终生成物。

4. 利用化学性质鉴别下列物质

（1）果糖、蔗糖

（2）淀粉、葡萄糖、蔗糖

（3）蛋白质、丙氨酸和葡萄糖

（4）苯丙氨酸、甘氨酸

5. 完成下列反应

（1）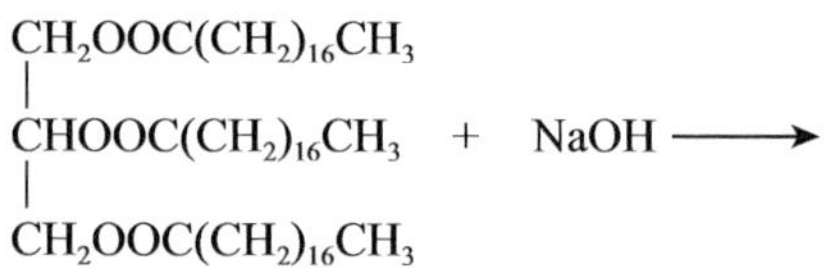

（2）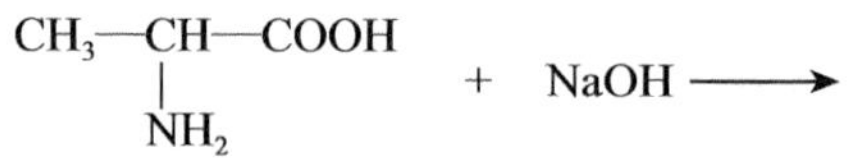

（3）

（4）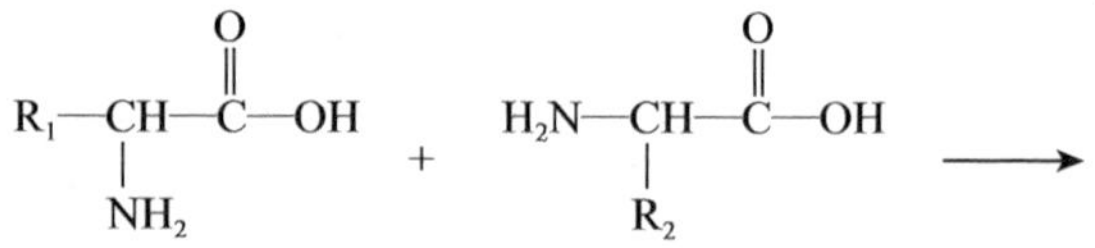

三、探索与进步

以班级为单位，学习委员、课代表负责安排全班各小组，分工合作查阅资料、编写手抄报，主要栏目如下：

1. 胆固醇栏目：以胆固醇的“功”与“过”为主题。建议提纲：胆固醇化学结构，性状，化学性质；胆固醇的生理作用；正确认识胆固醇的“功”与“过”。
2. 生物柴油栏目：以增强环保意识，宣传绿色能源为主题。建议提纲：生物柴油的化学成分，来源，性状；生物柴油与常规柴油的区别与相同点；生物柴油对环境的影响。
3. 以糖、脂肪、蛋白质三大能量物质为栏目：以“糖”栏目为例，建议提纲：糖的定义、化学结构特征、种类、来源；糖的营养价值；医学中的糖指标等。

第 9 章

合成高分子化合物概述

高分子化合物是指相对分子质量 1 万以上的大分子化合物。高分子化合物有时又称为高聚物或多聚物，有来自自然界的天然高分子，如前面所学过的纤维素、淀粉、蛋白质，天然橡胶等。由人工合成的高分子化合物生活中常见，如普通塑料（聚乙烯、聚丙烯，聚氯乙烯等），合成橡胶，合成纤维，酚醛树脂等。

第 1 节　合成高分子化合物的主要反应

一、加聚反应

聚乙烯是一种常用塑料，是由乙烯小分子在一定条件下，通过加成聚合反应得到的高分子化合物，结构呈线型，高分子化合物又称为聚合物。

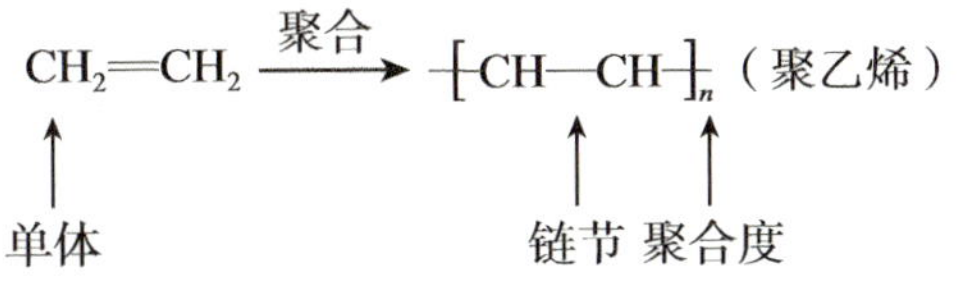

这个反应过程实质上是乙烯分子之间进行加成反应，多个乙烯分子加成，从而聚合为高分子化合物。能够进行聚合反应形成高分子化合物的低分子化合物被称为**单体**，上面的反应物乙烯就是单体。**高分子**化合物中化学组成相同、可重复的最小单位称为**链节**，链节是重复结构单元，聚乙烯的链节为—CH—CH—。

高分子链中含有链节的数目称为聚合度，通常用“n”表示。

对高分子化合物进行命名时，在单体名字前面加上“聚”，如，聚乙烯、聚丙烯分别指是由乙烯、丙烯聚合而成的高分子化合物。

二、缩聚反应

乙酸与乙醇在硫酸催化下，可以生成酯。

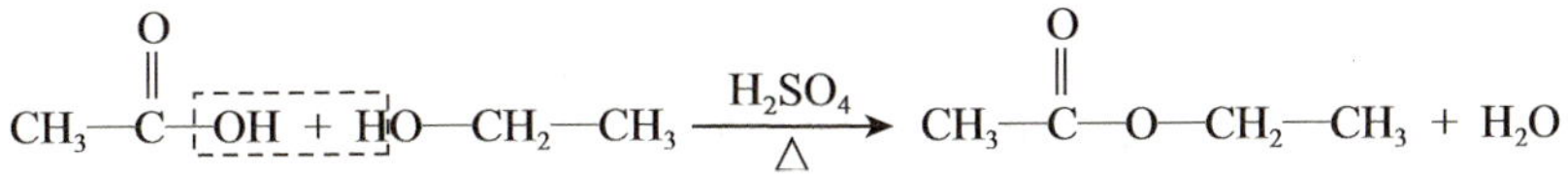

人们采用具有特殊结构的羧酸和醇，如已二酸与乙二醇：

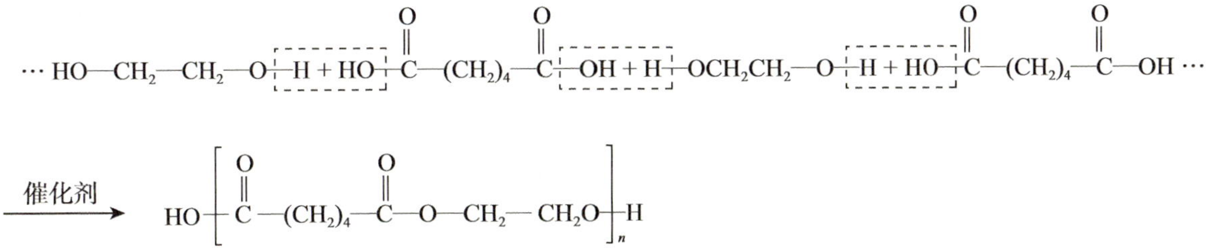

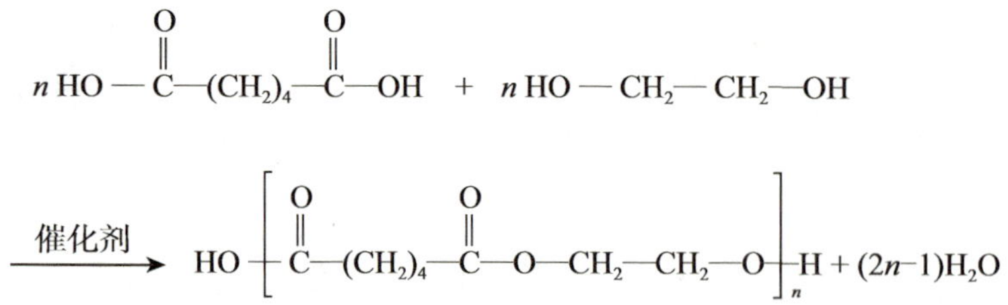

缩聚反应又称为缩合聚合反应，是指在生成聚合物的同时，一般伴随有小分子副产物（如 H_2O 等）的生成。在这一点上，与加聚反应不同。缩聚反应单体的化合物应至少含有两个官能团。

含两个官能团的单体缩聚后生成的缩合聚合物呈现为线型结构。例如，合成纤维锦纶 -66 是由己二酸 $HOOC(CH_2)_4COOH$ 与己二胺 $H_2N(CH_2)_6NH_2$ 缩聚成的线型结构聚合物。

三、高分子化合物的分类

1. 按高分子的结构分类 按高分子的结构特性，高分子化合物分为线型、支链型和体型结构高分子（图 9-1）。高分子中的链节连成长链（在主链上也可以有支链），由于组成链的化学键是 σ 键，可以旋转，所以线型高分子总是柔软的，受热软化乃至于熔融，可溶于适当溶剂，可反复加热处理，是热塑性材料，如聚氯乙烯、聚乙烯、聚己内酰胺等。

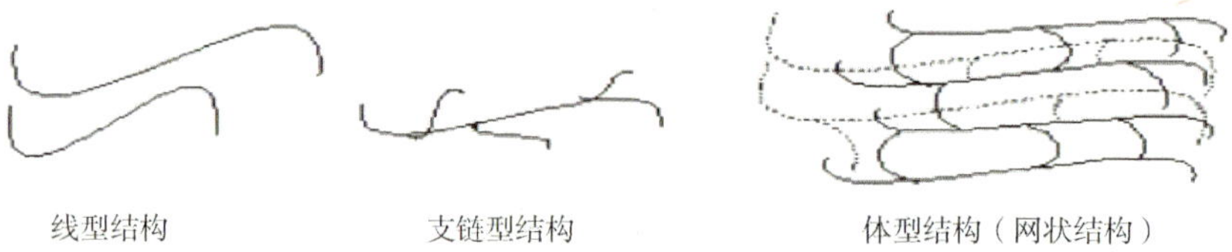

图 9-1 合成高分子化合物空间结构示意图

许多条线型高分子可以相互交联而成具有网状三度空间结构的多聚物，这是不溶、不熔、刚硬的热固性塑料，如酚醛树脂，属于体型结构高分子。

2. 按照高分子的材料特性分类 按照高分子的材料特性可分为橡胶、塑料和化学纤维三类。

橡胶的特性是弹性。主要用于制作具有弹性要求的产品，如汽车轮胎，小皮球等。

塑料的特性是受热软化和易变形，冷后即凝固，可以反复加热处理，因此也叫做热塑性塑料；有的塑料成型后受热不再软化，不能反复加工成型，叫做热固性塑料。

化学纤维分为人造纤维和合成纤维两种。人造纤维是天然纤维经化学处理而得到的产品，如黏胶纤维；合成纤维是使用合成高分子制成的纤维，如涤纶、尼龙。

第 2 节 高分子化合物的特性

高分子化合物由于分子大，相对分子质量高，表现出低分子化合物所没有的性质，对其实际应用具有重要意义。从以上高分子化合物的概念和分类中，不难得出高分子化合物具有如下特性。

1. 机械强度 高分子化合物是很大的分子，分子间有很大的范德瓦耳斯引力。若是分子中含有 $-COOH$、$-NH_2$、$-OH$、$-\overset{\overset{\displaystyle O}{\|}}{C}-NH-$ 等极性基团，分子间能形成更多的氢键，分子间的引力更大，机械强度更高。

高分子化合物有一定的机械强度，分子间引力越大，高分子化合物的机械强度越高。

2. 弹性与可塑性 线型高分子的主链很长，链上的原子和原子间以 σ 键结合，能自由旋转，使得高分子中的每个链节的相对位置可以不断变化，这种性能叫做高分子链的**柔性**。有柔性的高分子能卷曲收缩成团，施加外力时分子可被拉伸，消除外力，分子又恢复原来的形状，所以一些高分子化合物具有弹性。

橡胶是弹性最好的高分子材料之一，柔性愈大，弹性就愈好。有轻度交联的高分子可以增强弹性，若过分交联，由于转变为体型结构，高分子链的柔性降低，弹性也就减弱。

将线型高分子化合物加热到一定温度，逐渐软化，最后达到黏稠流动状态。这时整个大分子以及由若干个链节连接而成的链段可以旋转移动。施加外力，分子间滑动变形，除去外力而不恢复，冷却后仍保持加工成型的形状，这种性质叫做**可塑性**。根据不同高分子材料的性能，控制预热及模塑的时间，可得到各种性能良好的产品。

3. 结晶性　这一类高分子，在开始固化时，随着黏度的逐渐增加，又由于主链实在太长，要它们完全按严格的顺序和方式，沿着高分子的主链整齐地排列这是非常困难的，所以不可能完全成为晶态。这样，高分子的一部分整齐排列成为**结晶区**，另一部分则卷曲而相互扭结成为**非结晶区**，在一个高分子链上可以存在几个结晶区和非结晶区。整个高分子化合物中结晶区所占的百分比称为**结晶度**，结晶度高的高分子，其机械强度和熔点高，溶解和溶胀的倾向小。

由于高分子结晶区（图 9-2）有一定的机械强度，由于它的非结晶区可以卷曲扭结，具有这种性质的高分子可以拉成抗张强度大而有弹性的细丝，合成纤维，如聚酰胺的尼龙、聚酯的涤纶等，其纤维是集合了许多结晶区和非结晶区的大分子群，所以相当坚韧而又能卷缩扭曲富有弹性。

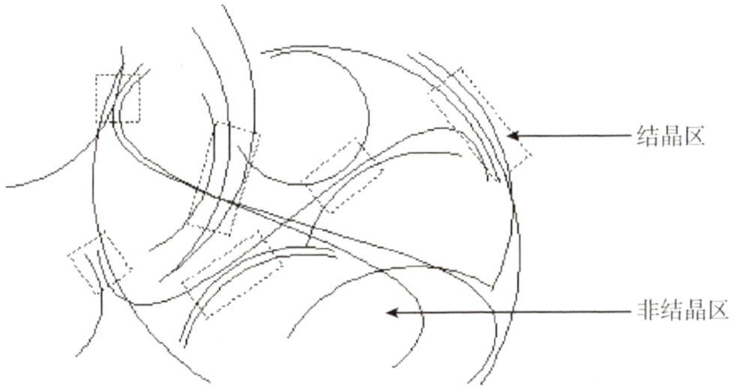

图 9-2　高分子化合物中的结晶区域非结晶区

4. 绝缘性　高分子中的原子彼此以共价键结合，一般情况下不电离，有良好的绝缘性能，且不受频率变化影响。在特殊情况下，经过改性的高分子化合物也可以导电，这要经过一定的改性改造。

5. 老化　高分子化合物在光、热、高能射线等物理因素和氧、水、酸、碱等化学因素的作用下，一方面大分子与大分子互相交联，产生体型结构，使高分子化合物变硬变脆失去弹性；另一方面大分子主链裂解，链变短，相对分子质量变小，使高分子化合物变软，变黏，失去机械强度。这两个过程几乎同时发生。高分子化合物由于主链的交联和裂解而失去弹性、可塑性和机械强度的过程叫做**老化**。

高分子化合物的交联反应比较复杂。高分子化合物的裂解反应主要是聚烯烃分子中双键的氧化反应，以及聚酰胺的酰胺键和聚酯的酯键等的水解反应。

第 3 节　常见的高分子化合物

一、塑　　料

塑料的主要成分是合成高分子化合物即合成树脂，如聚乙烯、聚氯乙烯、聚丙烯、聚苯乙烯、酚醛树脂等。塑料具有柔韧性和刚性的特点，而不具有橡胶的高弹性，一般也不具有纤维那种分子链的取向排列和晶型结构。

为了适应工农业生产和生活的各种要求，还需要在高分子材料中掺入各种加工助剂来改进其性能。例如，聚氯乙烯是一种无色、硬质、耐热性差的材料。为改善它的性能，提高其实用价值，需要加入各种加工助剂：为提高聚氯乙烯的柔韧性，加入增塑剂；为改进它的耐热性，加入热稳定剂；为赋予它各种漂亮的颜色，加入着色剂……。加入各种助剂改性的聚氯乙烯可以根据人们的生活和工业需要，制成各种性能的产品如柔软的雨衣、拖鞋、桌布和各种管材、板材等产品。

物质结构决定物质的性质，高分子化合物同样如此。例如，聚乙烯等制成的塑料可以反复加热熔融和加工，是**热塑性塑料**；而用酚醛树脂等制成的塑料不能加热熔融，只能一次成型，是**热固性塑料**。下面分别以聚乙烯和酚醛树脂为例来说明高分子结构对性能的影响。

1. 聚乙烯　聚乙烯是常见的合成高分子化合物，具有极其广泛的用途。

根据生产条件不同，可以合成两种性能不同的聚乙烯产品，即低密度聚乙烯和高密度聚乙烯。

低密度聚乙烯（LDPE）的特性是相对分子质量较低，密度较低（0.91～0.93g/cm^3），主链上带有长短不一的支链，熔融温度为105～115℃。它是在150～300 MPa，170～200℃的温度下，并在引发剂的作用下使乙烯发生加成聚合反应而得到的，因此又称为**高压聚乙烯**。

高密度聚乙烯（HDPE）特性是相对分子质量较高（2 500 000），密度较高（0.94～0.96 g/cm^3），熔融温度为131～137℃。由于它是在较低压力下，在催化剂的作用下使乙烯发生加成聚合反应，生成的聚乙烯，又称为**低压聚乙烯**。

2. 酚醛树脂　**酚醛树脂**是用酚类（如苯酚）与醛类（如甲醛）在酸或碱的催化下相互缩合而成的高分子化合物。在酸催化下，等物质的量的苯酚与甲醛反应，苯酚邻位或对位的氢原子与甲醛的羰基加成生成羟甲基苯酚，然后羟甲基苯酚之间相互脱水缩合成线型结构高分子。

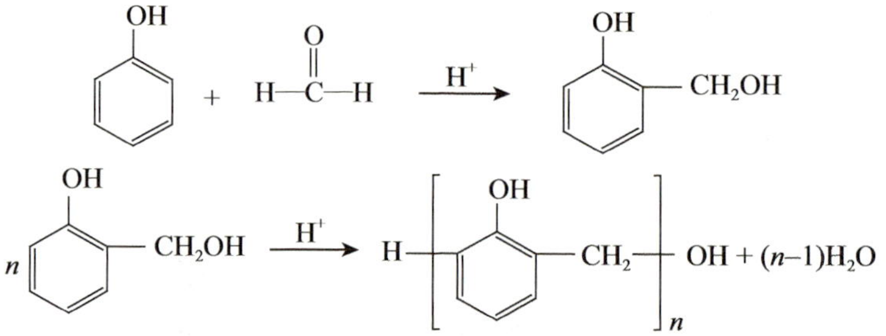

在碱催化下，等物质的量的甲醛与苯酚或过量的甲醛与苯酚反应，生成羟甲基苯酚、二羟甲基苯酚、三羟甲基苯酚等，然后加热继续反应，就可以生成网状结构的酚醛树脂。

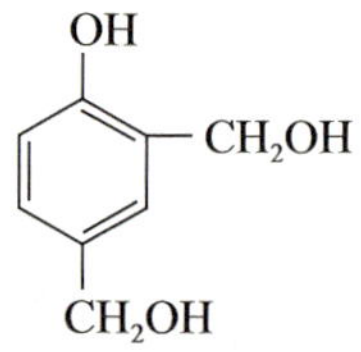

2, 4-二羟甲基苯酚

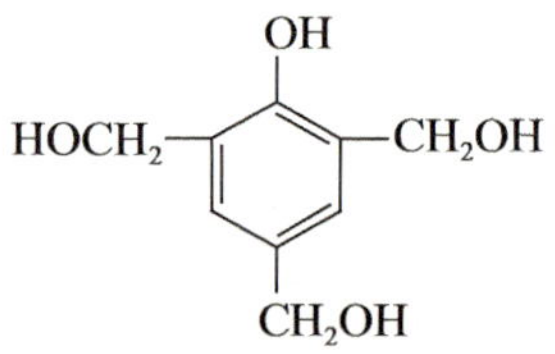

2, 4, 6-三羟甲基苯酚

具有网状结构的高分子受热后都不能软化或熔融，也不溶于任何溶剂。酚醛树脂主要用作绝缘、隔热、难燃、隔音器材和复合材料，如做烹饪器具的手柄，一些电器与汽车部件，导弹头部、返回式卫星和宇宙飞船外壳的烧蚀材料。

二、合成纤维

纤维是指聚合物经过一定的机械加工（牵引、拉伸、定型）后形成细而柔软的丝状材料。纤维具有弹性模量大，塑性变形小，强度高等特点。

化学纤维包含人造纤维与合成纤维。棉花、羊毛、蚕丝和麻等属于天然纤维；以木材等天然纤维为原料，经化学加工处理得到的是**人造纤维**。**合成纤维**是指用石油、天然气、煤和农副产品作原料加工制得单体，经聚合反应制成的高分子聚合物。

合成纤维工业创立于20世纪40年代。由于合成纤维性能优异，原料来源丰富、价格便宜、用途广泛、生产不受气候等自然条件的限制，使其得到了非常迅速的发展。涤纶、锦纶、腈纶、丙纶、维纶和氯纶被称为合成纤维的“六大纶”，它们具有强度高、弹性好、耐腐蚀、不缩水、质轻保暖等优点。合成纤维除了改善了人们的穿着材料外，还被广泛用于工农业生产和高科技的各个领域。例如，工业用隔音、隔热、绝缘、包装材料；渔业用的渔网、缆绳，医疗用的输液管、缝合线、止血棉等。此外，像降落伞、飞行服、太空服等都离不开合成纤维。合成纤维的优点是强度高，做成的服装挺括抗皱，但在透气性、吸湿性等方面不如天然纤维。可以通过两类纤维混合纺制，使它们的性能互补而加以改善。合成纤维中，维纶具有较好的吸湿性，被称为“人造棉花”，是因为在其分子链上含有羟基的缘故。

常见的合成纤维主要有聚对苯二甲酸乙二酯、聚己内酰胺、聚丙烯腈、聚乙烯醇缩甲醛、聚丙烯酸纤维、聚氯乙烯纤维等。

三、合成橡胶

橡胶是一类具有弹性的物质，当施以外力时形状将发生改变，去除外力又恢复原来的形状。橡胶广泛用于工业、农业、国防、交通及人民生活的方方面面。全世界每年制造汽车、飞机用的轮胎就要消耗掉大量的橡胶，而天然橡胶无论是产量还是性能上都不能满足需要。

合成橡胶于 20 世纪初开始出现，20 世纪 40 年代后得到了迅速发展。现在已经有丁苯橡胶、顺丁橡胶、合成天然橡胶、丁腈橡胶、氯丁橡胶、乙丙橡胶、硅橡胶等品种。它们各自在耐磨性、耐油性、耐寒性、耐热性，耐燃性、耐腐蚀性、耐老化等方面有着独特的优势。橡胶的相对分子质量比塑料、合成纤维都要高，一般在 $10^5 \sim 10^6$。

目前世界上顺丁橡胶的产量仅次于丁苯橡胶，居第二位。顺丁橡胶的特点是弹性高，耐磨、耐寒性好，可在寒冷地带使用，主要用于制造轮胎、胶鞋、胶带等。

自测题

一、回顾与总结

写出下列物质反应的聚合物

单体	单体结构	聚合物	聚合物名称
乙烯	$CH_2=CH_2$		
丙烯	$CH_2=CH$ | CH_3		
氯乙烯	$CH_2=CH$ | Cl		
烯丙酸	$CH_2=CH$ | $COOH$		
四氟乙烯	$CF_2=CF_2$		
乙酸乙烯酯	$CH=CH_2$ | CH_3COO		

二、复习与提高

根据下列高分子聚合物的结构式，写出聚合物的名称，以及合成它们的单体名称。

（1）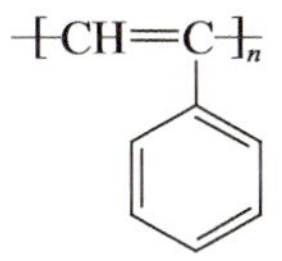

（2）$+CH_2=CCl+_n$

三、探索与进步

以小组为单位，撰写小论文。主要写作提纲如下：

（1）“白色垃圾”主要指什么物质？

（2）塑料回收标志有哪些？

（3）爱护环境，从我做起。

有机化学实践与技能

一、有机化学实践的基本素养训练

实训知识 1　有机化学实训规则

有机化学实训的知识与技能是中等职业学校医药卫生类专业学生必备的知识素质之一。学生通过实训可以验证、巩固和扩大课堂的基本理论和知识，正确地掌握实训的基本操作技能，培养动脑、动眼、动手能力和仔细观察、周密思考、分析问题的能力，养成以小组为团队，分工协作、自主学习、主动探索精神和实事求是、严肃认真的科学态度；同时，有机化学实训也是提高学生职业岗位技能，是培养高素质的应用型人才的重要组成部分。为确保实训课安全、顺利完成，学生必须懂得与有机化学实训相关的一些基本知识和规则。

（一）有机化学实训室规则

为保证有机化学实训正常进行，培养良好的实训方法，确保实训学生的人身安全、实训室的安全，学生们必须严格遵守有机化学实训室规则。

（1）实训前必须认真预习实训教材和复习书本涉及实训的全部内容，明确实训目标、实训的基本原理、实训步骤和操作方法，熟悉实训所需的药品、仪器和装置，了解实训中的注意事项。

（2）实训前要穿好实训隔离服，扣好扣子（特别注意袖口）；必要时佩戴防护目镜；实训时保持安静，严格遵守操作规程，仔细观察现象，实事求是地记录结果。

（3）操作前首先检查仪器是否完整无损，若有破损或缺少，应立即报告教师，按规定手续登记补领；所有仪器应洗净（或干燥）后方可使用，否则会给实训带来不良影响。实训时仪器若有损坏，如实登记并按规定手续换取新仪器。未经教师同意，不得拿用其他位置上的仪器。

（4）实训时须保持实训室和桌面清洁整齐。火柴梗、废纸、废液等应放入废液缸中，严禁倒入水槽内或随地乱扔，以防水槽和下水道管道堵塞或腐蚀。

（5）实训时要爱护财物，必须小心地使用仪器和实训设备，节约用水、电、药品。使用精密仪器时，要严格按照操作规程进行。如发现仪器有故障，应立即停止使用，及时报告指导教师。

（6）严格按照规定的步骤和试剂的规格、用量进行实训。从药品瓶中取出的药品试剂，一概不能倒回原瓶中，应倒入教师指定的回收容器中，以免带入杂质和污染环境；取用药品后，应立即盖上瓶塞，以免盖错污染药品，并随即将药品瓶放回原处。

（7）实训时要求按正确操作方法进行，严格遵守安全守则与安全注意事项。一旦发生意外事故，应立即报告指导教师，采取有效措施，迅速排除事故。谨慎、妥善地处理腐蚀性药品和易燃有毒物质。实训进行时不得擅自离开操作岗位。

（8）服从教师的指导，不迟到不早退，有事须请假，教师同意后，方可离开实训室。

（9）实训完毕，应将仪器洗涤干净，放回原处。整理好药品和实训台，打扫干净实训台、水槽和地面，最后洗净双手，待指导教师检查验收通过后，方可离开实训室。

（10）学生轮流值日，主要任务是打扫卫生、整理试剂架上的药品（试剂）与公共器材，检查水、电、窗等是否关闭。

（11）实训室的一切物品（仪器、药品和实训产物等）不得带离实训室！实训完毕，及时整理实训记录，写出完整的实训报告，按时交给教师审阅。

（二）实训室安全规则

为了确保实训室室内人员、仪器设备及实训室的安全，每个进入实训室的学生都必须严格遵守实训室安全规则。

（1）实训室配备有安全设备，如消防设备、报警设备、排风系统等，应弄清设备的位置，学会设备的使用方法。充分熟悉安全用具如石棉布、灭火器、沙桶，以及急救箱的放置地点、使用方法。安全用具及急救药品不准移动，更不能移作他用。

（2）实训室严禁吸烟、饮食、喧哗、打闹。不仅不能将实训室的物品带出实训室，更不能将茶水、食品、餐具等带入实训室，以免发生事故。

（3）易燃、有毒或易挥发的有机化合物，用后都应收集于教师指定的密闭容器中。

（4）灼热的器皿应放在石棉网或石棉板上，不可与冷物体接触，以免破裂；也不要用手接触，以免烫伤；更不要立即放入柜内或桌面上，以免引起燃烧或损坏桌面。

（5）普通的玻璃瓶（如试剂瓶、滴瓶等）和容量器皿（如容量瓶、量筒、量杯、移液管、滴定管等）不可加热，也不可倒入热溶液，以免引起破裂或使容量不准。

（6）特殊仪器及设备应在熟悉其性能及使用方法后方可使用，并严格按照说明书操作。当情况不明时，不得动用仪器电源或扳动旋钮。

（7）用试管加热溶液时，不要将试管口对着自己或别人，不要离正在加热的液体太近，更不能俯视正在加热的液体，以免被溅出的液体伤到。

（8）嗅闻气体时，应用手在容器口轻轻地扇动，让少量的气体飘入鼻孔，不得直接对着容器口闻。

（9）使用酒精灯时，应随用随点燃，不用时盖上灯罩。不要用已点燃的酒精灯去点燃别的酒精灯，以免酒精溢出而失火。

（10）做一切有毒气体或恶臭物质的实训，应在通风橱内进行。

（11）禁止随意混合各种试剂药品，禁止尝试剂的味道，以免发生意外事故。

（12）强酸、强碱或有毒试剂使用时必须特别小心，必要时在通风柜中操作；切勿溅到眼睛上，不得进入口内，不得接触伤口，也不能将有毒物品随便倒入下水管道。

（13）若少量强酸液沾到皮肤上，立即用水冲洗，再用20g/L碳酸氢钠溶液冲洗。如果强碱液沾到皮肤上，立即用水冲洗，再用20g/L乙酸溶液冲洗。

（14）配制溶液时，应严格按照规定步骤进行，例如，稀释浓硫酸时，应将浓硫酸沿器壁慢慢注入水中，并用玻璃棒不断搅拌，切勿把水注入浓硫酸中，以免暴沸。

（15）使用易燃易爆试剂时，必须远离火源及高温物体，以免引起火灾。

（16）乙醚、乙醇、丙酮、苯等有机易燃物质，安放和使用时必须远离明火，取用完毕后应立即盖紧瓶塞或瓶盖。若上述物质起火时，切勿用水灭火，应立即用沙土或湿布覆盖，并立即报告指导教师。

（17）若遇电器设备着火，应立即切断电源，用二氧化碳灭火器或七氟丙烷灭火器等灭火，不可用水或者泡沫灭火器灭火，并立即报告指导教师。

（18）将玻璃管（棒）或温度计插入塞中时，应先检查塞孔大小是否合适，玻璃是否平顺光滑，并用布裹住或涂少许凡士林、甘油等润滑剂后旋转插入。握玻璃管（棒）的手应靠近塞子，防止因玻璃管折断割伤皮肤。

（19）实训指导教师须定时检查、定时维修安全设施，确保安全门开启，确保安全通道畅通！

并在学生初次进入实训室时，在讲授实训课之前，着重带领学生查看安全门、安全通道的位置，并指导如何安全有序地撤离实训室，以及撤离时的注意事项。如遇紧急大火扑灭无望，一定要第一时间关闭电源、气罐等，紧急组织学生做好防护，有序地从安全门、安全通道快速撤离，确保师生的生命健康安全；立即报火警，请求消防专业人员第一时间赶来营救。

实训知识 2　有机化学常用仪器简介

仪器名称与图示	主要用途	使用方法及注意事项
 实训图 1　试管	用作少量试剂的溶解或反应的仪器；可收集少量气体；可盛少量试剂	可直接加热，加热时外壁须保持干燥，用试管夹夹住或用铁夹固定在铁架台上；加热固体时，管口略向下倾斜，固体平铺在管底，先使试管均匀受热，再对固定部位加热；加热液体时所盛液体量不超过试管容积的 1/3，管口向上倾斜，与水平面呈 45°，切忌管口对着自己或他人；装溶液时不超过试管容积的 1/2；振摇试管时应使试管下部摆动；实训完毕，把洗涤干净的试管倒放在试管架上
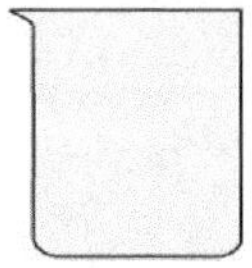 实训图 2　烧杯	用于较多量物质间的反应，可溶解固体，配制、浓缩、稀释、盛装、加热溶液，可接收滤液，也可作水浴加热器	置于石棉网上加热，外壁要擦干，加热液体时液体量不超过容积的 1/2，不可蒸干；从烧杯中倾倒液体时，应从杯嘴向下倾倒；溶解时要用玻璃棒轻轻搅拌，尽量不要碰到杯壁和杯底
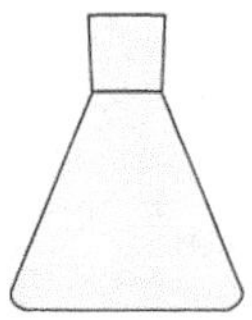 实训图 3　锥形瓶	用于储存液体，混合液体，滴定的反应器，也可收集液体，组装洗气瓶	须置于石棉网上加热，加热时瓶内液体应不超过容量的 1/2；滴定时需振荡，因而液体不能太多，一般滴定不能搅拌；在某些滴定中须搅拌，可放搅拌子，在磁搅拌器上搅拌
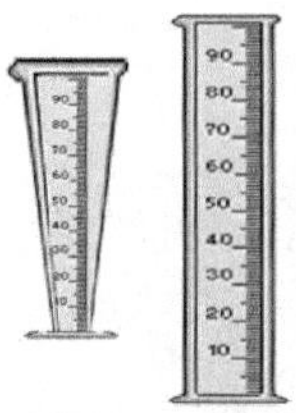 实训图 4　量杯和量筒	用于粗略量取液体的体积（精确度 0.1mL）	刻度下小上大，无“0”刻度；使用时选用合适的规格；不能在量杯、量筒内进行化学反应，不能加热；读数要平视
 实训图 5　漏斗	用于过滤或向小口径容器倾注液体；用于易溶气体尾气吸收	不能加热使用；过滤时应“一贴、二低、三靠”
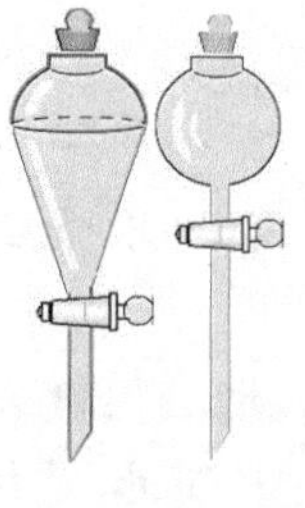 实训图 6　分液漏斗	用于液体的洗涤、萃取和分离；也可组装反应器，可控地滴加液体	使用前先检查是否漏液。分液时下层液体自下口放出，上层液体从上口倒出；上口玻璃塞和中间的活塞都不能与其他分液漏斗互换；瓶身与上口玻璃塞之间、瓶身与活塞之间都须用皮筋或细绳系住，防止在实训过程中脱落打碎

续表

仪器名称与图示	主要用途	使用方法及注意事项
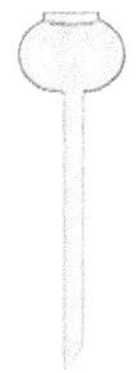 实训图 7　长颈漏斗	用于装配反应器，便于注入反应液	使用时下端应插入液面下，否则气体会从漏斗口跑掉
 实训图 8　布氏漏斗和抽滤瓶	用于减压过滤	不能直接用火加热，将布氏漏斗用橡胶塞固定在抽滤瓶上，选择略小于布氏漏斗底板的滤纸（但须盖住底板的所有小孔）于布氏漏斗中，用溶剂润湿滤纸，并开动减压泵使滤纸紧吸在底板上，将待滤结晶溶液慢慢倾入布氏漏斗中，抽滤
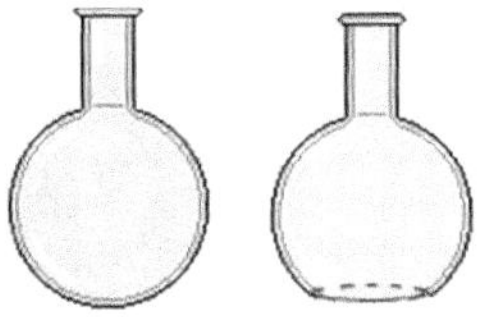 实训图 9　圆底烧瓶和平底烧瓶	用于加热或不加热条件下较多液体参加的反应容器	平底烧瓶一般不作加热仪器，不能用于减压蒸馏。圆底烧瓶加热时须置于石棉网上，外部须保持干燥，也可用于水浴加热，不适于长时间加热；液体量不超过容积的 1/2，用铁架台固定
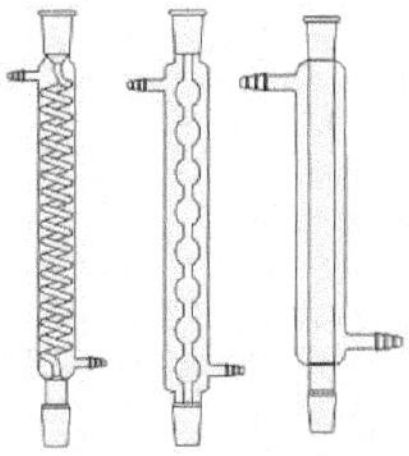 实训图 10　冷凝管	用于蒸馏、回流装置中	普通蒸馏常用直形冷凝管；回流常用球形冷凝管；沸点高于 140℃ 时，常用空气冷凝管
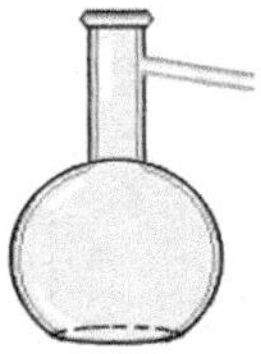 实训图 11　蒸馏烧瓶	用于液体混合物的蒸馏或分馏，也可装配气体发生器	须置于石棉网上加热或直接水浴加热，还须加沸石防止暴沸；液体不超过容量的 1/2；分馏时温度计的感温液体球泡部分宜在支管口处
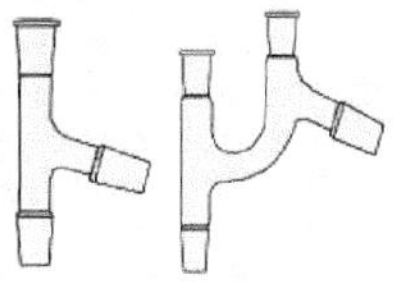 实训图 12　蒸馏头	与烧瓶组合用作蒸馏使用	两口的为克氏蒸馏头，可用于减压蒸馏
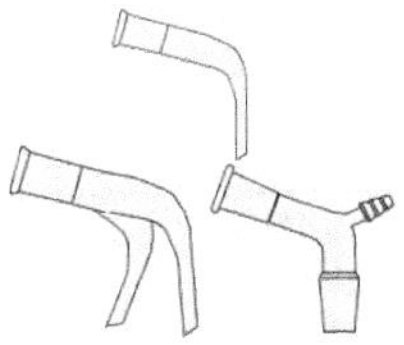 实训图 13　接液管	用于蒸馏中承接冷凝液，带支管的用于减压蒸馏	使用时要仔细检查各连接处的气密性

续表

仪器名称与图示	主要用途	使用方法及注意事项
 实训图 14　坩埚	用于高温灼烧固体试剂，并适于称量，如测定结晶水合物中结晶水含量的实训。包括有瓷坩埚、铁坩埚、石英坩埚三种	能耐高温；有盖，可防止药品迸溅；坩埚可在泥三角上直接加热，热坩埚及盖要用坩埚钳夹取，避免骤冷或溅水；定量实训的冷却应放在干燥器中
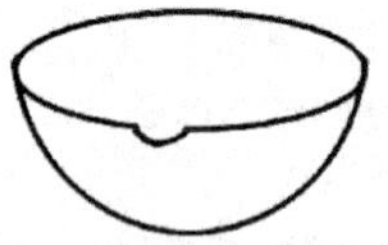 实训图 15　蒸发皿	用于溶液的蒸发浓缩、结晶；焙干物质	蒸发皿可放在铁圈或有泥三角的三脚架上直接加热，也可用石棉网、水浴、沙浴等加热。蒸发溶液时不得超过容量的 2/3，加热过程中应用玻璃棒不断搅拌。临近蒸干时，停止加热，利用余热将水蒸干，以免晶体颗粒迸溅。蒸发皿不能骤冷，冷却后洗涤
 实训图 16　坩埚钳	用于夹持坩埚和坩埚盖；也可用来夹持蒸发皿	夹持热坩埚时，先将钳头预热，避免坩埚骤冷而炸裂；夹持瓷坩埚或石英坩埚等质脆易破裂的坩埚时，既要轻夹又要夹牢
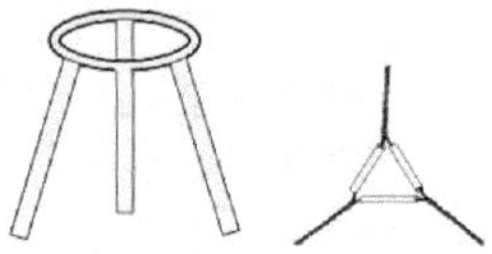 实训图 17　三脚架和泥三角	用于配合加热器使用，承放受热容器并使其受热均匀	加热结束后，不要直接用手接触，以防烫伤；泥三角使用后不可放入冷水中降温
 实训图 18　干燥管	盛放块状固体干燥剂，用于干燥或吸收某些气体，常与气体发生器一起配合使用	收集干燥的气体，使用时其大口一端与气体输送管相连。球部充满粒状干燥剂，如无水氯化钙和碱石灰等
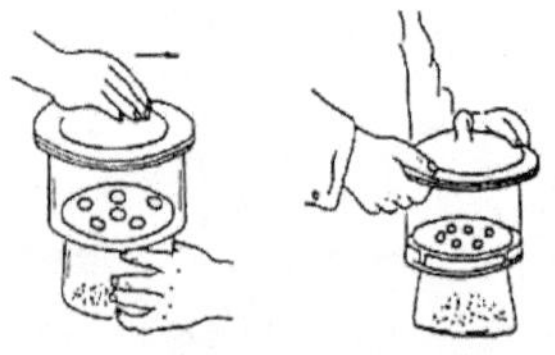 实训图 19　干燥器	用于存放需要保持干燥物品的容器。干燥器隔板下面放置干燥剂，需要干燥的物品放在适合的容器内，再将容器放于干燥器隔板上	灼烧后的坩埚内药品需要干燥时，须冷却后再将坩埚放入干燥器中；干燥器盖子与磨口边缘处涂一层凡士林，防止漏气；干燥剂要适时更换；开盖时，要一手扶住干燥器，一手握住盖柄，稳稳平推
 实训图 20　温度计	用于温度测定。温度计分为水银温度计和酒精温度计两种。常用的是水银温度计	使用温度计时不允许超过其量程，注意感温液体球泡部位玻璃极薄，防止碎裂，测温时感温液体球泡部位放置的位置要合适；温度计不能当玻璃棒来搅拌使用
 实训图 21　研钵	用于研细固体物质；研磨、混合固体物质。分为玻璃研钵、白瓷研钵、玛瑙研钵或铁制研钵；与杵配合使用	不能直接加热或作为反应容器；只能研磨、挤压，不能用力过猛或敲锤；不能将易爆物品混合研磨；研磨的物质总量不超过容量的 1/3

续表

仪器名称与图示	主要用途	使用方法及注意事项
 实训图 22　试管夹	用于夹持试管进行简单加热。一般为竹制品	夹持试管时，试管夹应从试管底部套入，夹住距试管口约 1/3 处；在夹持住试管后，要握住试管夹的长臂，拇指千万不要按住试管夹的短臂，以防稍用力造成试管脱落打碎；加热试管时注意，谨防试管夹被烧损
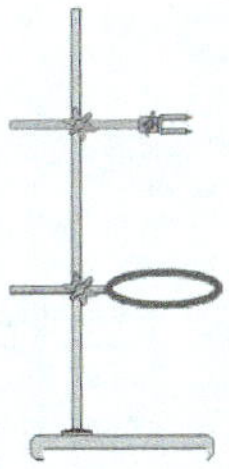 实训图 23　铁夹、铁圈、铁架台	用于固定反应容器；铁圈可代替漏斗架用于过滤	先调节好铁圈、铁夹的距离和高度；使用时要注意各部位是否拧紧，以防实训中仪器脱落；用铁夹夹持容器不宜过紧，以能转动而又不掉为度
 实训图 24　托盘天平	用于精确到 0.1g 固体药品的称量	称前调零点；称量时左物右码；药品不能直接放在托盘上，要在两盘各放一大小相同的纸片；易潮解、腐蚀性药品放在玻璃器皿中称量；称量时用镊子夹取砝码，不能用手直接拿取砝码；称量完毕，应把砝码放回砝码盒中

实训知识 3　玻璃仪器的清洗与干燥

为了保证有机化学实训结果的准确，实训所用的玻璃仪器都必须洁净。要养成实训前清洗，实训结束后立即清洗、干燥所用玻璃仪器的良好习惯。

玻璃仪器洗净的标志是把仪器倒置时，均匀的水膜顺器壁流下，不挂水滴。

（一）玻璃仪器洗涤的一般步骤

1. 用水清洗　此法适用于玻璃仪器内壁粘有水溶性污物，不能除去油污和某些不溶于水的有机物质。将玻璃仪器用自来水冲洗，再用试管刷刷洗。刷洗时将试管刷在玻璃仪器内转动或上下移动后，用自来水冲洗几次，最后用少量蒸馏水淋洗 1 ～ 2 次。

2. 用洗涤剂清洗　此法适用于常见不溶于水的油污。洗涤剂通常是洗衣粉、去污粉、肥皂水、清洁剂等。用清水洗不干净的玻璃仪器前，先把器皿用水润湿，再用试管刷蘸取少量洗涤剂洗刷，其他步骤同“用水清洗”，达到要求即可。容量瓶、滴定管等不能用洗衣粉、去污粉等洗涤剂清洗。

3. 用铬酸洗液清洗　此法适用于“顽固”污渍。如果玻璃仪器污染严重、内壁粘有难以清洗的污渍，特别是被某些不溶于水的有机物污染，可选用铬酸洗液浸泡后再刷洗，洗液有强烈的腐蚀性，须在老师指导下进行，使用时特别小心，注意安全，防止溅到眼睛、皮肤或衣服上。

（二）仪器的干燥

1. 晾干　不急用的仪器，在洗净后，倒置在仪器架上，自然晾干后使用。

2. 烘干　将洗净的仪器控干水分，放进电烘箱中烘干。仪器放入时口应朝上。待烘箱温度自然下降后取出。如急用，在烘箱温度较高时取用仪器，要垫上干净的布，取出后要放到石棉网上，冷却到室温后才能使用。

3. 烤干　急用的烧杯或蒸发皿可置于石棉网上用小火烤干。试管可直接烤干，但要从底部预热，管口向下（以免水珠倒流导致试管炸裂），并不断来回移动试管，不见水珠后，将试管口向上，赶尽水蒸气。

4. 吹干　带有刻度的计量仪器，如急用，不能用加热的方法干燥，洗净后可用电吹风吹干。

有机溶剂干燥：体积小的仪器急需干燥时，可采用此法。洗净的仪器先用少量乙醇洗涤一次，再用少量丙酮洗涤，最后用空气（不需加热）吹干。用过的溶剂应倒入回收瓶中。

【实践与思考】

1. 进行有机化学实训时，应遵守哪些实训室规则？
2. 玻璃仪器的洗涤应达到什么标准才符合要求？
3. 在有机化学实训中，应采取哪些措施减少环境污染？
4. 在实训探究中，应遵守哪些实训室安全规则？
5. 以小组为单位，分组制作仪器的使用或者仪器的清洗视频、文章等网络宣传材料。

二、有机化学实践的基本技能

实训 1　熔点的测定

——尿素、桂皮酸的熔点测定

概述：熔点是指固体物质在一定大气压下，固液两相达到平衡时的温度。一般可以认为是固体物质在受热到一定温度时，由固态转变为液态，此时的温度即为该物质的熔点。通过测定熔点，不但可以确定被测物质是否纯净，也可以鉴定有机化合物。

【案例设计】 在化工生产中，经常遇到鉴定熔点相同或相近的两个试样是否为同一物质。例如，两个不同试样 A、B，它们可能是肉桂酸、尿素、苯甲酸，已知苯甲酸的熔点为 122.4℃，且苯甲酸熔点与肉桂酸、尿素均不相同。以小组为单位，设计用熔点测定法区别这两瓶化合物，以及判定某物质是否为纯品。

【实训目的】

1. 了解熔点测定的概念、特点和意义。
2. 熟悉熔点测定仪器的组装和使用。
3. 掌握测定熔点的操作。

【实训准备】

1. 用品准备

仪器：温度计、提勒管、熔点毛细管（长 9 ～ 10cm，内径 1mm）、酒精灯、开口橡皮塞、玻璃棒、玻璃管、表面皿、250mL 圆底烧瓶、铁架台、火柴等。

药品：尿素（熔点：132.7℃）、肉桂酸（熔点：133℃）、液体石蜡。

2. 操作者准备

（1）学生充分预习，明确实训目标、实训基本原理、实训步骤和操作方法。

（2）穿好实训隔离服，扣好扣子（特别注意扣好袖口扣子）。实训时严格遵守操作规程。

本要求是实训基本要求，后续实训均按照本要求执行。

【测定原理】 固体物质从开始熔化到完全熔化的温度范围即为熔程（也称熔点范围）。纯净的有机化合物一般都有固定的熔点，固液两相之间的变化是非常敏锐的，熔程不超过 0.5℃。如果混有杂质，熔点会降低，熔程也将显著增大。当加热温度接近熔点时，放慢加热速度，样品将依次出现发毛、收缩、塌落、澄清等现象。**出现塌落且伴有小液珠时的温度称为始熔温度或初熔温度，全部样品澄清时的温度为全熔温度。**大多数有机化合物的熔点都在 400℃以下，比较容易测定。

通过测定熔点，如何确定被测物质是否纯净？怎样鉴定有机化合物呢？例如，测得物质甲和物质乙的熔点相同，可以将甲和乙等量混合，再测定混合物的熔点，若混合物的熔点与甲（或乙）的熔点完全相同，就可以判定甲和乙为同一种物质；若混合物的熔点低于甲（或乙）的熔点且熔程较大，就可判定甲和乙不是同一种物质，以区别熔点相近的有机化合物。

【操作流程及分组配合】

1. 测定熔点的仪器装置　实训室一般采用的测定方法是毛细管法。常用的熔点测定装置有双浴式和提勒管式两种。

（1）提勒管式：提勒管式测定装置如实训图 25 所示。提勒管又称 b 形管。内装传热液，液面高度以刚好超过上侧管 1cm 为宜，加热部位为侧管顶端。附有已装填样品的熔点毛细管的温度计，通过侧面开口塞，安装在提勒管的两个侧管之间。

这种装置是实训室中常用的熔点测定装置，特点是操作简单、方便、传热液用量少，节省测定时间。

（2）双浴式：双浴式熔点测定装置如实训图 26 所示。将试管通过侧面开口的胶塞固定在圆底烧瓶中（距离瓶底 1.5cm 处），烧瓶内盛放传热液（用量约为容积的 2/3）。将填装好样品的熔点毛细管用小橡胶圈固定在分度值为 0.1℃的测量温度计上。然后将温度计也通过侧面开口的胶塞，固定在试管中距离管底约 1cm 处，试管中加传热液。

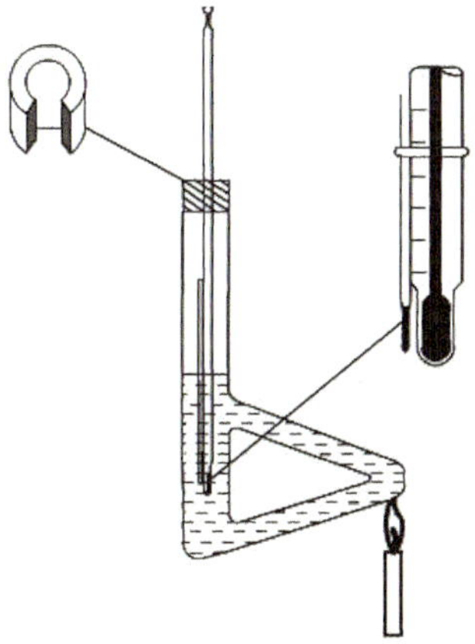

实训图 25　提勒管式熔点测定装置

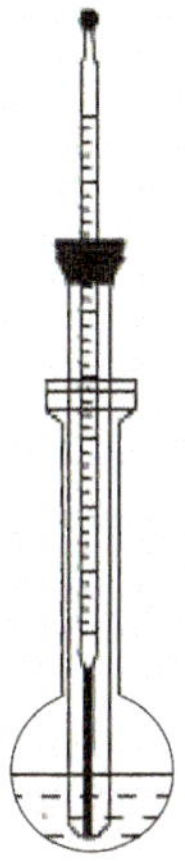

实训图 26　双浴式熔点测定装置

2. 操作步骤　以提勒管式熔点测定为例，操作步骤如下。

（1）填装样品：将待测的干燥样品如尿素、桂皮酸，分别放在洁净、干燥的研钵中研细。取研细后的待测样品少许，放在干净的表面皿上，聚成小堆，使熔点毛细管的开口端插入样品粉末堆中数次，至熔点毛细管内样品的高度为 2 ～ 3mm 后，把熔点毛细管翻转过来，熔封端朝下，将其投入一根直立于实训台面的长约 60cm 的玻璃管内，让其自由下落，重复几次，使样品紧密填在熔点毛细管底部，样品高度 2.5 ～ 3.5 mm；填好的熔点毛细管，应是样品柱表面光滑、均匀、紧密，否则会使导热不迅速，不均匀，测定结果有偏差。往熔点毛细管内装样品时，一定要反复冲撞夯实，管外样品要用卫生纸擦干净。每个样品填装 3 根熔点毛细管。

如装填的是易升华的化合物，装好试样后将上端封闭起来，压力对熔点的影响不大，用封闭的熔点毛细管测定熔点其影响可忽略不计；如装填的是易吸潮的化合物，装样动作要快，装好后也应立即将上端小火加热封闭，以免在测定熔点时试样吸潮使熔点降低。

（2）选择传热液：本实训采用液体石蜡作传热液，适用于测定熔点在 140℃以下的样品。也可选用浓硫酸作传热液，适用于测定熔点在 220℃以下的样品，但务必注意浓硫酸的安全使用。若要测熔点在 220℃以上的样品可选用其他传热液。

（3）安装装置：把装填好的熔点毛细管用小橡皮圈固定在温度计的一侧，让样品柱紧贴在温度计感温液体球泡的中央部位，橡皮圈应尽量套在靠近熔点毛细管的开口端，切勿让其接触传热液液面，然后用开口塞子把温度计固定好，使温度计及熔点毛细管垂直悬浸在传热液中，温度计的感温液体球泡应处在提勒管两侧口的中间部位，不与提勒管壁接触，熔点毛细管应面对观察者。

将提勒管固定在铁架台上，装入传热液，按实训图 25 所示安装，注意温度计及熔点毛细管的插入位置要精确。

（4）加热：用酒精灯在提勒管的侧管末端加热，传热液因受热发生循环流动而起到传热搅拌作用。注意升温速度的控制：开始时，升温速度可以快一些，每分钟上升 5 ～ 6℃；当距离熔点 10 ～ 15℃时，升温速度 1 ～ 2℃ /min；当接近熔点时，升温速度 0.5 ～ 1℃ /min。

（5）读数：同一组的学生可分成 A、B 两小组，分工协作。快融化时，A 组学生观察样品融化情况，B 组学生紧盯温度计液面，样品一融化，A 组学生发指令“读数”，B 组学生立即读数。在加热期间要特别注意观察熔点毛细管内样品变化，当发现样品柱面由光滑变粗糙，出现塌落、凹陷现象，且伴有小液珠出现时，表示样品已开始熔化（初熔），记录此时温度，继续小心加热，直到样品全部转化成为透明液体时（全熔），记录此温度，此即样品的熔点。

（6）平行实训：本实训采用尿素和肉桂酸为样品。熔点的测定至少要有两次重复的数据。每个样品的第一次加热都可稍快，测知其大概熔点范围后，再做两次精测。再次测定时传热液温度需冷却至熔点以下 30℃左右。每一次测定都必须用新的熔点毛细管，装新样品。两次测定结果差别应在 1℃以内。

（7）拆除装置：测定完毕马上用塞子盖住提勒管（防止吸潮），待传热液冷却后倒回回收瓶中。温度计冷却后，用纸擦去传热液，再用水洗干净放回原处。

（8）封口：取一根熔点毛细管，呈 45℃角在小火焰的边缘加热，并不断转动，使其熔化，封闭端口。注意使封好口的熔点毛细管的底部玻璃壁尽可能的薄且均匀，以保证其具有良好的热传导性。

3. 数据记录和处理　将测量数据记录于实训表 1-1 中。

实训表 1-1　熔点测定数据记录表

样品	测定值 /℃		平均值 /℃		备注
	初熔	全熔	初熔	全熔	

【实训评价】　实训考核点及评分标准见实训表 1-2。

实训表 1-2　实训考核点及评分标准

项目	考核内容	项目分值	得分
实训态度（15 分）	1. 穿着隔离服整齐、干净	5 分	
	2. 熟悉实训内容	5 分	
	3. 能遵守实训室的规章制度	5 分	
实训操作（55 分）	1. 毛细管的封口操作正确，封口严密，封好口的毛细管的底部玻璃壁薄且均匀	10 分	
	2. 样品的装填操作正确，装填好的毛细管中，样品柱表面光滑、均匀、紧密，样品柱的高度符合要求	10 分	
	3. 装填好的毛细管与温度计及开口塞子的固定符合要求，温度计及样品管垂直悬浸在传热液中，温度计的感温液体球泡处在熔点测定管两侧口的中间部位	15 分	
	4. 加热升温速度控制合理，加热期间观察样品变化情况仔细，记录初熔和全熔温度准确	5 分	
	5. 实训小组内同学间相互协作好；能合理地解释实训中出现的一些现象，正确地解决实训中出现的一些问题	10 分	
	6. 实训数据记录完整、合理	5 分	

续表

项目	考核内容	项目分值	得分
实训结果（15分）	整理实训数据，填写好实训报告	15分	
实训结束（15分）	1. 停止加热，待传热液冷却后按要求回收；擦干温度计	5分	
	2. 所有仪器、试剂归位，整理实验台	5分	
	3. 将废液缸、废物缸内废物清理干净	5分	
总得分			

【注意事项】

1. 熔点毛细管要干净，否则能产生4～10℃的误差；管壁不能太厚，若管壁太厚，热传导时间长，会使熔点偏高；封口要均匀，若底端未封好会产生漏管。

2. 样品不干燥或含有杂质，都会使熔点偏低，熔程变大；样品粉碎要细，装样时要迅速，以防止吸潮；填装要实，否则产生空隙，不易传热，造成熔程变大；样品用量要适中，装填高度2～3mm，需反复少量多次装填，样品量太少不便观察，而且测得熔点偏低，样品量太多会造成熔程变大，测得熔点偏高。

3. 熔点毛细管外的样品粉末要擦干净，以免污染传热液。实训中加热时，升温速度不宜太快，让热传导有充分的时间，若升温速度过快，熔点则偏高。加热位置应选在熔点测定管侧管外端下方。

4. 熔点毛细管上端须高出传热液液体石蜡的液面。

5. 要选用开口塞，以保证加热体系与大气相通，防止爆炸。

6. 温度计的感温液体球泡位置应处在两侧管中间，更加准确测定传热液温度。

7. 传热液液体石蜡的高度以液面刚没过侧管顶部即可，因为加热后液体体积会膨胀，不可装太满；若使用硫酸作传热液要特别小心，不能让有机化合物碰到浓硫酸，否则使传热液颜色变深，有碍熔点的观察。若出现这种情况，可加入少许硝酸钾晶体共热后使之脱色。

【实践与思考】

1. 测熔点时，若有实训表1-3中情况将产生什么结果？

实训表1-3　测熔点时未按要求操作

（1）熔点毛细管壁太厚	（4）样品研得不细或装得不紧密
（2）熔点毛细管不洁净	（5）加热太快
（3）样品未完全干燥或含有杂质	（6）样品装得太多

2. 熔点毛细管是否可以重复使用？

3. 物质的熔点含义是什么？

4. 以小组为单位，制作熔点测量过程的视频和安全操作的文字宣传材料。要求材料内容简明扼要，包括测量要点，测量结果。

实训2　蒸馏与沸点的测定

——乙醇的蒸馏和沸点的测定

将液体加热至沸腾状态，使液体变为蒸气，然后再使蒸气冷凝为液体，这两个联合操作的过程称为**蒸馏**。通过蒸馏可将易挥发和难挥发的物质进行分离，也可将沸点不同的物质分离开来。因此，蒸馏是分离和提纯液体有机化合物最常用的方法之一。通过蒸馏还可以测定纯净有机化合物的沸点。

【案例设计】　制酒厂对发酵之后的“酒糟”中的混合物，采用加热蒸馏的方式，将其中的乙醇蒸发为气体，再通过冷凝将其转化为液体，形成高浓度的乙醇。这就是利用了蒸馏的原理。以小组为单位，课前请预习本实训内容，并且设计通过蒸馏方式将乙醇提纯的实验操作步骤。

【实训目的】

1. 进一步加深理解蒸馏和测定沸点的原理，了解蒸馏和测定沸点的意义。

2. 熟悉使用蒸馏的方法纯化液态有机化合物。

3. 掌握蒸馏和测定沸点的操作方法。

【实训准备】

1. 用品准备

仪器：蒸馏烧瓶、温度计、直形冷凝管、接液管、接收瓶、量筒、铁架台、沸石、橡胶管、水浴锅（可用电热套、500mL 大烧杯代替）、温度计套管等。

药品：乙醇。

2. 操作者准备　按照实训基本要求执行。

【测定原理】　沸点是指液体的蒸气压与外界压力相等时的温度。纯净液体受热时，其蒸气压随温度升高而迅速增大，当达到与外界大气压力相等时，液体开始沸腾，此时的温度就是该液体物质的沸点。由于外界压力对物质的沸点影响很大，所以通常把液体在 101.3kPa 下测得的沸腾温度定义为该液体物质的**沸点**。纯净的液体有机化合物在蒸馏过程中沸点范围很小，一般为 0.5 ～ 1.5℃。所以利用蒸馏方法可以测定有机化合物的沸点。如果含有杂质，沸点就会发生变化，沸程（始馏温度至终馏温度）也会增大，不纯的液体有机化合物没有恒定的沸点。所以，一般可通过测定沸点来检验液体有机化合物的纯度。但必须指出，具有固定沸点的有机化合物不一定为纯净的有机化合物，由于某些有机化合物往往能和其他组分形成二元或三元共沸混合物，这些共沸混合物都具有固定的沸点。

通过蒸馏不仅可以测定纯液体有机化合物的沸点，还可将易挥发物质从难挥发的混合物质中分离出来，也可将沸点不同的物质分离开来。例如，将沸点差别较大（至少 30℃以上）的液体蒸馏时，沸点较低者先蒸出，沸点较高的随后蒸出，不挥发的留在蒸馏瓶内，这样可达到分离和提纯的目的，因此，蒸馏是分离和提纯液体有机化合物最常用的方法。

在加热前必须加入 2 ～ 3 粒沸石（表面疏松多孔的碎瓷片），避免液体暴沸，造成损失甚至酿成火灾事故，绝大多数液体在加热时经常发生过热现象（温度超过沸点而不沸腾），如继续加热，液体就会产生暴沸现象而冲溢出瓶外。沸石的微孔中由于吸附了一些空气，在加热时就可以形成液体分子的气化中心，从而保证液体及时沸腾而避免暴沸。如果加热前忘了加沸石，补加时应停止加热，待液体冷至沸点以下后方可加入。若蒸馏在中途停止过，重新蒸馏时应加入新的沸石。

仪器选择要注意以下几点。

（1）热源的选择：一般沸点低于 80℃的蒸馏采用水浴加热，即将烧瓶浸入水中，水的液面应略高于蒸馏烧瓶内被蒸物质的液面，勿使烧瓶底触及水浴锅底，保持水浴加热的温度不超过蒸馏物沸点 20℃。这种加热方式，可避免局部过热及液体的暴沸，而且可使蒸汽的气泡不但从烧瓶的底部上升，也可沿着烧瓶的边沿上升，使液体平稳地沸腾。

（2）蒸馏烧瓶的选择：普通蒸馏，待蒸馏物的体积不超过烧瓶容量的 2/3，但也不能少于 1/3。超过烧瓶容量的 2/3 时，待蒸物来不及汽化就直接溢出烧瓶，少于 1/3 时受热面太少。在蒸馏低沸点液体时，选用长颈蒸馏瓶；而蒸馏高沸点液体时，选用短颈蒸馏瓶。

（3）冷凝管的选择：沸点在 140℃以下的被蒸馏物选用直形冷凝管。冷凝水应从冷凝管的下口流入，上口流出，以保证冷凝管的套管中始终充满水，水龙头应缓慢打开。

（4）温度计的选择：根据被蒸馏物质可能达到的最高温度，再高出 10 ～ 20℃来选择适当的温度计。既不能把温度计作搅拌用，也不能用来测量超过刻度范围的温度。温度计用后要缓慢冷却，不能用冷水立即冲洗以免炸裂。

（5）蒸馏的接收部分：一般采用小口接收器，以减少产品的挥发损失。

【操作流程及分组配合】

1. 蒸馏及测定沸点的仪器装置　普通蒸馏装置如实训图 27 所示，主要由汽化、冷凝和接收三个部分组成。

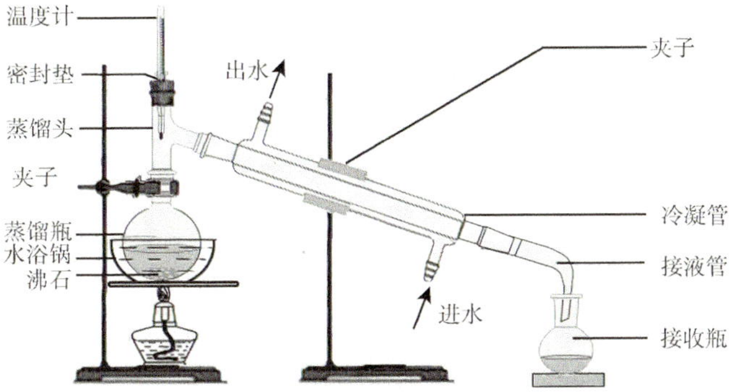

实训图 27　普通蒸馏及测定沸点的装置

总体来说，从热源处开始，按照“先下后上、先左后右、先难后易”的顺序逐个装配蒸馏装置，温度计的位置通常是使感温液体球泡的上端恰好位于蒸馏烧瓶支管的底边所在的水平线上。冷凝管下端连接接液管，接液管末端伸入接收瓶中，接液管与接收瓶间不可密闭，要与大气相通。

拆卸时，按照与装配相反的顺序逐个地拆除。组装仪器要做到以下几点：

（1）在铁架台下放置电热套，上置 500mL 烧杯或水浴锅，用烧瓶夹夹好 100mL 圆底蒸馏烧瓶，置于烧杯中。水的液面略高于烧瓶内待蒸物质的液面，蒸馏烧瓶上装蒸馏头，使蒸馏头的侧管指向右侧，将装有温度计的温度计套管置于蒸馏头的上口中，温度计的感温液体球泡的上沿一定与蒸馏头侧管的下沿在同一水平线上。

（2）用另一铁架台夹住已接好进出水橡皮管的冷凝管，调整其位置，使它与已装好的蒸馏头的侧管同轴，然后松开固定冷凝管的铁夹，使冷凝管沿此轴移动而与蒸馏头连接，注意铁夹不应夹得太紧或太松，以夹住后稍用力尚能转动为宜。最后在冷凝管的下口套一接液管，接液管下置接收瓶。

（3）冷凝管应与蒸馏烧瓶的支管同轴，安装完后的装置应“平稳端正，横平竖直，正看一个面，侧看一条线”，全套仪器装置的轴线都要在同一平面内，铁架台整齐地置于仪器的背面。

2. 操作步骤

（1）加料：将待蒸馏乙醇 40mL 小心倒入蒸馏瓶中，不要使液体从支管流出，加入几粒沸石以防止暴沸。装好带温度计的套管，注意温度计感温液体球泡的位置。检查仪器各部分连接处是否紧密不漏气。

（2）加热：先打开冷凝水龙头，缓缓通入冷水，然后再缓慢加热。冷凝水要自下方进入冷凝管，与自上而下的蒸汽形成逆流冷却。当液体沸腾，大量蒸汽到达温度计感温液体球泡部位时，温度计读数急剧上升，调节热源，控制温度计感温液体液面缓慢均匀上升，直至液体沸腾。进一步调节热源，让温度计感温液体球泡上液滴和蒸汽温度稳定，使蒸馏速度以每秒 1 ～ 2 滴为宜。蒸馏过程中温度计长时间保持不变的读数就是馏出液的沸点。

蒸馏时若热源温度太高，使蒸汽成为过热蒸汽，造成温度计所显示的沸点偏高；若热源温度太低，馏出物蒸汽不能充分浸润温度计水银球，造成温度计读得的沸点偏低或不规则。

（3）收集馏液：准备两个接收瓶，用一个接收瓶收集前馏分或称馏头，在前馏分蒸完，温度稳定后，用另一个接收瓶收集所需馏分，并记下馏液开始滴出的第一滴和最后一滴的温度，此温度范围就是该液体的沸点范围，即沸程。

在所需馏分蒸出后，温度计读数会突然下降，此时应停止蒸馏。即使杂质很少，也不要蒸干，以免蒸馏瓶破裂及发生其他意外事故。

（4）拆除蒸馏装置：蒸馏完毕，先撤出热源，待系统冷却后再关闭冷凝水，最后拆除蒸馏装置（与安装顺序相反）。

【实训评价】 实训考核点及评分标准见实训表 2-1。

实训表 2-1　实训考核点及评分标准

项目	考核内容	项目分值	得分
实训态度（15 分）	1. 穿着实训隔离服整齐、干净	5 分	
	2. 熟悉实训内容	5 分	
	3. 能遵守实训室的规章制度	5 分	
实训操作（55 分）	1. 仪器安装	15 分	
	2. 加料	5 分	
	3. 加热	15 分	
	4. 记录	5 分	
	5. 拆除蒸馏装置	15 分	
实训结果（15 分）	整理试剂，洗涤实训用仪器，写好实训报告	15 分	
实训结束（15 分）	1. 实训溶液的回收、废物的处理	5 分	
	2. 实训仪器拆卸、洗涤	5 分	
	3. 实训台整理、打扫	5 分	
	总得分		

【注意事项】

1. 必须在开始加热前向蒸馏烧瓶内加入几粒沸石。

2. 冷凝水流速以能保证蒸汽充分冷凝为宜，通常只需保持缓缓水流即可。

3. 蒸馏液体的体积应不超过烧瓶容积的 2/3，也不少于 1/3。蒸馏有机溶剂均应用小口接收器，尾接管和接收瓶不可密闭，应与大气相通。

4. 蒸馏开始时应先开冷凝水，再加热；蒸馏过程中注意液体切勿蒸干，以防止意外事故发生；蒸馏完毕，应先撤除热源，待体系稍冷后再停止通冷凝水。

【实践与思考】

1. 什么是沸点？ 如果液体具有恒定的沸点，那么能否认为它是纯净物？

2. 蒸馏时加入沸石的作用是什么？

3. 为什么蒸馏时最好控制馏出液的速度为 1 ～ 2 滴 / 秒为宜？

4. 如果猛烈加热，测定的沸点会不会偏高？为什么？

5. 在蒸馏时，如果温度计感温液体球泡超过蒸馏瓶支管口上缘或插至液面，对实训结果有什么影响？

6. 以小组为单位，设计家庭或者工厂酿酒的乙醇提纯工艺或流程 。

实训 3　重　结　晶

重结晶是把待提纯的固体有机化合物溶解在适当的溶剂中，经脱色、过滤等一系列操作除去杂质，再重新析出结晶的操作过程。利用固体混合物中各组分在某种溶剂中的溶解度不同，使它们相互分离，达到提纯精制的目的。

【案例设计】 在药物生产中，许多原料药物、药物的终产品中含有杂质，将药物提纯，是生产的重要任务。预习下列内容，思考如何提纯常见药物如氯化钠、水杨酸、苯甲酸等物质。请设计提纯的步骤。

【实训目的】

1. 了解重结晶的原理和意义，初步学会用重结晶方法提纯固体有机化合物。

2. 掌握热过滤和抽滤操作。

3. 了解溶剂的选择原则，学会配制热饱和溶液、脱色等操作。

【实训准备】

1. 用品准备

仪器：100mL 量筒、150mL 烧杯、保温漏斗、250mL 锥形瓶、滤纸、酒精灯、250mL 抽滤瓶、布氏漏斗、短颈玻璃漏斗、水泵、安全瓶、表面皿、台秤等。

药品：苯甲酸、活性炭。

2. 操作者准备　按照实训基本要求执行。

【实训原理】　由有机合成或由天然物提取得到的固体有机化合物往往是不纯的，重结晶是提纯固体有机化合物最常用的方法之一。

固体有机化合物在溶剂中的溶解度与温度有关。升高温度，物质的溶解度一般会增大；降低温度，溶解度则降低。因此，把固体溶于适当的溶剂中成为热的饱和溶液，趁热过滤，分离除去不溶性的杂质。再把滤液冷却，则原来溶解的固体由于溶解度降低而析出晶体。至于可溶性的杂质，由于它的量很少，在被提纯物析出晶体时，绝大部分仍留在母液中。若结晶一次尚不能符合要求，可以重复结晶。

重结晶一般适合于纯化杂质含量小于 5% 的固体有机化合物。杂质含量多，难以结晶，甚至析出含杂质较多的油状物，达不到提纯的目的，须进行多次重结晶才能达到提纯的目的。此时，最好先用其他方法，如萃取、水蒸气蒸馏等进行初步提纯，降低杂质含量后，再以重结晶提纯。

【操作流程及分组配合】　重结晶提纯固体有机化合物的操作过程包括：选择溶剂→溶解固体→趁热过滤，去除不溶性杂质→脱色→滤液冷却、析出晶体→抽滤→洗涤→晶体的干燥。

（1）选择溶剂：选择合适的溶剂是进行重结晶操作的关键，直接影响重结晶提纯的效果。选择溶剂应遵循“相似相溶”原理，且符合以下条件：①不与被提纯物质起化学反应；②在较高温度时能溶解较多的被提纯物质；而在室温或更低温度时，只能溶解很少量的该种物质；而对杂质的溶解度应该非常大或非常小；③能析出较好的结晶；④容易挥发，沸点适中（若溶剂沸点太低，溶质在其中的溶解度不大；若溶剂的沸点太高，吸附于晶体表面的溶剂不易除去），便于操作，便于与被提纯的物质分离；⑤价廉，稳定，安全，无毒，环保。

本实训选择用水作溶剂。常用的有机溶剂有乙醇、丙酮、苯、乙醚、氯仿、石油醚、乙酸乙酯等。可用单一的溶剂，也可用混合溶剂。

（2）制饱和溶液：在溶剂沸点温度下，将被提纯物制成饱和溶液：称取 3.0g 苯甲酸粗品，放在 100mL 烧杯中，加入 40mL 纯水和几粒沸石，放置于石棉网上加热煮沸，搅拌，使苯甲酸完全溶解，若有少量不溶解，再加水直至完全溶解。

（3）脱色：若溶液含有色杂质，要加活性炭脱色，关掉热源，再加入占总体积 15% 左右的冷水，加 0.1 ～ 0.5g 活性炭（用量为粗产品质量的 1% ～ 5%），搅拌。禁止往沸腾的液体中加活性炭，否则会暴沸溢出。继续加热并微沸 5 分钟。

若粗品苯甲酸溶解后无颜色，则无须加活性炭脱色。

（4）热过滤：为了减少被提纯物质的热饱和溶液因冷却而析出晶体，必须趁热过滤，同时为了保持滤液的温度要加快过滤速度，应如下操作：

1）把滤纸折成菊花形滤纸，这种滤纸有较大的过滤面积、较快的过滤速度。菊花形滤纸的折叠方法如实训图 28 所示。

2）把短颈漏斗放入保温漏斗中，在保温漏斗的夹层中盛装热水。用夹子固定在铁架台上，再在短颈漏斗中放入菊花形滤纸，用酒精灯在保温漏斗的侧管上加热，如实训图 29 所示，按常法过滤。过滤完毕用少量热水洗涤烧杯，并倒入漏斗中以洗涤滤纸。除滤液为水作溶剂的可以用烧杯接收外，其他应用小口容器如锥形瓶等。

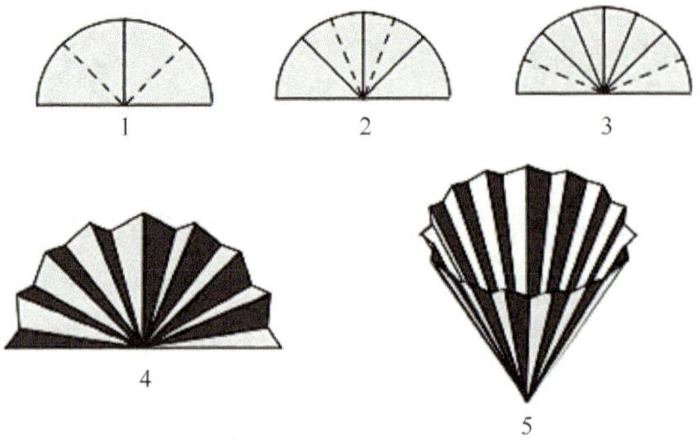

实训图 28　菊花形滤纸的折叠

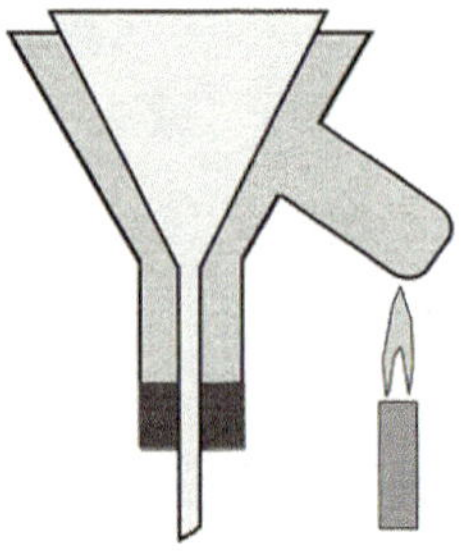
实训图 29　保温过滤

（5）结晶：过滤完毕，将盛滤液的烧杯用表面皿盖好，静置，自然冷却，晶体逐渐析出，再用冷水或冰水冷却使结晶完全。太快析出的晶体颗粒很细，可能会含有杂质，故不快速冷却，也不要搅动滤液；当发现大晶体正在形成时，轻轻摇动，形成较均匀的小晶体。因为晶体颗粒太大，在晶体中会夹杂母液，难以干燥；若冷却仍无结晶，可以利用加晶种（结晶法中，通过加入不溶的添加物即晶种，形成晶核，加快或促进结晶的生长）和用玻璃棒刮擦容器内壁的方法诱发结晶。

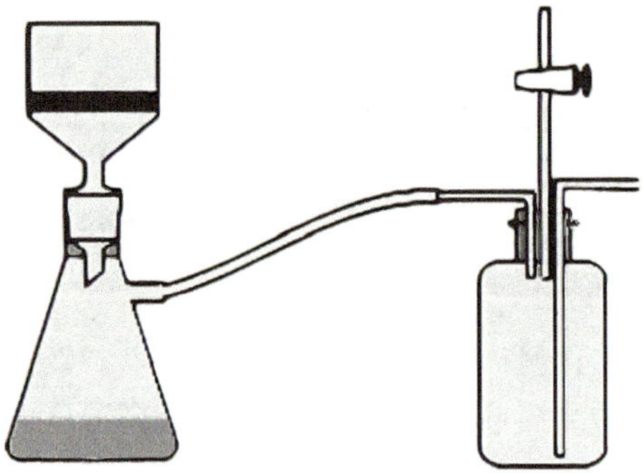
实训图 30　抽滤装置

（6）抽滤：装置如实训图 30 所示，布氏漏斗用橡胶塞固定在抽滤瓶上，滤纸剪成圆形，略小于布氏漏斗的底板但须盖住其小孔，用溶剂润湿滤纸并开动水泵使它被吸紧贴在底板上。抽气过滤时，先倒入晶体上层的母液，然后倒入晶体，开动水泵，抽滤，用干净的小玻璃塞在晶体上轻轻地压，使母液尽量抽干。停止抽气，在布氏漏斗中加入少量冷的溶剂浸没晶体，并用玻璃棒搅匀，抽干。停止抽气，取出晶体进行干燥。

【实训评价】　实训考核点及评分标准见实训表 3-1。

实训表 3-1　实训考核点及评分标准

项目	考核内容	项目分值	得分
实训态度（15 分）	1. 穿着实训隔离服整齐、干净	5 分	
	2. 熟悉实训内容	5 分	
	3. 能遵守实训室的规章制度	5 分	
实训操作（55 分）	1. 固体溶解	5 分	
	2. 脱色	5 分	
	3. 菊花形滤纸折叠	5 分	
	4. 保温过滤	10 分	
	5. 抽滤	15 分	
	6. 烘干	10 分	
	7. 称量	5 分	

续表

项目	考核内容	项目分值	得分
实训结果（15 分）	整理试剂，洗涤实训用仪器，写好实训报告	15 分	
实训结束（15 分）	1. 实训晶体的回收、废物的处理	5 分	
	2. 实训仪器拆卸、洗涤	5 分	
	3. 实训台整理、打扫	5 分	
总得分			

【注意事项】

1. 被精制物与溶剂混合加热时，除水作溶剂外，必须进行回流。

2. 干燥晶体可在空气中晾干，或在 100℃以下烘干。

【实践与思考】

1. 重结晶提纯法一般包括哪几步？

2. 重结晶提纯法所选用的溶剂应具备哪些条件？

3. 为什么应趁热过滤？目的是什么？

4. 配热饱和溶液时，如果加入的水多了会产生什么后果？

5. 如果趁热过滤时，有苯甲酸在滤纸上析出，应如何处理？

6. 用活性炭脱色的原理是什么？操作时应注意什么？

7. 配制生理盐水使用的 NaCl 纯度非常高。以小组为团队，设计将粗品氯化钠提纯的流程或简单工艺，并制作视频、文章等网络宣传材料，进行宣传。

实训 4　萃　取

使用溶剂从液体混合物或固体混合物中提取所需组分的操作称为萃取，也称抽提。这种分离物质的方法，称为两相萃取法。分为液 - 液萃取和固 - 液萃取，萃取是有机化学提纯和纯化化合物的手段之一。

【案例设计】　人参是五加科植物人参的干燥根，是我国传统名贵药材，始载于我国第一部本草专著《神农本草经》。人参的化学成分研究始于 20 世纪初。人参的成分是人参皂苷，目前采取的提取和分离技术如下：

人参总皂苷可用甲醇提取，提取液浓缩后用乙醚萃取除去脂溶性杂质，再用正丁醇萃取除去水溶性杂质。之后采用分离技术，得到人参皂苷。

预习下列知识，说明什么是萃取。上述的萃取，说明乙醚与甲醇、脂溶性杂质、人参皂苷，正丁醇与甲醇、水溶性杂质、人参皂苷之间的互溶关系。判断萃取的条件。

【实训目的】

1. 熟悉萃取的原理和应用范围。

2. 掌握用分液漏斗进行洗涤和萃取、分离液体有机化合物的操作。

3. 培养认真、细致、严谨的工作态度。

【实训准备】

1. 用品准备

仪器：125mL 分液漏斗、烧杯、锥形瓶、铁架台、铁圈等。

药品：苯、苯胺、无水硫酸镁、凡士林。

2. 操作者准备　按照实训基本要求执行。

【萃取原理】　这里介绍常用的液 - 液萃取。液 - 液萃取是利用混合物中某些物质成分在两种互不相溶的溶液剂中的溶解度不同，可使物质从一种溶剂转溶到另一种溶剂中，从而达到分离目的方法。以苯为溶剂，萃取水溶液中的苯胺为例，说明萃取原理和条件：为将溶质 X（苯胺）从溶剂 A

（水）中萃取出来，选用对 X（苯胺）溶解度大、与溶剂 A（水）不混溶、也不发生化学反应的溶剂 B（苯溶剂），把 B（苯溶剂）加入 X、A（苯胺与水的混合物）的溶液中时，因为 X（苯胺）在 B（苯溶剂）中的溶解度大，大部分 X（苯胺）就会从 X、A 的溶液（苯胺的水溶液）中转移到 B 中，从而实现 X（苯胺）、A（水）的分离。这里的 B（苯溶剂）称为萃取剂。萃取剂又称萃取液，是能与被萃取物形成溶于有机相的萃合物的化学试剂。萃取剂的选择极为关键，其既制约影响萃取操作的进程，又决定了萃取产品质量水平高低及萃取工艺经济性。

【操作流程及分组配合】

1. 检漏　检验分液漏斗活塞和上口玻璃塞是否匹配、是否漏液，分液漏斗一般选择梨形漏斗。活塞和上口玻璃塞如与分液漏斗不匹配，及时更换。

检漏方法：关闭活塞，在漏斗中加少量水，盖好上口玻璃塞，用右手压住分液漏斗上口部，左手握住活塞部分，把分液漏斗倒转过来用力振荡，看是否漏水。

如果分液漏斗活塞处渗水漏液，取出活塞，擦干，在中间小孔两侧涂抹少许凡士林，（切勿堵塞中间小孔），把活塞放回活塞孔，塞紧，并来回旋转几下（可使凡士林分布均匀，以防渗漏），放在铁架台上的铁圈中。

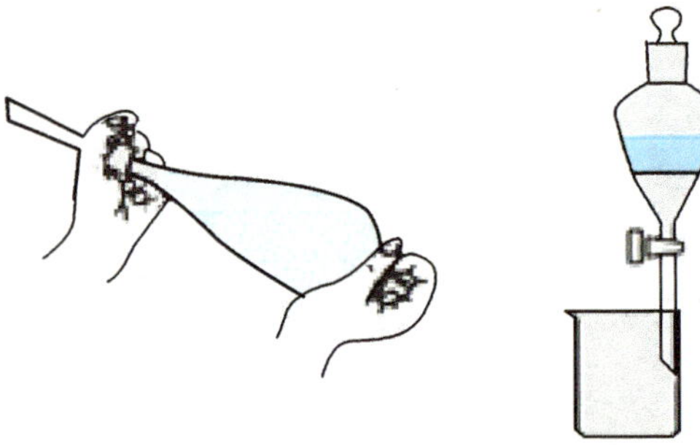

实训图 31　分液漏斗的振摇和分离液体

2. 萃取　关好分液漏斗活塞，依次从上口倒入苯胺水溶液（苯胺 5mL、水 50mL）和 20mL 苯。总量不超过分液漏斗的 3/4。塞好并旋紧上口玻璃塞，先用右手食指末节将漏斗上口玻璃塞顶住，再用大拇指和中指握住漏斗，用左手的示指和中指蜷握在活塞的柄上（实训图 31），充分振摇，使两相之间充分接触，以提高萃取效率。刚开始稍慢，每振摇几次，要打开活塞放气，振摇过程中要放气 2～3 次，放气时要将漏斗尾部向上倾斜（朝无人处）打开活塞放气，以解除漏斗中的压力。再剧烈振摇 2～3 分钟，静置。反复数次。

3. 分层　振摇后分液漏斗置于铁架台上，漏斗下端管口紧靠烧杯内壁，静置分层。

4. 分液　待分液漏斗中两液层完全分开后，打开上口玻璃塞，再将活塞缓缓旋开，使漏斗内外空气相通，按“上走上，下走下”的原则分离液体。下层水层自活塞放出，一旦分离完毕，立即关闭活塞。把苯层从分液漏斗上口倒入锥形瓶中，并立即塞紧锥形瓶，然后把水层倒回分液漏斗中，另取 10mL 苯，按同法再进行萃取，共萃取三次。

5. 合并萃取液，往萃取液中加入无水硫酸镁（或无水硫酸钠）进行干燥，蒸馏回收苯，留下的即为苯胺。

【实训评价】　实训考核点及评分标准见实训表 4-1。

实训表 4-1　实训考核点及评分标准

项目	考核内容	项目分值	得分
实训态度（15 分）	1. 穿着实训隔离服整齐、干净	5 分	
	2. 熟悉实训内容	5 分	
	3. 能遵守实训室的规章制度	5 分	
实训操作（55 分）	1. 检漏	5 分	
	2. 固定分液漏斗，从上口依次倒入苯胺、水溶液和苯	10 分	
	3. 振摇分液漏斗，放出蒸气或产生的气体	10 分	
	4. 静置分层	5 分	
	5. 分层	10 分	
	6. 合并萃取液，蒸馏回收苯，留下的即为苯胺	15 分	

续表

项目	考核内容	项目分值	得分
实训结果（15分）	整理试剂，洗涤实训用仪器，写好实训报告	15分	
实训结束（15分）	1. 收集滤液，清理滤纸上的固体物质	5分	
	2. 所有仪器、试剂归位，整理实训台	5分	
	3. 将废液缸、废物缸内废物清理干净	5分	
总得分			

【注意事项】

1. 分液漏斗使用事项　①上口玻璃塞和活塞要用橡皮筋固定在漏斗体上，以免掉下打破。②如果漏液，活塞须涂凡士林，而上口玻璃塞不涂。③装入液体的总量不能超过漏斗容积的3/4。④分离液体时要放在铁架台上，不能拿在手上进行分液。

2. 萃取剂的选择规则　①被萃取物质在此萃取剂中有较大的溶解度。②萃取剂与被萃取的物质互不相溶。③萃取剂与被萃取出来的溶质容易分离（通常是低沸点溶剂）。④萃取剂与被萃取的物质不发生反应。

3. 乳化现象处理方式　萃取过程中若出现乳化现象，静置难以分层，可用下列方法处理：①静置时间延长；②加入少量电解质（如氯化钠）以盐析破坏乳化（适用于水与有机溶剂）；③加入少量稀硫酸（适用于碱性溶液与有机溶剂）；④进行过滤（适用于存在少量轻质沉淀，“轻质”是指密度小）。（注：乳化是一种液体以极微小液滴均匀地分散在互不相溶的另一种液体中的现象。两种不相溶的液体，如油与水，在容器中分成两层，密度小的油在上层，密度大的水在下层。如加入适当的表面活性剂，在强烈的搅拌下，油被分散在水中，形成乳状液，该过程称乳化。）

【实践与思考】

1. 怎样正确使用分液漏斗？怎样才能使两层液体分离干净？

2. 两种互不相溶的液体同在分液漏斗中，密度大的在哪一层？下一层的液体从哪里放出来？留在分液漏斗中的上层液体应从何处倒入另一容器？

3. 观察生活中“辣椒油”的色彩，以及辣椒油与水之间的互溶性关系，说明什么是萃取。生活中，还有哪些现象利用了萃取原理？

4. 以小组为单位查阅资料，设计从人参、大黄中萃取有效成分的流程，并制作实验视频或写文字材料。

实训5　葡萄糖的旋光度测定

概述：旋光法是利用旋光性物质旋光性质的差异，通过测定旋光度或比旋光度测量物质的含量。

【案例设计】　葡萄糖分子中含有多个手性碳原子，是具有旋光性的物质，葡萄糖的比旋光度为+52.5°，通过测量某葡萄糖溶液的旋光度，测量该物质的浓度。

【实训目的】

1. 认识旋光仪的构造，学会使用旋光仪。

2. 学会用旋光仪测量旋光性物质的浓度。

3. 通过实验，培养严谨认真、细致观察、规范操作、客观求是的工作态度。

【实训用品】　WZZ-2B自动指示旋光仪，100mL量瓶，小烧杯，胶头滴管，玻璃棒，蒸馏水，分析天平，氨试液，葡萄糖（$C_6H_{12}O_6 \cdot H_2O$）。

【实训原理】　偏振光振动方向旋转的角度，称为旋光度，用“α”表示。测定物质旋光度的仪器称为**旋光仪**。

物质旋光度的大小除了与物质的分子结构有关外，还随测定时所用溶液的浓度、盛液管的长度、温度、光的波长以及溶剂的性质等而改变。一般用比旋光度 $[\alpha]_{\lambda}^{t}$ 来描述物质的旋光性。旋光度与比旋光度之间的关系可用下式表示：

$$[\alpha]_{\lambda}^{t}=\frac{\alpha}{c\times l}$$

式中，α 是由旋光仪测得的旋光度；λ 是所用光源的波长，常用钠光，波长是 589.3nm；t 是测定时的温度，一般是室温（15 ～ 30℃）；c 是溶液的浓度，以每毫升溶液中所含溶质的克数表示（g/mL）；l 是盛液管的长度，以分米表示。当 c 和 l 都等于 1 时，$[\alpha]_{\lambda}^{t}=\alpha$。因此比旋光度的定义是：**在一定温度下，光的波长一定时，被测物质的浓度为 1g/mL，盛液管的长度为 1dm 条件下测出的旋光度**。例如，由肌肉中取得的乳酸的比旋光度 $[\alpha]_{\lambda}^{20}=+3.8°$ ，表示该乳酸是在 20℃ ±0.5℃时，以钠光灯作为光源时测得的旋光度，然后通过公式计算而得比旋光度 $[\alpha]_{\lambda}^{20}$，是右旋 3.8° 。

【操作流程及分组配合】

1. 供试液的配制　精密称取葡萄糖（$C_6H_{12}O_6 \cdot H_2O$）约 10g，放置小烧杯中加水溶解，转入 100mL 量瓶中，加氨试液 0.2mL，用水稀释至刻度，摇匀，静置 10 分钟，即得供试液。

2. 调整零点　将旋光管用蒸馏水冲洗数次，缓缓注满蒸馏水（注意勿使发生气泡），小心盖上玻璃片、橡胶垫和螺帽，旋紧旋光管两端螺帽时，不应用力过大以免产生应力，造成误差，然后以软布或擦镜纸揩干、擦净，认定方向将旋光管置于旋光计内，调整零点。

3. 测定　将旋光管用供试液冲洗数次，按上述同样方式装入供试液并按同一方向置于旋光仪内，同法读取旋光度 3 次，取其平均值。

【实训评价】　实训考核点及评分标准见实训表 5-1。

实训表 5-1　实训考核点及评分标准

项目	考核内容	项目分值	得分
实训态度（15 分）	1. 穿着白大褂整齐、干净	5 分	
	2. 熟悉实训内容	5 分	
	3. 能遵守实训室的规章制度	5 分	
实训操作（55 分）	1. 供试液的配制	15 分	
	2. 调整零点	5 分	
	3. 测定记录 读数：①________ ②________ ③________	35 分	
实训结果（15 分）	整理试剂，洗涤实训用仪器，写好实训报告	15 分	
实训结束（15 分）	1. 实训溶液的回收、废物的处理	5 分	
	2. 实训仪器拆卸、洗涤	5 分	
	3. 实训台整理、打扫	5 分	
总得分			

【注意事项】

1. 钠光灯启辉后至少 20 分钟后发光才能稳定，测定或读数时应在发光稳定后进行。
2. 测定时应调节温度至 20℃ ±0.5℃。
3. 供试液应不显浑浊或含有混悬的小粒，否则应预先过滤并弃去初滤液。

4. 测定结束后须将测定管洗净晾干，不许将盛有供试品的测试管长时间置于仪器样品室内；仪器不使用时样品室应放硅胶吸潮。

【附】 WZZ-2B 自动旋光仪（实训图 32）的使用方法

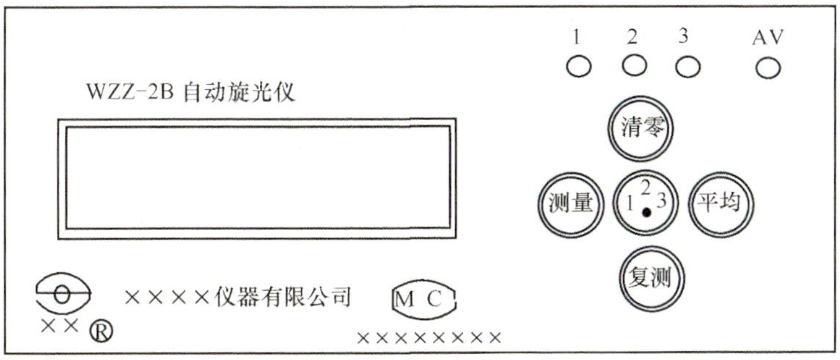

实训图 32 WZZ-2B 自动旋光仪面板

操作方法如下：

1. 将仪器电源插头插入 220V 交流电源（要求使用交流电子稳压器 1kVA），并将接地线可靠接地。

2. 向上打开电源开关（右侧面），这时钠光灯在交流工作状态下起辉，经 5 分钟钠光灯激活后，钠光灯才发光稳定。

3. 向上打开光源开关（右侧面），仪器预热 20 分钟（若光源开关合上后，钠光灯熄灭，则再将光源开关上下重复扳动 1 ～ 2 次，使钠光在直流下点亮，为正常）。

4. 按“测量”键，这时液晶屏应有数字显示。注意：开机后“测量”键只需按一次，如果误按该键，则仪器停止测量，液晶屏无显示。用户可再次按“测量”键，液晶重新显示，此时需重新校零（若液晶屏已有数字显示，则不需按“测量”键）。

5. 将装有蒸馏水或其他空白溶剂的试管放入样品室，盖上箱盖，待示数稳定后，按“清零”键。试管中若有气泡，应先让气泡浮在凸颈处；通光面两端的雾状水滴应用软布揩干，试管螺帽不宜旋得过紧，以免产生应力，影响读数。试管安放时应注意标记的位置和方向。

6. 取出试管。将待测样品指示灯“1”点亮。注意：试管内腔应用少量被测试样冲洗 3 ～ 5 次。

7. 按“复测”键一次，指注入试管，按相同的位置和方向放入样品室内，盖好箱盖，仪器将显示出该样品的旋光度，此时示灯“2”点亮，表示仪器显示第一次复测结果，再次按“复测”键，指示灯“3”点亮，表示仪器显示第二次复测结果。按“123”键，可切换显示各次测量的旋光度值。按“平均”键，显示平均值，指示灯“AV”点亮。

8. 如样品超过测量范围，仪器在 ±45° 处来回振荡。此时，取出试管，仪器即自动转回零位。此时可将试液稀释一倍再测。

9. 仪器使用完毕后，应依次关闭光源、电源开关。

10. 钠灯在直流供电系统出现故障不能使用时，仪器也可在钠灯交流供电（光源开关不向上开启）的情况下测试，但仪器的性能可能略有降低。

11. 当放入小角度样品（小于 ±5°）时，示数可能变化，这时只要按复测按钮，就会出现清晰数字。

【实践与思考】

1. 在葡萄糖溶液旋光度测定时为什么要加入氨试液并放置 10 分钟后才测定旋光度？

2. 旋光仪的结构与工作原理。

3. 以小组为单位查阅材料，设计用旋光光度法测量葡萄糖注射液浓度的方法。

三、有机化合物性质验证的实训模块

实训 6　烃和卤代烃的性质

【概述】　根据烃类结构的不同可分为：开链烃（脂肪烃）和环烃。开链烃又分为烷烃、烯烃、炔等；环烃又分为脂环烃、芳香烃。芳香烃具有芳香性。不同的烃具有不同的化学性质。

【实训目的】

1. 进行饱和烃、不饱和烃、苯及其同系物的主要性质的实训操作，加深对饱和烃、不饱和烃、苯及其同系物的主要化学性质的认识。

2. 熟记饱和烃与不饱和烃、苯及其同系物的鉴别方法。

3. 通过实训验证饱和烃、不饱和烃、苯及其同系物的分子结构与化学性质的关系。

【实训准备】

1. 用物准备

仪器：试管、烧杯、酒精灯、铁架台、石棉网、试管架、量筒、胶塞等。

药品：溴的四氯化碳溶液、松节油、液体石蜡、硝酸银溶液、氨水、浓硫酸、浓硝酸、苯、甲苯、5g/L 高锰酸钾溶液、3mol/L 硫酸、10g/L 溴的四氯化碳溶液、铁粉等。

2. 操作者准备　按照实训基本要求执行。

【操作流程及分组配合】

按操作流程完成实训，并将实训中观察到的现象记入实训表 6-1。

1. 烷烃和烯烃的性质

（1）与溴反应：此反应须在通风橱内进行。取 2 支试管，各加入 1mL 溴的四氯化碳溶液，观察颜色；在 1 支试管中加入松节油 10 滴，在另 1 只试管中加入液体石蜡 10 滴，震荡，观察两支试管中的溶液颜色有无变化？说明原因。

（2）与高锰酸钾反应：取 2 支试管，分别加入 10 滴 5g/L 高锰酸钾溶液和 5 滴 3mol/L 硫酸溶液，观察溶液的颜色；在 1 支试管中加入松节油 10 滴，在另 1 只中加入液体石蜡 10 滴，震荡，对比试管中溶液的颜色有无变化？说明原因。

2. 炔烃的性质

（1）与溴反应：此反应须在通风橱内进行。取 1 支试管，加入 1mL 溴的四氯化碳溶液，通入乙炔气体，观察并记录现象，说明原因。

（2）与高锰酸钾反应：取 1 支试管，加入 10 滴 5g/L 高锰酸钾溶液和 5 滴 3mol/L 硫酸溶液，通入乙炔气体，观察、记录现象，解释原因。

（3）与银氨溶液反应：取 1 支洁净的试管，加入 0.1mol/L 硝酸银溶液 1mL，边振荡边滴加 2mol/L 氨水，直至生成的沉淀恰好溶解为止（氨水切勿过量），所得澄清溶液即为银氨溶液。向银氨溶液中通入乙炔气体，观察、记录现象，解释原因。

3. 芳香烃的性质（必须在通风橱内进行）

（1）氧化反应：取试管 2 支，分别加入 5 滴 5g/L 高锰酸钾溶液和 5 滴 3mol/L 硫酸溶液，再各加入 5 滴苯和甲苯，剧烈振摇数分钟，观察、记录现象，解释原因。

（2）卤代反应：取干燥试管 2 支，分别加入 5 滴 10g/L 溴的四氯化碳溶液，再各加入 5 滴苯和甲苯，振摇，观察现象；再加入少许铁粉，振摇，观察记录现象，解释原因。

（3）硝化反应：取干燥大试管 1 支，先加入 1mL 浓硝酸，再沿管壁缓慢加入 1mL 浓硫酸，摇匀，用冷水冷却试管后加入 10 滴苯，剧烈振摇，放在 60℃热水中水浴加热。10 分钟后，把试管中的物质倒入盛有 30mL 水的小烧杯中，观察、记录现象，解释原因。

（4）磺化反应：取干燥大试管 2 支，分别加入 2mL 浓硫酸，然后分别加入 10 滴苯和甲苯，放在 80℃热水中水浴加热，并不断振摇。当反应开始生成的乳浊液完全溶解后，冷却，将反应物倒入盛有 150mL 冷水的小烧杯中，观察、记录现象并解释原因。

4. 卤代烃的性质

（1）水解反应：取两支试管，分别滴入约 0.5mL 溴乙烷，一支加入 1mL 氢氧化钠溶液，另一只加入 1mL 蒸馏水作为对照试验，两个试管均置于水浴箱中，于 50～60℃水浴加热至第一个不再分层，冷却，先用稀硝酸将溶液酸化，然后在两个试管中均加入硝酸银，观察现象并记录（实训图 33）。

（2）消去反应：取一支试管，加入约 2mL 溴乙烷和 2mL 氢氧化钠的乙醇溶液，按实训图 33 的装置图连接，将产生的气体通入稀酸性高锰酸钾溶液，观察实验现象。

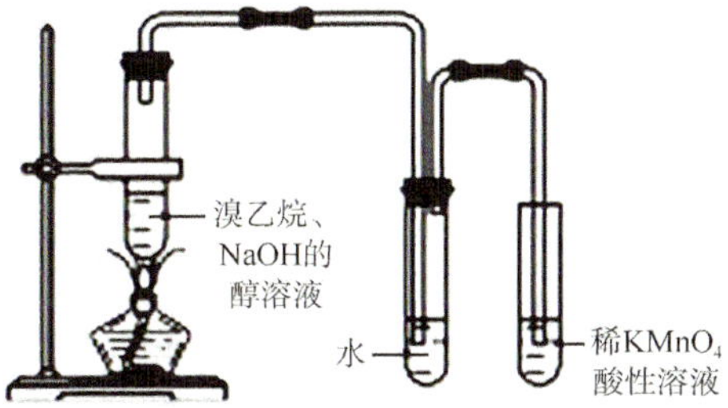

实训图 33　卤代烃的消去反应装置

实训表 6-1　实验现象记录

		烷烃（石油醚）	烯烃（松节油）	乙炔	苯	甲苯
溴的四氯化碳溶液	现象					
	原因					
酸性高锰酸钾	现象					
	原因					
银氨溶液与乙炔反应	现象					
	原因					
硝化反应 苯与硝酸反应	现象					
	原因					
磺化反应 苯、甲苯与硫酸反应	现象					
	原因					
溴乙烷的 水解反应	现象					
	原因					
溴乙烷的 消去反应	现象					
	原因					

【实训评价】　实训考核点及评分标准见实训表 6-2

实训表 6-2　实训考核点及评分标准

态度、纪律 （20 分）	实训操作 （40 分）	实训结果 （40 分）	实训总评 （100 分）

【注意事项】

1. 干燥的炔化银受热或撞击时具有爆炸性，实训完毕后，用稀硝酸及时处理。

2. 苯、甲苯、溴的四氯化碳溶液的相关实训，必须在通风橱内进行。苯、甲苯及其取代产物回收于废液瓶，不要倒入水槽。

3. 硝化反应中一定要先加浓硝酸，再沿管壁缓慢加入浓硫酸，不能加反。浓硝酸、浓硫酸属于强酸，具有强烈的腐蚀性和强氧化性，使用时，必须特别小心，严格在教师的指导下，规范操作。

4. 用滴管滴加时，要注意滴管口不能碰到试管壁。

【实践与思考】

1. 具有什么样结构的炔烃能生成金属炔化物？
2. 如何鉴别乙烷、乙烯、乙炔？
3. 如何用化学方法鉴别苯和甲苯？
4. 硝化反应和磺化反应为什么要用干燥的试管？

实训 7　含氧有机化合物的性质

【概述】　醇的官能团是羟基，其化学反应主要表现在 O—H 和 C—O 键的断裂上。醛和酮的分子结构中都含有羰基，因此，它们具有许多相似的化学性质。羧酸由烃基和羧基组成，其化学反应主要发生在羧基上。

【案例设计】　在生活中，有许多的含氧衍生物，请找出你所知道的常见的醇、酚，醛、酮，羧酸等化合物，预习下列实训步骤，在实训课中检验它们的化学性质。

【实训目的】

1. 加深认识含氧有机化合物的结构与化学性质的关系。
2. 通过含氧有机化合物主要性质的操作，进一步掌握化学实训的基本技能和技术。
3. 培养实事求是、谨慎细致的探索精神。

【实训准备】

1. 用物准备

仪器：试管、小刀、镊子、水浴锅、表面皿、点滴板、pH 试纸、蓝色石蕊试纸、滤纸、火柴等。

药品：金属钠、2.5mol/L 氢氧化钠溶液、0.3mol/L 硫酸铜溶液、甘油、无水乙醇、2mol/L 盐酸溶液、0.2mol/L 苯酚溶液、0.2mol/L 邻苯二酚、0.2mol/L 苯甲醇、固体苯酚、3mol/L 硫酸、0.17mol/L 重铬酸钾溶液、0.06mol/L 三氯化铁溶液、福尔马林、乙醛、丙酮、苯甲醛、2mol /L 氨水、0.1mol/L 硝酸银溶液、席夫试剂、费林试剂（甲、乙）、0.05mol/L 亚硝酰铁氰化钠溶液、2，4- 二硝基苯肼、0.1mol/L 甲酸溶液、0.1mol/L 乙酸溶液、0.1mol/L 乙二酸溶液、5g/L 高锰酸钾溶液、饱和碳酸钠溶液、苯甲酸晶体、无水碳酸钠、乙二酸（草酸）等。

2. 操作者准备　按照实训基本要求执行。

【操作流程及分组配合】

按操作流程完成实训，并将实训中观察到的现象记入实训表 7-1。

1. 醇的性质

（1）醇与金属钠的反应：取干燥试管 1 支，加入无水乙醇 1mL，用镊子放入绿豆大小、用滤纸吸干表面煤油的金属钠 1 粒，观察有无气体产生、试管底部有无温度变化；再用拇指按住试管口，待生成较多气体时，用点燃的火柴接近管口，细听有无爆鸣声。记录现象，解释原因。

（2）醇的氧化反应：取试管 2 支，1 支加入乙醇 10 滴，另一支加入 10 滴蒸馏水作为对照。然后各加入 3mol/L 硫酸 5 滴，0.17mol/L 重铬酸钾溶液 3～4 滴，振摇，记录现象，解释原因。

（3）多元醇与氢氧化铜的反应：取试管 1 支，加入 2.5mol/L 氢氧化钠溶液 1mL 和 0.3mol/L 硫酸铜溶液 1mL，制得氢氧化铜沉淀。待沉淀下沉后用滴管移去上部清液，将沉淀分于 2 支试管，在其中的 1 支试管中加入甘油 10 滴，另 1 支试管中加入乙醇 10 滴，用力振荡，观察现象，解释原因。

2. 苯酚的性质

（1）溶解性：取一支试管，加入少量固体苯酚，再加水 1mL，振荡后得浑浊液。加热，浑浊液有何变化？冷却，又有何现象发生？说明产生上述变化的原因。

（2）苯酚的弱酸性试验：将上述浑浊液中滴加 2.5mol/L 氢氧化钠溶液，边加边振摇，直至浑浊变澄清为止；在澄清溶液中，滴入 2mol/L 盐酸溶液，振摇，记录现象，解释原因。

取蓝色石蕊试纸一小片，放在表面皿上，用蒸馏水湿润，在试纸上加 1 滴 0.2mol/L 苯酚溶液，记录现象，解释原因。

（3）苯酚与三氯化铁反应：取试管 3 支，分别加 0.2mol/L 苯酚溶液、0.2mol/L 邻苯二酚溶液、0.2mol/L 苯甲醇 10 滴，再各加 0.06mol/L 三氯化铁溶液 1 ～ 2 滴，振摇。记录现象，解释原因。

3. 醛和酮的还原性比较（必须在通风橱内进行）

（1）与托伦试剂的反应：取 1 支洁净的试管，加入 0.1mol/L 硝酸银溶液 1mL，边振荡边滴加 2mol/L 氨水，直到生成的沉淀恰好溶解为止（氨水切勿过量），所得澄清溶液即为托伦试剂。将托伦试剂等分于 2 支洁净的试管中，在 1 支试管中加入乙醛 5 滴，在另 1 支中加入丙酮 5 滴，摇匀，把 2 支试管置于 60℃热水中水浴加热数分钟，观察试管内壁各有何现象，解释原因。

（2）与费林试剂反应：取 1 支洁净的试管，加入费林试剂甲溶液和乙溶液各 1mL，混匀，所得蓝色溶液即为费林试剂。将费林试剂等分于 2 支洁净的试管中，在 1 支试管中加入乙醛 5 滴，在另 1 支中，加入丙酮 5 滴，振摇，把 2 支试管置于沸水中水浴加热 3 ～ 5 分钟，记录现象，解释原因。

（3）与席夫试剂的反应：取 2 支试管，各加席夫试剂 1mL，在 1 支试管中加入乙醛 5 滴，在另 1 支中加入丙酮 5 滴，振荡混匀，有何现象发生？

4. 丙酮的检验 取 1 支洁净的试管，加入丙酮 1mL，再加入 0.05 mol/L 亚硝酰铁氰化钠 10 滴，然后加入 1mol/L 氢氧化钠溶液 5 滴，有何现象发生？

5. 醛和酮的共同化学性质 与 2, 4- 二硝基苯肼反应，取 4 支试管，分别加入 2 滴福尔马林、乙醛、丙酮和苯甲醛，然后再在每支试管中各加入 1mL 2, 4- 二硝基苯肼。震摇试管，有何现象发生？

6. 有机酸的酸性

（1）羧酸的酸性：分别取 2 滴 0.1mol/L 甲酸溶液、0.1mol/L 乙酸溶液和 0.1mol/L 乙二酸溶液于点滴板凹穴中，用 pH 试纸测其近似 pH，并记录。

（2）与碱的反应：取试管 1 支，加入少许苯甲酸晶体，加蒸馏水 1mL 振荡，观察现象，滴入 2.5mol/L 氢氧化钠溶液数滴后，观察现象，解释变化原因。

（3）与碳酸盐反应：取试管 1 支，加入少许无水碳酸钠，滴入 0.1mol/L 乙酸溶液数滴后，记录现象，解释原因。

7. 有机酸的还原性

（1）甲酸与弱氧化剂反应：在 1 支洁净的试管中加入 5 滴 0.1mol/L 甲酸溶液，用 50g/L 氢氧化钠溶液中和至溶液显碱性，然后加入新配制的托伦试剂，在 50 ～ 60℃热水中水浴加热数分钟，记录现象，解释原因。

（2）羧酸与强氧化剂反应：取 4 支试管，分别加入 5 滴甲酸、5 滴乙酸、5 滴蒸馏水（作对照）和少许草酸固体，再各加入 5g/L 高锰酸钾溶液 10 滴和 3mol/L 硫酸溶液数滴，振荡试管，记录现象，解释原因。

实训表 7-1　实验现象记录

醇的性质		乙醇 + 金属钠	乙醇 + 重铬酸钾	甘油 + 氢氧化铜		
	现象					
	原因					
苯酚的性质		溶解性	苯酚 + 氢氧化物	三氯化铁	蓝色石蕊试纸	
	现象					
	原因					

续表

乙醛丙酮的性质		托伦试剂水浴	费林试剂水浴	席夫试剂	亚硝酰铁氰化钠碱溶液	2, 4- 二硝基苯肼
	现象					
	原因					
有机酸（甲酸、乙酸、乙二酸、草酸等）		pH 试纸测 pH	苯甲酸固体 + 水 + 氢氧化钠	乙酸 + 无水碳酸钠	甲酸 + 托伦试剂水浴	酸性高锰酸钾
	现象					
	原因					

【实训评价】　实训考核点及评分标准见实训表 7-2。

实训表 7-2　实训考核点及评分标准

态度、纪律（20 分）	实训操作（60 分）	实训结果（20 分）	实训总评（100 分）

【注意事项】

1. 醇与金属钠反应的试管和试剂必须是无水的，如果有水存在，金属钠首先与水反应，对实验产生干扰。

2. 苯酚有较强的腐蚀性，使用苯酚时，要注意安全。

3. 配制托伦试剂时，应防止加入过量的氨水（否则有可能会生成亚氨基银、氮化银等易爆炸物质）；银氨溶液必须现配现用，不可久置。

4. 银镜反应的成败关键在于所用的试管是否洁净，因此，要想得到好的实验效果，必需加强对试管的清洗。

5. 与托伦试剂反应的实验完毕，试管内的银氨溶液要及时处理，先加入少量盐酸，倒去混合液后，再用少量稀硝酸洗去银镜，并用水洗净，防止造成危险。

6. 甲酸的银镜反应须在碱性条件下进行，甲酸的酸性较强，若直接加入到弱碱性的银氨溶液中，会使配合物失效，因此需要先用碱中和甲酸。

【实践与思考】

1. 醛、酮的性质实训，必须在通风橱内进行，为什么？

2. 醛、酮的化学性质有哪些不同？归纳总结醛、酮的鉴别方法。

3. 如何配制托伦试剂？银镜反应时应注意什么？

4. 费林试剂为何要临时配制？哪类物质可发生费林反应？

实训 8　含氮有机化合物的性质

【概述】　胺是氨分子中的氢原子被烃基取代后所生成的一类化合物。根据氮原子上所连烃基的个数不同可分为伯胺、仲胺和叔胺三类。伯胺、仲胺、叔胺的官能团分别为氨基（$-NH_2$）、亚氨基（$-NH-$）、次氨基（$-\overset{|}{N}-$）。许多药物的分子中都含有氨基或取代氨基。

【实训目的】

1. 通过观察胺及尿素的反应现象，熟悉胺类化合物的性质。

2. 熟练进行苯胺、尿素的性质操作。

3. 培养分析、观察问题的能力和科学严谨的态度。

【实训准备】

1. 用物准备

仪器：试管架、试管、酒精灯、石棉网、铁架台、烧杯、玻璃棒、温度计、火柴等。

药品：苯胺、2.5mol/L 盐酸溶液、2.5mol/L 氢氧化钠溶液、饱和溴水、乙酸酐、浓盐酸、β-萘酚、10% 亚硝酸钠溶液、尿素等。

2. 操作者准备　按照实训基本要求执行。

【操作流程及分组配合】

按操作流程完成实训，并将实训中观察到的现象记入实训表 8-1。

1. 胺的性质（必须在通风橱内进行）

（1）碱性：在 1 支盛有 2mL 蒸馏水的试管中，加入 5 ～ 6 滴苯胺，用力振摇，观察苯胺是否溶于水。然后滴加 10 滴 2.5mol/L 盐酸溶液，边加边振荡，观察是否澄清。再逐滴滴加 2.5mol/L 氢氧化钠溶液，振荡，有何现象，为什么？

（2）苯胺的溴代反应：取 1 支试管，加入 1 滴苯胺和 1mL 蒸馏水，振荡使其全部溶解后，再滴加 3 滴饱和溴水，立刻变浑浊并析出白色沉淀，解释原因。

（3）苯胺的酰化反应：取 1 支干燥试管，加入苯胺 5 滴，逐滴加入乙酸酐 5 滴，充分振摇后置于沸水中水浴加热 2 分钟，再将试管放入冷水中冷却后，加入 10 滴 2.5mol/L 氢氧化钠溶液调至碱性，观察现象，解释原因。

2. 尿素的性质

（1）水解反应：取 1 干净试管，加入少量尿素和 1mL 水，振荡使其溶解，再加入 1mL 2.5mol/L 氢氧化钠溶液，在管口放一小块润湿的红色石蕊试纸，加热，记录加热时溶液的变化和石蕊试纸的变化。

（2）与亚硝酸的反应：取 1 干净试管，加入少量尿素和 1mL 水，振荡使其溶解，加入 10 滴亚硝酸钠溶液，逐滴加入稀硫酸，振摇，冷却，观察现象，解释发生的变化。

实训表 8-1　实验现象记录

药品	类型	水	盐酸	氢氧化钠	饱和溴水	乙酸酐沸水浴 + 氢氧化钠
苯胺	现象					
	原因					
药品	类型	水	氢氧化钠加热	管口湿润红色石蕊试纸	亚硝酸钠 + 稀硫酸	
尿素	现象					
	原因					

【实训评价】　实训考核点及评分标准见实训表 8-2。

实训表 8-2　实训考核点及评分标准

态度、纪律（20 分）	实训操作（60 分）	实训结果（20 分）	实训总评（100 分）

【实践与思考】

1. 根据实训，总结重氮化偶合反应的条件及注意事项。

2. 根据尿素的结构，概括它的化学性质。

3. 胺的性质实训，必须在通风橱内进行，为什么？

实训 9　营养与生命类有机化合物的性质

【概述】　糖类旧称碳水化合物，是多羟醛或多羟酮及它们的脱水缩合产物。糖类可分为单糖、双糖和多糖等。根据是否具有还原性又可分为还原性糖和非还原性糖；油脂是油和脂肪的总称，在化学成分上都是高级脂肪酸与甘油所生成的酯，所以油脂属于酯类；蛋白质分子中某些基团与显色剂作用，可生成特定颜色，氨基酸是构成蛋白质的基本单位，氨基酸因为含有氨基和羧基，能使蛋白质发生相应的化学反应。

【实训目的】

1. 以小组的形式，探究重要糖的主要化学性质，认识油脂、蛋白质的化学性质。

2. 观察蛋白质的变性和颜色反应，巩固对蛋白质性质的认识。

3. 进一步巩固、交流与探讨化学实训操作技能，培养仔细观察，客观判断和记录化学实训现象的科学态度。

【实训准备】

1. 用物准备

仪器：试管、烧杯、酒精灯、石棉网、试管架、点滴板、吸管、试管架、表面皿。

药品：0.5mol/L 葡萄糖溶液、0.5mol/L 麦芽糖溶液、0.5mol/L 果糖溶液、0.5mol/L 蔗糖溶液、20g/L 淀粉溶液、0.2mol/L 氨水、本尼迪克特试剂、浓盐酸、浓硫酸、碘试液、2.5mol/L 氢氧化钠溶液、鸡蛋白质溶液、鸡蛋白氯化钠溶液、饱和硫酸铵溶液、药用酒精（ϕ_B=0.95）、浓硝酸、浓氨水、20g/L 乙酸铅溶液、0.1mol/L 硝酸银溶液、2.5mol/L 氢氧化钠溶液、10g/L 硫酸铜溶液、茚三酮试剂、6mol/L 氢氧化钠、乙醇、饱和食盐水、汽油、氯仿、植物油、肥皂水等。

2. 操作者准备　按照实训基本要求执行。

一、糖的化学性质

1. 糖的还原性

（1）银镜反应：在 1 支洁净的试管中加入 2mL 0.1mol /L 硝酸银溶液，加 1 滴 2.5mol/L 氢氧化钠溶液，逐滴加入 0.2mol/L 氨水使沉淀恰好溶解为止，即得托伦试剂。另取 5 支洁净试管，分别加入 5 滴 0.5mol/L 葡萄糖溶液、0.5mol/L 麦芽糖溶液、0.5mol/L 果糖溶液、0.5mol/L 蔗糖溶液、20g/L 淀粉溶液，然后各加入 10 滴托伦试剂，放在 60℃的热水中水浴加热数分钟，观察、探讨、交流、记录发生的现象，并解释原因。

（2）与班氏试剂反应：取 5 支试管，各加入 1mL 班氏试剂，放在热水中水浴微热，再分别加入 5 滴 0.5mol/L 葡萄糖溶液、0.5mol/L 麦芽糖溶液、0.5mol/L 果糖溶液、0.5mol/L 蔗糖溶液、20g/L 淀粉溶液，摇匀，放在沸水中水浴加热数分钟，观察记录发生的现象，并解释原因。

2. 淀粉与碘的显色反应　在试管里加入 1mL 20g/L 淀粉溶液，然后滴入 1 滴碘试液，振荡，观察现象；再将此溶液稀释到淡蓝色，加热后冷却，观察发生的现象，解释原因。

3. 蔗糖和淀粉的水解

（1）蔗糖的水解：取 1 支干净的大试管，加入 1mL 0.5mol/L 蔗糖溶液，再加 1 滴浓盐酸，混匀，放在沸水中水浴加热 5 ～ 10 分钟，冷却后滴入 2.5mol/L 氢氧化钠至溶液呈碱性，再加入 10 滴本尼迪克特试剂，继续加热，观察并记录现象。

（2）淀粉的水解：在 1 支大试管中加入 1mL 20g/L 淀粉溶液与 2 滴浓盐酸，摇匀，放在沸水中水浴加热 5 分钟，每隔 1 ～ 2 分钟用滴管吸取溶液 1 滴于点滴板的凹穴里，滴入碘试液 1 滴并观察现象，直至用碘试液在点滴板上检验时不再显色即停止加热。取出试管，冷却后加 5% 碳酸钠调和至无气泡放出为止。加入班氏试剂 10 滴，加热，观察有何变化。

二、油脂的化学性质

1. 油脂的溶解性 取3支洁净试管，分别加入水、汽油、氯仿各2mL，再各加入植物油5滴，充分振荡，静置后观察溶解情况并记录。

2. 油脂的乳化 将加入2mL水和5滴植物油的试管，充分振荡、静置，观察振荡和静置后的现象。然后向试管中加入10滴肥皂水，再次充分振荡，观察现象并解释原因。

3. 油脂的皂化反应 取1支洁净的试管，在其中加入植物油1mL，乙醇1mL，6mol/L氢氧化钠溶液1mL，振荡混匀，放入沸水中水浴加热，5分钟后取出并加入5 mL热的饱和食盐水，搅拌，观察并解释发生的现象，写出有关的化学方程式。

三、蛋白质的化学性质

1. 蛋白质的显色反应

（1）茚三酮反应：取1支试管加入1mL鸡蛋白溶液，再滴加3滴茚三酮试剂，放在沸水中水浴加热5～10分钟或直接加热，观察并解释发生的现象。

（2）黄蛋白质反应：取1支试管加入1mL鸡蛋白溶液，再滴加5滴浓硝酸，有何现象？将此试管用酒精灯加热，又有何现象？冷却后，加浓氨水1mL，观察颜色变化。

（3）缩二脲反应：取1支试管加入鸡蛋白溶液和2.5mol/L氢氧化钠溶液各2mL，再滴入10g/L硫酸铜溶液5滴，振荡，溶液呈什么颜色？说明原因。

2. 蛋白质的盐析 取大试管1支，加入鸡蛋白氯化钠溶液及饱和硫酸铵溶液各2mL，振荡后静置5分钟。观察是否析出球蛋白，说明原因。取上述浑浊液1mL于另1支试管中加蒸馏水3mL，振荡，观察析出的球蛋白是否重新溶解，说明原因。

3. 蛋白质的变性

（1）乙醇对蛋白质的作用：取试管1支，加入1mL鸡蛋白溶液，沿试管壁慢慢滴加75%乙醇20滴，不要摇动，观察两液面处是否有浑浊。说明原因。

（2）金属盐对蛋白质的作用：取试管3支，各加入1mL鸡蛋白溶液，再依次加入20g/L乙酸铅溶液5滴、10g/L硫酸铜溶液5滴、0.1mol/L硝酸银溶液2滴，观察现象说明原因。继续向3支试管中各加入蒸馏水3mL，振荡，沉淀是否溶解？为什么？

（3）加热对蛋白质作用：取试管1支，加入2mL鸡蛋白溶液，用酒精灯加热，有何现象？说明原因。

【实践与思考】

1. 如何检验实训中的淀粉已完全水解？
2. 如何区别蔗糖和麦芽糖？
3. 油脂的乳化在生产、生活中有什么意义和作用？
4. 油脂的皂化反应加入乙醇，这是利用了它的什么性质？
5. 怎样区别盐析蛋白质和变性蛋白质？
6. 怎样用实训方法鉴别真丝和人造丝？

【实训评价】 将实验现象记入表9-1。实训考核点及评分标准见实训表9-2

实训表9-1 实验现象记录

		葡萄糖	麦芽糖	果糖	蔗糖	淀粉
托伦试剂	现象					
	原因					
班氏试剂	现象					
	原因					

续表

		葡萄糖	麦芽糖	果糖	蔗糖	淀粉
水解反应；淀粉与碘显色反应		蔗糖水解	淀粉水解	淀粉与碘		
	现象					
	原因					
植物油		水	汽油	氯仿	水＋肥皂水	乙醇＋氢氧化钠
	现象					
	原因					
蛋白质		茚三酮	浓硝酸；加热；冷却＋浓氨水		氢氧化钠＋硫酸铜	
	现象					
	原因					
		氯化钠＋饱和硫酸铵	乙醇	硝酸银	乙酸铅	酒精灯加热
	现象					
	原因					

实训表 9-2　实训考核点及评分标准

态度、纪律（20分）	实训操作（60分）	实训结果（20分）	实训总评（100分）

参考文献

高松，2017. 化学大辞典 . 北京：科学出版社

国家药典委员会，2020. 中华人民共和国药典（2020 年版）. 北京：中国医药科技出版社

李湘苏，2016. 医用化学基础 . 北京：科学出版社

李湘苏，2016. 有机化学 . 北京：科学出版社

吕以仙，2012. 有机化学 . 北京：人民卫生出版社

綦旭良，2003. 有机化学 . 北京：科学出版社

人民教育出版社，课程教材研究所，化学课程教材研究开发中心 . 2007. 有机化学基础 . 北京：人民教育出版社

王祖浩，2014. 有机化学基础 . 南京：江苏凤凰教育出版社

余先纯，李湘苏，2012. 医学化学 . 上海：第二军医大学出版社

中华人民共和国教育部 . 2020. 中等职业学校化学课程标准 . 北京：高等教育出版社

教学基本要求

一、课程性质与任务

（一）课程的性质

《有机化学基础》一方面是中等职业学校学生的公共文化课程，为学生认识世界打下基础；另一方面是药剂、中药制药、医学检验技术、制药技术应用、生物制药工艺、生物药物检验、药品食品检验专业的专业基础课程。课程是学生化学学科核心素养提升、职业生涯发展和适应现代生活的基础性学科。

（二）课程的任务

课程全面贯彻和落实党的教育方针，落实立德树人根本任务，服务发展，促进就业。引领学生逐步形成正确的世界观、人生观和价值观；培养学生精益求精的工匠精神、严谨求实的科学态度和勇于开拓的创新意识。培养学生的化学学科核心素养，促进学生认识有机化合物的分子结构、性质、变化规律和应用，获得必备的有机化学基础知识、基本技能和基本方法，养成发现、分析、解决有机化学相关问题的能力，并运用相关知识解决相关专业的问题；培养德、智、体、美、劳全面发展的高素质劳动者和技术技能人才。

（三）授课对象

本课程教学大纲主要针对中等职业学校的学生和五年高职初级阶段的学生设置。

二、核心素养与课程目标

（一）核心素养

学科核心素养是学科育人价值的集中体现，学生通过有机化学基础课程学习与运用，逐步形成正确的价值观念、必备品格和关键能力：宏观辨识与微观探析、变化观念与平衡思想、现象观察与规律认知、实验探究与创新意识、科学态度与社会责任。

（二）课程目标

1. 德育目标　通过有机化学基础的理论和基本操作，全面贯彻党的教育方针，落实立德树人根本任务，培养学生精益求精的工匠精神、严谨求实的科学态度和勇于开拓的创新意识；引领学生逐步形成正确的世界观、人生观和价值观，自觉践行社会主义核心价值观，成为德、智、体、美、劳全面发展的高素质劳动者和技术技能人才；培养学生求是创新、理论联系实际的学习作风，实事求是的科学态度。

2. 知识目标

（1）掌握有机化合物的结构特点。能依据有机化合物的微观结构，探析有机化合物的多样性如同系物、同分异构现象，学会各类物质系统命名法，能使用化学符号描述常见物质的结构。

（2）掌握有机化合物的性质。通过实验探究和分析烃类及其衍生有机化合物的官能团，认识物质性质的共性和差异、反应特征和变化规律，能使用化学符号描述有机化合物的变化规律。

（3）理解营养与生命类有机物质的性质。通过分析它们的结构特点，实验探究，进一步认识它们的化学性质及其应用。

（4）理解立体异构现象，培育宏观辨识与微观探析的能力。

（5）了解各类物质在药剂、医学检验技术、康复技术、眼视光技术、口腔修复工艺等所学的相关专业和生活中的应用。

（6）掌握有机化学实验操作的基本知识。理解有机化合物的性质验证实验的理论原理与实践关系，学会熔点测定、蒸馏与沸点测定重结晶、萃取等原理与操作技术。

（7）知道化学与社会之间的关系，了解中国近代有机化学的发展历程，有机化合物与日常生活、专业工作之间的关联，懂得理论联系实际，养成良好的社会责任感。

3. 技能模块目标

（1）根据有机化合物的官能团开展相应化合物的化学性质实验，并能简单地运用相关知识区别或分离或鉴别相应的化合物。

（2）根据专业要求，适当开展化学实验技能开展蒸馏与沸点的测定、熔点测定、重结晶、萃取等基本实验，通过实训掌握化学基本操作技能。

（3）认识实验探究对学习化学课程的重要性，掌握化学实验基本操作技能；能主动与他人合作，体验实验探究过程，学会实验探究的基本方法，经过探究得出合理的结论，学会质疑与批判，初步形成创新意识。养成实事求是，客观理性的严谨作风。

三、课程结构

根据《中等职业学校公共基础课程方案》、《中等职业学校化学课程标准》、中等职业学校药剂、制药、中药、医学检验技术等专业教学标准，化学学科核心素养与课程目标，结合中等职业学校学生的学习水平和学习特点、相关专业学生职业生涯发展和终身学习的需要，将立德树人的教育思想、化学学科核心素养的培养贯穿始终。课程模块如下：

（一）课程模块

以理论知识、实践技能，以及课程基础、专业拓展、自我发展实训等维度形成如下模块。

	理论知识模块	实践技能模块
课程基础模块	有机化合物概述 烃类—基础有机化合物 卤代烃 烃的含氧衍生物 营养和生命类有机化合物 合成高分子化合物	烃的性质 卤代烃的性质 烃的含氧有机化合物的性质 营养与生命类有机化合物的性质
专业拓展模块	杂环和生物碱类化合物 有机化学的立体异构 烃的含氮衍生物	葡萄糖的旋光度测定 烃的含氮衍生物的性质
实训模块	实训知识 1　有机化学实训规则 实训知识 2　有机化学常用仪器简介 实训知识 3　玻璃仪器的清洗与干燥	实训 1　熔点的测定 实训 2　蒸馏与沸点的测定 实训 3　重结晶 实训 4　萃取
自我发展模块	回顾与总结、复习与提高	练习、参观、社会实践、探索与进步

在教学课时极其有限的情况下，建议按照“基本模块”进行教学。在教材结构中，在“基础模块”中，相应的化学性质中仍然存有专业拓展模块，教学中注意做好遴选。

（二）学时分配

专题	内容	学时
基本知识模块	有机化合物概述	2
	烃类——基础有机化合物	8～12
	卤代烃	3
	烃的含氧衍生物	12～14
	营养和生命有机化合物	12～14
	合成高分子化合物	3
专业拓展模块	杂环与生物碱化合物	3
	有机化合物的立体异构	4
	烃的含氮衍生物	6～8
技能模块	蒸馏与沸点的测定*	3
	熔点测定*	2
	重结晶*	2
	萃取*	2
	葡萄糖的旋光光测定*	2
自我发展模块	参观、社会实践、探索与进步、手抄报等	4～6
合计		72

注：“*”的内容是选修内容，教师根据专业方向和教学课时量选择教学

（三）内容要求

内容	了解	理解	掌握	教学活动建议
第 1 章　有机化合物概述				课堂互动、回顾与思考，启发和探讨式认识，自学 观看教学视频
第 1 节　有机化合物的概念			√	
第 2 节　有机化合物的特性			√	
第 3 节　有机化合物的结构特征			√	
第 4 节　有机化合物的分类		√		
第 5 节　我国有机化学发展状况	√			
第 2 章　烃类——基础有机化合物				回顾与思考、分析、归纳、探索式教学 观看教学视频
第 1 节　烷烃				
一、甲烷分子的结构特征			√	
二、烷烃的结构与命名			√	
三、烷烃的性质			√	
四、常见的烷烃及其来源		√		
第 2 节　不饱和链烃				观察与分析、回顾与思考，实验探究法启发式教学 观看教学视频
一、乙烯与乙炔分子的结构特征			√	
二、不饱和烃的同系物		√		
三、不饱和烃的同分异构		√		
四、不饱和链烃的命名		√		
五、不饱和烃的性质			√	
生成金属炔化物（选修）			√	
六、常见的烯烃类物质		√		

续表

内容	了解	理解	掌握	教学活动建议
第 3 节　芳香烃				观察与分析、回顾与思考，启发式、探索式教学 观看教学视频
一、苯分子的结构			√	
二、苯的同系物与命名		√		
三、苯及其同系物的物理性质				
四、苯及其同系物的化学性质		√	√	
五、稠环芳香烃			√	
第 3 章　卤代烃				知识链接、回顾与分析，实验探究认识卤代烃的结构和性质 观看教学视频
第 1 节　卤代烃的结构特征和命名		√		
第 2 节　卤代烃的理化性质			√	
第 3 节　常见卤代烃	√			
实训 6　烃和卤代烃的性质			√	实践与理论相结合，强化技能操作规范
第 4 章　烃的含氧衍生物				分析并进行概念辨析
第 1 节　醇、酚、醚类有机化合物				结构分析
一、醇类有机化合物				
1. 醇的结构醇的分类和命名			√	观察官能团特点，认识醇类物质 观看教学视频
2. 醇的物理性质		√		
3. 醇的化学性质			√	演示，观察与分析，认识纯的理化性质 观看教学视频
4. 重要的醇类化合物	√			
二、酚类有机化合物				
1. 酚的结构特征、分类和命名			√	观察酚与醇的结构差别，认识酚特征 观看教学视频
2. 酚的物理性质			√	
3. 酚的化学性质			√	
4. 常见酚类化合物	√			
三、醚类有机化合物				
1. 醚的结构、分类和命名			√	
2. 物理性质		√		观察醚的分子结构，理解其结构特征 观看教学视频
3. 化学性质		√		
4. 重要的醚类化合物			√	
第 2 节　醛和酮类有机化合物				
1. 醛和酮的结构特征			√	
2. 醛和酮的分类与命名	√			
3. 物理性质			√	观察醛酮结构，认识全铜的结构特征；观察与分析实验现象，推断化学性质 观看教学视频
4. 化学性质			√	
与氨的衍生物加成、碘仿反应（选修）		√		
5. 重要的醛酮类化合物		√		
第 3 节　羧酸类有机化合物				
一、羧酸的结构、分类和命名				
1. 乙酸的结构			√	观察官能团特点，认识羧酸类物质 观看教学视频

续表

内容	了解	理解	掌握	教学活动建议
2. 羧酸的分类		√		类比醛的命名，学会命名
3. 羧酸的命名		√		
二、物理性质	√			
三、化学性质			√	通过实验探究判断化学性质、观察分析结构、特性
四、重要的羧酸化合物	√			
第 4 节　羟基酸和酮酸（选修）				
一、羟基酸		√		回顾与思考：通过已学过官能团判断性质
二、酮酸		√		
三、医学中的羟基酸和酮酸	√			
实训 7　含氧有机化合物的性质			√	实验现象与理论相结合，强化技能规范
第 5 章　有机化学的立体异构（选修）				观察模型，判断空间异构；通过旋光视频，认识偏振光 观看教学视频
第 1 节　顺反异构现象				
一、顺反异构			√	
二、顺反异构命名		√		
第 2 节　对映异构现象		√		
一、偏振光和旋光性	√			
二、手性与对映异构现象		√		
三、费歇尔投影式	√			
四、D/L 构型标记法	√	√		
五、对映异构在医学中的应用	√			
实训 5　葡萄糖的旋光度测定	√			规范技能操作，了解计算方法
第 6 章　烃的含氮衍生物（选修）				采用对比法：氨气分子结构，及其氢被取代认识胺；铵离子四个氢原子被取代认识季铵盐等
第 1 节　胺类有机化合物				
一、胺的结构特征、分类和命名			√	
二、物理性质		√		
三、化学性质		√		
兴斯堡反应： 胺与亚硝酸反应（选修）	√			
四、季铵盐和季铵碱			√	
五、重要的胺和铵类化合物	√			
第 2 节　酰胺类有机化合物				结构分析法
一、酰胺的结构与命名			√	
二、物理性质		√		
三、化学性质			√	
四、常见的酰胺化合物		√		
实训 8　含氮的有机化合物的性质			√	实验现象与理论相结合，强化技能规范

续表

内容	了解	理解	掌握	教学活动建议
第 7 章　杂环和生物碱类有机化合物				
第 1 节　杂环类有机化合物		√		
一、杂环化合物的结构特征			√	强化记忆杂环结构，在后续物质中辨析
二、杂环化合物的分类、命名		√		
三、重要的杂环化合物			√	
第 2 节　生物碱				
一、生物碱的概念		√		认识生物碱概念，并在手抄报等活动中进一步认识生物碱等物质的特性
二、生物碱的理化性质				
三、重要的生物碱类化合物	√			
第 8 章　营养和生命类有机化合物				
第 1 节　油脂类有机化合物				
一、油脂的组成和结构			√	通过酯类、认识甘油三酯，相关官能团判断化学性质 观看教学视频
二、物理性质	√			
三、化学性质		√		
四、油脂的意义及医药应用		√		
第 2 节　类脂				
一、磷脂的结构特点		√		通过演讲、分析结构特性，并记忆、辨识磷脂和甾醇等物质
二、甾族的结构特点		√		
三、常见的类脂				
第 3 节　糖类有机化合物				
一、单糖类				
（一）单糖的结构				
1. 葡萄糖的结构			√	
2. 果糖的结构		√		通过糖的模型结构、分析、探索和演示化学性质 观看教学视频
3. 核糖和脱氧核糖的结构		√		
（二）物理性质	√			
（三）化学性质			√	
（四）医学中常用的单糖	√			
二、双糖				
1. 蔗糖		√		分析、演示、思考、记忆 观看教学视频
2. 麦芽糖		√		
3. 乳糖		√		
成苷反应、成酯反应（选修）				化学结构式分析
三、多糖类				
1. 淀粉		√		演示实验、分析、判断、练习、手抄报、写小论文
2. 糖原		√		
3. 非淀粉多糖	√			
第 4 节　生命的物质基础——蛋白质				

续表

内容	了解	理解	掌握	教学活动建议
一、氨基酸				
1. 氨基酸的结构			√	
2. 常见氨基酸	√			
3. 氨基酸的分类	√			观察与思考，根据官能团判断性质
4. 氨基酸的命名	√			
5. 氨基酸的性质			√	
二、蛋白质				
1. 蛋白质的元素组成		√		
2. 蛋白质的结构			√	与氨基酸类比，模型观察 1、2、34、结构
3. 蛋白质的性质		√		
第 5 节　遗传的物质基础——核酸				
一、核酸的分子组成		√		
二、核苷酸的分子组成		√		
实训 9　营养与生命类有机化合物的性质			√	实践与理论与结合，规范操作技能
第 9 章　合成高分子化合物概述				
第 1 节　合成高分子化合物的主要反应				
一、加聚反应			√	
二、缩聚反应			√	
三、高分子化合物的分类			√	观察与思考，了解高分子化合物
第 2 节　高分子化合物的特性				
第 3 节　常见的高分子化合物				
一、塑料			√	
二、合成纤维			√	
三、合成橡胶			√	
有机化学实践与技能			√	融入所有实训活动，案例式教学、技能规范贯穿始终

注：“*”的内容是选修内容，教师根据专业方向和教学课时量选择教学

四、课程实施

（一）教学方法

建议教学组织者以化学、化学相关专业问题为线索，以“教、学、做”合一为基本教学方法，创设问题情境，引导学生在化学实验现象中思考进而认识物质的性质，培养学生解决化学问题的能力；利用信息技术，尤其利用科学出版社“中科云教育”平台，在课内、课外的学习中提升学习实效。加强化学实验和课外探究学习，针对专业、生活、社会中的化学问题，适当引导学生主动发现问题、探究原理，解决问题。

（二）学业水平评价

学业水平评价，应全面、客观地考察学生化学学科核心素养的发展状况。主要采取过程性评价和终结性评价，并根据专业学科要求，合理确定两部分的权重。评价结果应反映学生对化学基本概念、基础知识、化学技能的掌握程度，以及化学学科核心素养的达成度。

彩　图

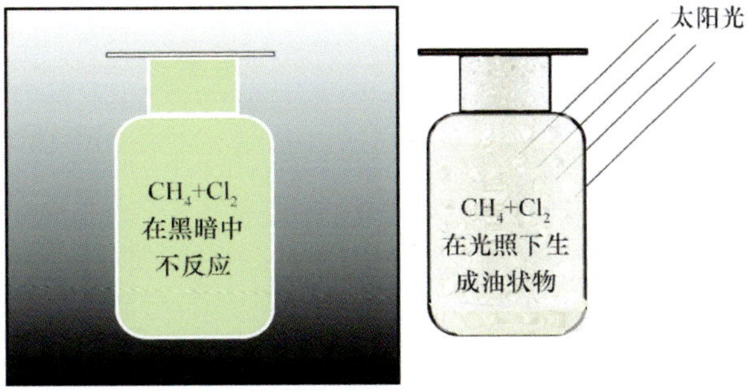

彩图 2-1　甲烷的卤代反应

a　　b　　c

彩图 2-2　高锰酸钾与液体石蜡、松节油的反应

a. 高锰酸钾；b. 高锰酸钾中加液体石蜡；c. 高锰酸钾中加松节油

a　　b　　c

彩图 2-3　溴水与液体石蜡、松节油的反应

a. 溴水；b. 溴水中加液体石蜡；c. 溴水中加松节油

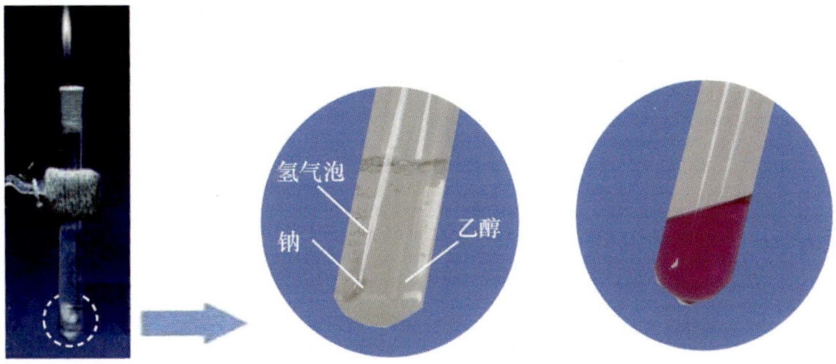

a　　b　　c

彩图 4-1　醇与活泼金属钠的反应

a. 反应装置；b. 局部反应现象；c. 加入酚酞后

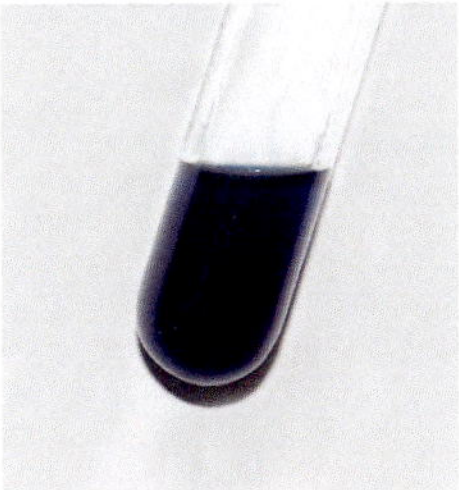

彩图 4-2　甘油铜溶液

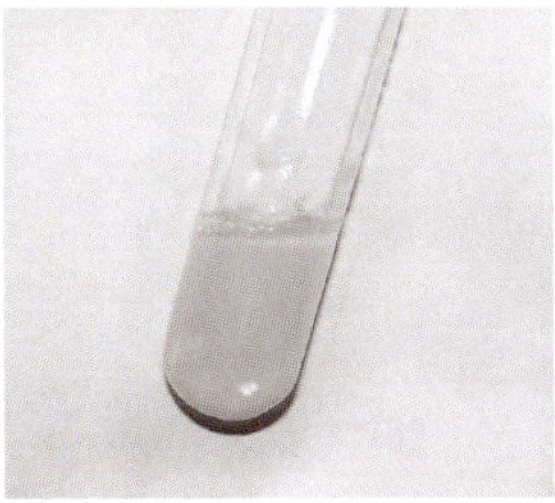

彩图 4-3　苯酚溶液（冷水）

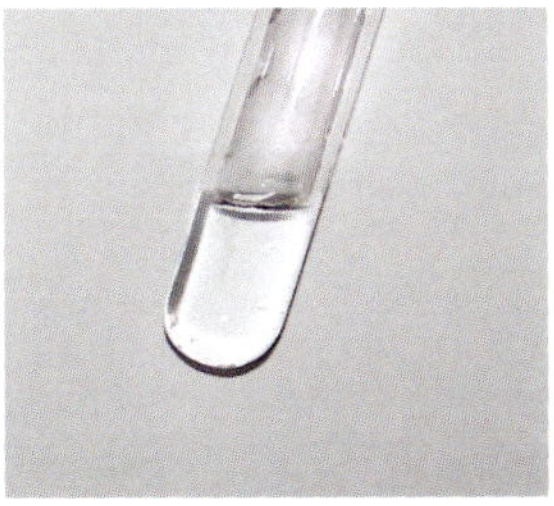

彩图 4-4　苯酚钠溶液

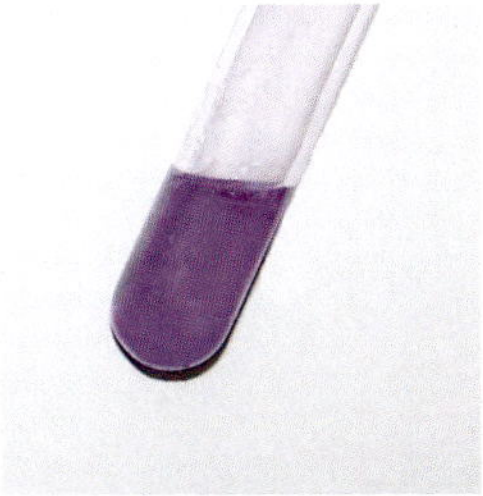

彩图 4-5　苯酚与三氯化铁反应

彩图 4-6　乙醛与 2，4- 二硝基苯肼反应

彩图 4-7　碘仿在水溶液中

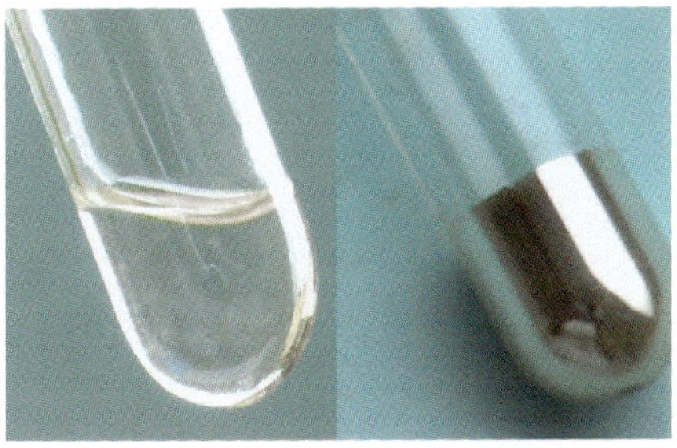

彩图 4-8　托伦试剂与银镜反应

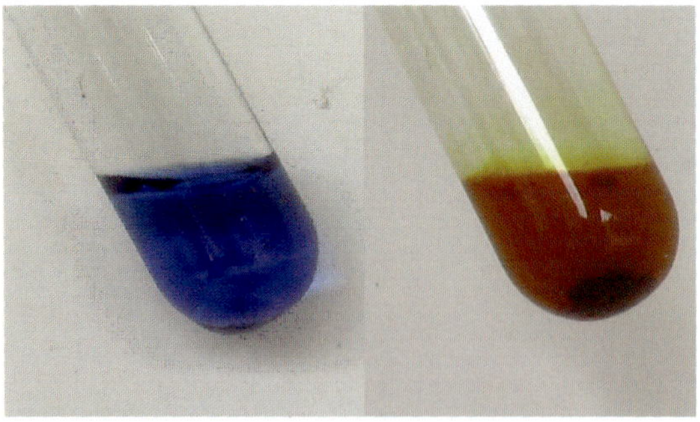

a　　　　　　　　b

彩图 4-9　费林试剂 (a) 与氧化亚铜 (b)

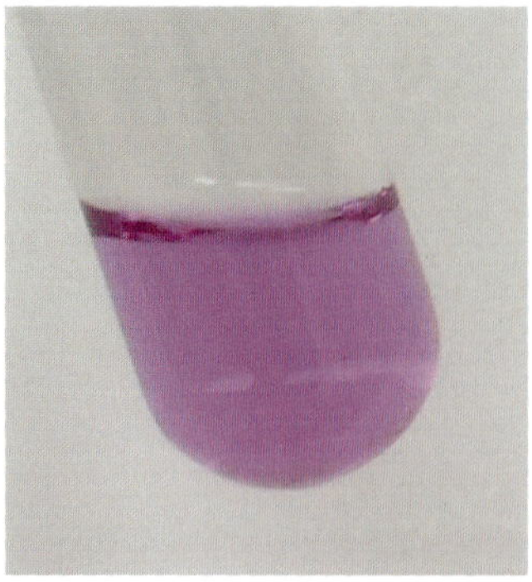

彩图 4-10　醛与席夫试剂反应

丙酮与亚硝酰铁氰化钠、氢氧化钠反应现象

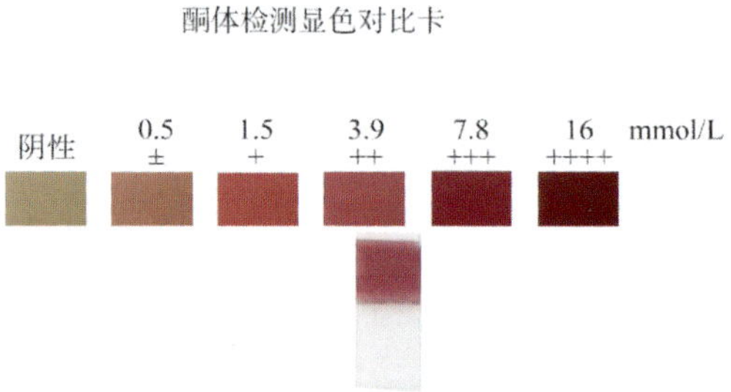

试剂主要成分（质量百分比）：5.7%亚硝酰铁氰化钠、29.9%含氨缓冲溶液、64.4%非反应物质

彩图 4-11　酮体的显色

彩图 6-1　2,4,6- 三溴苯胺

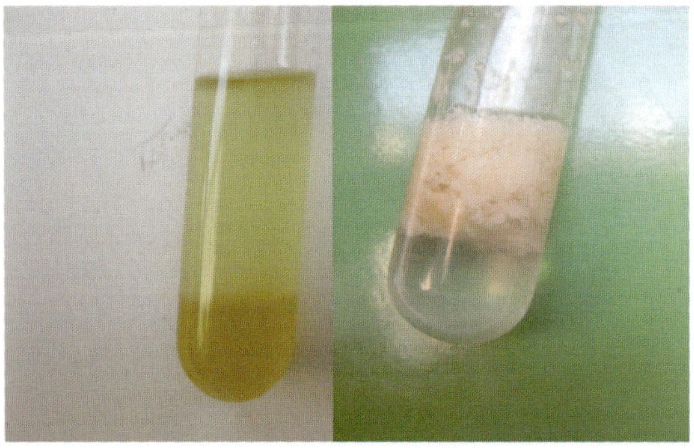

a　　　　　　　　b

彩图 8-1　皂化反应

a. 脂肪皂化前；b. 脂肪皂化后

a　　　　　　　　b　　　　　　　　c

彩图 8-2　蛋白质的显色反应

a. 缩二脲反应；b. 茚三酮反应；c. 黄蛋白反应